DeepSeek掘金

从企业智能化到办公自动化

潘 淳 主 编

仇 华 秦文山 贺菊中 吴 迪 副主编

清華大学出版社

北 京

内容简介

本书创新性地构建了“技术演进—产业重构—生产力革命”三维研究框架，以 DeepSeek 的技术发展与开源生态为核心样本，系统解析其如何推动全球 AI 技术权力转移与产业深度变革。

全书深入剖析 DeepSeek 技术的突破性发展历程及其开源生态战略，探讨其如何引发全球 AI 技术格局的重大转移与产业生态的深刻变革。同时，本书聚焦于企业智能化与办公自动化领域，详细解析 DeepSeek 的创新应用实践，提供了包括 DeepSeek API、MaaS 平台生态及私有化部署方案在内的具体实施路径，并精选国内外标杆案例，助力企业智能化转型升级。

在办公自动化领域，本书提出“工具是第二大脑，提示词即生产力”理念，结合腾讯 ima 知识库搭建、WPS 灵犀智能文档处理等典型场景，系统解读 AI 技术在办公效率提升、决策支持及知识管理领域的落地方案与实操经验。

本书汇集了 36 位 DeepSeek 资深企业内训专家的深厚经验，凝聚 3000 余人· 天的一线实践成果，确保理论深度与实际应用紧密结合，为企业与行业从业者提供了一本兼具深度、广度与实战价值的专业指南。

本书不仅是一本前瞻性的 AI 技术参考书籍，更是一部引领企业与个人迈入智能互联网新时代的战略性行动手册。

谨以此书向 DeepSeek 团队在 AI 大模型领域所取得的卓越成就致以崇高敬意。

版权所有，侵权必究。举报：010-62782989，beiqinquan@tup.tsinghua.edu.cn。

图书在版编目（CIP）数据

DeepSeek 掘金：从企业智能化到办公自动化 / 潘淳主编 . -- 北京：清华大学出版社 , 2025. 6. -- ISBN 978-7-302-69223-2

Ⅰ. TP317.1

中国国家版本馆 CIP 数据核字第 2025J2A120 号

责任编辑：袁金敏　薛　阳
封面设计：杨纳纳
责任校对：徐俊伟
责任印制：丛怀宇
出版发行：清华大学出版社
网　　址：https://www.tup.com.cn，https://www.wqxuetang.com
地　　址：北京清华大学学研大厦 A 座　　**邮　　编：**100084
社 总 机：010-83470000　　**邮　　购：**010-62786544
投稿与读者服务：010-62776969，c-service@tup.tsinghua.edu.cn
质 量 反 馈：010-62772015，zhiliang@tup.tsinghua.edu.cn
印 装 者：保定市中画美凯印刷有限公司
经　　销：全国新华书店
开　　本：170mm × 240mm　　**印　　张：**16.5　　**字　　数：**307 千字
版　　次：2025 年 6 月第 1 版　　**印　　次：**2025 年 6 月第 1 次印刷
定　　价：89.00 元

产品编号：112503-01

编委会

主　编　潘　淳

副主编　仇　华　秦文山

贺菊中　吴　迪

编　委

周　斌　熊　王　陈　则　宋　禹

一　宏　李宝运　赵保恒　刘道军

凌　祯　羽　素　刘永红　刘凌峰

张　敏　王德宽　张晓如　晏　艳

张旭晓　许　覃　宋　鹰　龚　达

李志坚　张玉麟　程　亮　陆长淼

王德付　黄杨勇　杨学明　秦　川

苗　旭　余　春　马成功　符泽华

— 大咖对话 —

编委会

西交利物浦大学是国内规模最大的中外合作大学，长期关注跨学科与前沿科技发展。作为校长，您对书中展现的AI演进与应用生态有何共鸣？

席西民（西交利物浦大学执行校长）

本书是一本深度剖析AI技术变革的实战指南，以DeepSeek技术生态为核心，从模型原理、开源生态到企业级部署，层层递进，生动地展现了如何利用AI赋能办公自动化与知识管理。面向未来，无论你是技术极客、企业决策者，还是追求效率的职场人，都需在深入掌握AI（数智）的基础上，通过互动协同，以人智（想象力、创造性、情感和智慧）驾驭数智，升级思维，孕育更高阶智慧，开启数智时代的无限可能。

潘 淳

阿里作为全球大模型生态的重要建设者，是否也参与了DeepSeek开源生态的布局？针对本书的内容，您对从业者和广大读者有哪些建议？

邱 达（阿里钉钉副总裁）

作为国内最先做基础模型开放和 DeepSeek 接入的协同平台，钉钉深刻感知和理解开源开放对于产业的价值与意义。本书介绍了 DeepSeek 很多实战案例，精彩，前沿，且有启发性，非常推荐大家开卷一读！

Q 潘　淳

徐博士，您作为国内大模型生态应用研究的权威专家，如何看待 DeepSeek 在助力企业迈向智能化转型过程中所体现的战略引领力？

A **徐明强**（前微软大中华区首席技术官）

DeepSeek通过翔实的成本效益分析、多样化工具评估，以及模块化部署方案，为不同发展阶段的企业提供了清晰的AI本地化路线图。其价值不仅在于解决“如何部署”的操作问题，更在于回答“为何部署”的战略命题，堪称企业智能化转型的战术指南。

Q 潘　淳

祝贺国内首个ima社区（非官方）正式成立！在短时间内，一批优秀的知识号建设者便汇聚于此，在这个值得铭记的时刻，请您代表大家分享一下对“知识库”的理解与实践。

A **邝烨庆**（ima社区创始人）

正如书中所揭示的，ima知识库不仅是每位用户的“第二大脑”，更是团队协作的“共享大脑”，最终将ima升维为组织级的“智能公用工作台”。这种认知协同的革命，正在重新定义知识管理的边界。

Q 贺菊中

作为WPS灵犀业务的负责人，您如何评价本书对办公领域的启发与价值？

A **刘拓辰**（金山办公灵犀业务负责人）

作为WPS灵犀团队，我们诚挚推荐本书——它将助你解锁智能办公的无限潜能，引领未来工作方式的进化浪潮。

仇 华

作为国内领先的提示词研究者、《智能体设计指南》一书的作者，我期待与您深入交流提示词的高级用法及其未来发展方向。

云中江树（LangGPT 提示词社区创始人）

不再依赖“猜测式”试错，本书将提示词的撰写转化为一套可复用、可推演的认知工具链。本书兼具深度与广度，既是提示词工程的学习手册，也是构建智能交互系统的核心参考书。

AI画中画

作为全国知名的短视频生态平台，StoryStorm 聚集了大量优秀创作者，持续推动 AI 与影视创作的深度融合。请宋老师分享一下对 AI 短视频未来发展的见解。

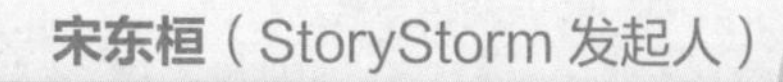

宋东桓（StoryStorm 发起人）

AI视频生成技术正以指数级速度逼近创作领域的“图灵临界点”。正如书中所展示，DeepSeek 技术已悄然渗透进日常生活的“毛细血管”，这场静默的技术革命正在重塑内容生产的底层逻辑。作为StoryStorm苏州负责人，画老师也在筹备下一本新书，聚焦文生视频，令人期待。

吴 迪

DeepSeek 正以前所未有的速度席卷而来，培训与教育领域最先受到影响。作为DeepSeek 精英讲师联合会的代表，让我们思考：如何做得更好，让学员真正乘上AI的东风，迎接时代新生！

编 委（DeepSeek 精英讲师联合会发起人）

无论未来如何演进，变化的只是实现的路径与手中的工具，而本书所构建的逻辑框架将始终坚如磐石。书中配套的资源与课程将持续更新，愿与读者并肩前行，探索未来的每一步。正如宫崎骏在《千与千寻》中所言：“无论你走向哪里，都比停留在原地更接近幸福的终点。”

前　言

本书是向 DeepSeek 团队致敬的作品，作者使用整整两章，深入讲述了 DeepSeek 团队在大模型技术领域取得的突破性成就。其旗舰模型 DeepSeek-R1 在数学、编程与逻辑推理等多项任务中展现出卓越的表现，性能足以媲美 OpenAI 的旗舰 o1 模型。这一杰出表现获得了业界广泛的关注和高度赞誉。

在架构设计上，本书突破了当前仅以提示词为单一维度研究 DeepSeek 的局限，创新性地构建了“技术演进—产业重构—生产力革命”三维研究框架。通过这一全新的研究视角，系统剖析了 DeepSeek 技术的发展历程及其开源生态，深入探讨这一新一代国运级人工智能大模型如何引发全球 AI 技术权力转移与产业深度变革。

本书的核心内容涵盖多个关键领域。首先，在“源神 DeepSeek”部分，深度解析了 DeepSeek-R1 的技术突破及开源生态，揭示其对全球 AI 格局的战略意义。其次，在“企业智能化”部分，详细探讨了大模型在私有化部署、知识库建设、API 开发等方面的企业级应用模式，为企业提供落地指南。此外，在“办公自动化”部分，创新性地提出“提示词即生产力”理念，并结合腾讯 ima 平台，探索如何利用大模型实现办公效能的革命性提升。这一部分将帮助企业和个人充分释放 AI 的潜力，推动智能化工作模式的普及与变革。

在本书的创作过程中，团队始终密切关注 DeepSeek 技术的最新进展，并衷心感谢腾讯 ima、金山 WPS 以及清华大学 KVCache.AI 团队的创新精神与鼎力支持。巧合的是，就在交稿前一天，新一代夸克正式发布。我们曾与阿里巴巴相关团队交流，并确认其采用的是自研模型，而非 DeepSeek 模型，因此最终未能将其纳入本书内容。我们对此虽感遗憾，但仍需强调，新一代夸克展现出卓越的创新能力与非凡的技术实力。同样略显遗憾的是，我们未能获得 DeepSeek 团队的官方授权，以获取第一手资料。然而，在当前国际环境下，此类保密措施也可理解。在编写本书时，尽管 DeepSeek-R2 的技术细节尚未完全公开，但我们基于公开论文、开源信息及各类可获得的资料，尽最大努力推测其发展趋势，力求还原最具前瞻性的信息，具体内容详见第 2 章。

本书最具价值的部分，当属第 6 章对腾讯 ima 的深入解析。腾讯 ima 是一款 AI

驱动的知识管理工具，结合腾讯混元大模型与 DeepSeek-R1 推理模型，打造了从信息收集到智能应用的完整闭环。其作者潘淳将其称为个人的"第二大脑"，并基于该工具构建了本书的核心知识库。本书依托"DeepSeek 精选 · 硅创社"知识库编写，该知识库涵盖"系列精选""硅创精选""使用技巧""技术分享""行业案例""产业报告""观点解读""全球新闻""安装部署" 9 大板块，汇集国内外最新的 DeepSeek 相关资源。作为 ima 平台上 DeepSeek 相关文档数量最多、更新最快、内容最全面、质量最高且关联度最强的知识库之一，它不仅为本书提供了坚实的知识支撑，更将延续本书的 DeepSeek 知识体系，成为购书者终身学习的重要资源。

本书最实用的部分，莫过于第 7 章"WPS 灵犀"。WPS 灵犀完美地融合了 DeepSeek-R1 的强大功能，结合 WPS 三十余年文档处理的深厚积淀，为用户带来前所未有的智能创作体验。其作者贺菊中是 WPS 大赛全国总决赛评委、KVP 最有价值专家以及金山办公技能认证（KOS）官方辅导老师，她指出：在 DeepSeek 的加持下，WPS 无论在内容生成、优化表达，还是逻辑推理分析方面都能轻松应对，WPS + AI 助您效率飞升，畅享智能办公的无限魅力。

本书最精彩的部分，当属第 8 ~ 11 章中关于提示词的深度探讨，其专业性与高级感尤为突出。核心创作者仇华——《深度对话 GPT-4：提示工程实战》的作者，凭借其深厚的实践经验，为本书贡献了国内最权威的提示词内容，堪称行业标杆。此外，秦文山（网名：AI 画中画）是中国文生视频领域的佼佼者。受篇幅所限，本书仅收录了秦老师的部分稿件。然而，无须担忧，他即将推出一本完整的 AI 创作与艺术表达专著，届时将为大家呈现一场震撼的视觉盛宴。

本书旨在为技术研究者、企业管理者及行业从业者提供系统且深入的参考，助力他们在智能互联网时代抓住机遇，共同推动 AI 技术的创新与落地。本书不仅是一本 AI 技术指南，更是引领企业与个人迈向智能互联网新时代的战略手册。

1. 内容结构

本书围绕"DeepSeek + 企业 + 办公"三大核心主题，打造了一部融合技术深度、产业洞察与实战指南的 AI 全景读本。全书共 11 章，涵盖三大部分，系统剖析了 DeepSeek 在企业与办公领域的创新应用。

第 1 部分（第 1~3 章）源神 DeepSeek

DeepSeek 技术揭秘——深入解析 R1 模型架构、自主推理与开源生态。

- 追踪 DeepSeek-R1 在模型架构、训练范式、推理效率上的前沿突破。
- 解析其自适应学习与持续进化能力，洞察下一代通用 AI 的发展方向。

- 探讨 DeepSeek 在开源生态中的角色，及其对 AI 技术民主化的推动作用。

第 2 部分（第 4、5 章）企业智能化

企业智能化方案——私有化部署、知识库构建，助力 AI 落地。

- 解析 DeepSeek API 与 MaaS 平台生态，展示其在知识库构建、API 集成等方面的核心能力。
- 深入剖析 DeepSeek 私有化部署方案，聚焦数据安全、算力优化及分步实施管理策略。
- 结合国内外标杆案例，探索企业如何借力 DeepSeek 实现智能化升级，并构建长期竞争优势。

第 3 部分（第 6~11 章）办公智能化

办公效率革命——“提示词即生产力”+腾讯 ima，打造高效 AI 办公流。

- 结合 ima 知识库构建、WPS 灵犀智能文档处理、辅助编程等实际场景，掌握结构化提示词方法论。
- 解析 AI 在办公自动化、决策辅助、知识管理等领域的深度应用。
- 赋能职场人士最大化 AI 价值，实现个体效率跃迁。

2. 内容特色

1）独特的研究框架

本书突破传统仅以提示词研究 DeepSeek 的局限，创新构建“技术演进—产业重构—生产力革命”三维研究框架。以 DeepSeek 的技术发展与开源生态为核心样本，系统解析其如何推动全球 AI 技术权力转移及产业深度变革。

2）权威本源的创作素材

本书直连作者亲手构建的 DeepSeek 专业知识库，确保读者随时获取最新 AI 资讯与权威资料。读者还可享有专属社群权益，第一时间获取 DeepSeek 最新海量资源，与全球同步掌握 DeepSeek 前沿动态，实现知识高效共享与公平获取。

3）海量随书资源，全面赋能学习

本书随附丰富学习资源，包括案例库、大型 PPT、自研工具——深度集成 CodeEasy（码易）专用版、提示词模板、官方配套资源。

4）资深专家智汇，沉淀实践精华

本书凝聚 36 位资深 DeepSeek 企业内训师的集体智慧，基于 3000 多人·天的实

训经验与课件研发成果，构建兼具理论深度与实操价值的研究体系。以一线培训实践精华为支撑，确保理论与应用紧密结合，为读者提供高质量的 AI 知识体系。

3. 适用人群

本书融合技术探索、行业案例与实践指南，面向 AI 研究者、企业决策者和职场人士，助力读者迈向智能经济时代，满足不同层次的需求，是一本不可或缺的重要读物。

1）AI 研究者：前瞻技术，解析 DeepSeek-R1 的演进之路

针对大模型技术加速落地，深入解析 DeepSeek-R1 的技术架构、推理能力与自我进化机制，全面剖析其在开源生态中的贡献，并深度解读其对全球 AI 竞争格局的战略影响。

2）企业决策者：智能化转型的最佳实践

针对企业智能化需求的快速增长，深入解析 DeepSeek 在私有化部署、API 生态、知识管理等领域的实践方案，助力企业高效落地 AI 生产力，加速智能化升级。

3）职场人士：提示词即生产力，开启 AI 赋能办公新时代

针对办公自动化的 AI 新趋势，创新提出“工具是第二大脑，提示词即生产力”理念，融合 DeepSeek 及其加持的腾讯 ima、WPS 灵犀等创新工具，并依托专业提示词的赋能，打造高效办公新范式，让 AI 真正成为智能助手，引领未来工作模式变革。

4. 随书资源

《DeepSeek 掘金——从企业智能化到办公自动化》绝不是一本普通的书，而是打开终身学习大门的资源平台。书中提供了 DeepSeek 学习的核心框架，而其真正的价值体现在持续更新的丰富资源生态中。通过专为本书定制的 CodeEasy 软件，用户能够直接参与实践，极大地简化了学习过程。该软件无须复杂安装，解压即用，为读者带来国内首创的“沉浸式”阅读体验——为一本书量身打造了一款专属软件，具体功能如下。

①书籍目录区：左侧的目录式导航菜单，能一键直达各章节核心内容，高效定位。

②书籍资源区：模型网站、工具下载、示例网站等随书资源随时启用，无缝切换。

③提示词专区：通过两级分类迅速调用 700+ 提示词，为真正的“零输入式”交互。

④编程项目区：支持 JS、Python、C# 等多种开发语言，所有开发项目所见即所得。

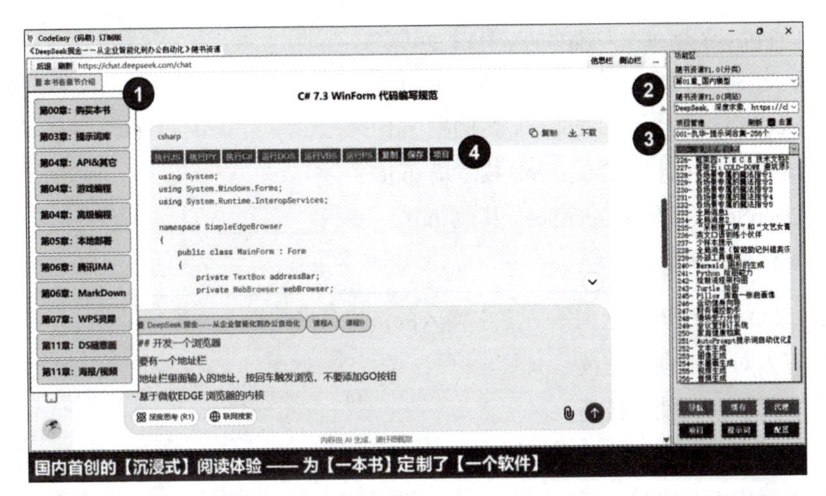

这些资源与工具并非静态，而是形成了一个持续更新、与时俱进的生态体系。书籍本身仅是起点，背后庞大的海量资源将不断跟随技术演进进行升级，真正实现“学一次，用一生”的操作型学习体验。

参与本书创作的编委包括36位资深讲师，全年累计授课学员超过10万人次。新书发布后，创作团队将通过自媒体、公开课、线上直播等多元渠道，持续为广大读者提供物超所值的专业学习服务，确保每位读者都能获取最前沿的技术知识与实践经验，帮助大家成为DeepSeek领域的专家。

第1部分：随书定制模块

（1）DeepSeek增强软件——开箱即用的操作实战

① CodeEasy（DeepSeek掘金定制版）

② ChatBotForm（桌面对话App源码）

③ DeepSeek Token计算（Python+.NET源码）

④ 国内可用AI工具合集（持续更新）

CodeEasy 解压缩后直接运行

（2）1000+页的随书PPT——全面升级的内容拓展

① DeepSeek掘金 – DeepSeek基础.pdf

② DeepSeek掘金 – DeepSeek生产力.pdf

③ DeepSeek掘金 – DeepSeek智能办公.pdf

④ DeepSeek掘金 – DeepSeek提示词.pdf

⑤ DeepSeek掘金 – DeepSeek创作.pdf

⑥ DeepSeek 掘金 – DeepSeek 编程 .pdf
⑦ DeepSeek 掘金 – DeepSeek 私有化 .pdf
⑧ DeepSeek 掘金 – DeepSeek 案例集 .pdf
⑨ DeepSeek 掘金 – DeepSeek 技术篇 .pdf
⑩ DeepSeek 掘金 – DeepSeek 其他 .pdf

作为本书延伸学习材料

（3）700+ 个精选提示词——零字输入的沉浸体验

① 官方对提示词的解读
② 实用提示词使用技巧
③ MarkDown 创作
④ DeepSeek + 办公：WPS 灵犀
⑤ DeepSeek 提示词体系的核心要素
⑥ 直接套用的结构化提示词设计
⑦ 一句话提升：各场景专属的魔法指令
⑧ 三个简单且实用的提示词技巧
⑨ 试试动态的：所见即所得零代码提示编程
⑩ 零技巧让 AI 自己设计提示词
⑪ 文生图：从文字到画面
⑫ 文生视频：让画面动起来
⑬ 提示词合集（仇华）– 256 个
⑭ 提示词合集（陈颢鹏）– 68 个
⑮ 提示词合集（云中江树）– 118 个
⑯ 即梦 3.0 海报系列（归藏）– 17 个
⑰ 即梦 3.0 字体系列（阿真）– 19 个
⑱ 教师提示词 Word 版 – 8 个
⑲ GPT4o – images – 58 个，并持续更新
⑳ CodeEasy 专用系统提示词 – 4 个
㉑ 神级提示词 – 4 个，并持续更新
㉒ JS 程序提示词 – 16 个，并持续更新
㉓ C# 程序提示词 – 6 个，并持续更新
㉔ 创作类提示词 – 2 个，并持续更新

打开 CodeEasy 定制版，零输入沉浸式实操

第 2 部分：企业内训模块

（1）DeepSeek 精选 . 硅创社——顶级的专业知识库

① 硅创精选　② 高校系列　③ 精选系列
④ 使用技巧　⑤ 技术分享　⑥ 行业案例
⑦ 产业报告　⑧ 私有部署　⑨ 新闻速递

加入腾讯 ima 知识库获得持续更新

（2）企业级 AIGC 培训材料——系统的员工成长路

① DeepSeek 助力组织及个人降本增效提质创收
② 配套课程的练习包及操作清单逐字稿
③ AI 工具软件下载包（15 类共 52 款）

首个开源的企业级内训资源包

（3）WPS 与 Office 精品课件——全面的办公实战包

① AI 办公 WPS 更轻松（12 个视频）
② 职场人士 Excel 必会微技巧（17 个视频）
③ 最新 Word 技巧（10 个视频）
④ PPT 版式设计思路操作教程（29 个视频）
⑤ WPS 新函数（26 个）
⑥ 商务模板（84 个）
⑦ 精美图标合集（1000+）

个人及企事业单位 Office 实用资源包

作者
2025 年 3 月

扫二维码获取本书海量资源

读书笔记

目　录

第1部分　源神 DeepSeek

第 1 部分

源神 DeepSeek

DeepSeek 以开源的大型语言模型迅速崛起，引起全球关注。其最新模型 DeepSeek-R1 在性能上可比肩顶尖 AI 模型，却以极低成本和超短研发周期完成，令业界震惊。DeepSeek 的核心优势在于高性能、开源和低成本，更令人瞩目的是其成本优势，低成本配合高性能，使得以前因成本高昂而无力涉足大模型的中小企业如今也能负担 AI 应用。这一“低成本高性能”的范式突破，被誉为 AI 领域的“斯普特尼克时刻”。

第1章

DeepSeek 崛起：重塑全球 AI 版图

DeepSeek-R1 的问世堪称一个里程碑，它标志着开源力量在全球 AI 竞赛格局中的一次重大突破，为中国在全球大模型领域赢得了重要地位。这一成果不仅成功打破了国际科技巨头对 AI 核心技术的长期垄断，还以开放共享的模式，为全球 AI 开发者提供了崭新的技术平台，进一步推动人工智能向普惠化、民主化方向发展，同时加速了全球 AI 创新生态的重塑。

1.1　DeepSeek 系列横空出世

DeepSeek 凭借创新的动态 MoE 架构与强化学习驱动的推理能力，在短时间内迅速获得全球关注，打破了“大模型必须依赖海量数据和算力”的行业认知。随着 DeepSeek 引领的开源模式加速全球开发者生态的构建，中国 AI 企业正从追随者迈向引领者，与美国实验室的封闭模式形成鲜明对比，重塑全球 AI 竞争格局。

1. 主要模型发布时间线

2024 年 11 月 20 日，DeepSeek 在 Twitter 低调发布 DeepSeek-R1 Lite Preview，其推理性能首次引发技术圈关注。尽管在 AIME 数学竞赛中的准确率超越 OpenAI 的 o1-preview，并实时展示了数万字符的思维链过程，但彼时外界更聚焦于 o1 模型，DeepSeek-R1 Lite Preview 的讨论仅限于学术小圈层，甚至被误认为“中国版 GPT-4o 的模仿品”。这种“技术惊艳却无人识”的落差，为后续的爆发埋下伏笔。

转折点出现在 2024 年 12 月 26 日 DeepSeek-V3 的发布。这款采用动态 MoE 架构的模型，通过 37B 参数实现推理速度提升 3 倍，训练成本仅为同类模型的 5% ～ 10%。更关键的是，其技术报告首次公开强化学习驱动的推理能力训练方法，彻底打破“大模型必须依赖海量数据和算力堆砌”的行业认知。安德烈·卡帕斯（Andrej Karpathy）在 Twitter 上盛赞：“这是我所见过的最详细的技术报告，DeepSeek 正在重新定义 AI 效率”，标志着其正式破圈进入学术界视野。

2025 年 1 月 15 日，DeepSeek 应用正式上线，内置 DeepThink 模式。然而，由于当时全球关注特朗普“登基”事件，政治博弈成为焦点，DeepSeek 未能引起广泛注意。直到 2025 年 1 月 20 日，DeepSeek-R1 版本发布，论文与模型权重同步开源。该版本采用纯强化学习训练路径，并利用 2000 块 H800 芯片实现了顶级性能的颠覆性创新，迅速引发全球关注。

根据星摩尔（SimilarWeb）的数据，2025 年 1 月 27 日，DeepSeek 官方网站的日访问量达到 4900 万次，比前一周增长了 614%，甚至一度超过了已推出近两年的谷歌 Gemini 聊天 AI 网站的用户数。在 App 应用方面，DeepSeek 发布一周内累计下载量达 160 万次，覆盖美国、英国、加拿大、新加坡、澳大利亚等主要市场，跃居中美两国 App Store 免费榜首。

在短短 20 天内，DeepSeek 移动端应用的日活跃用户数突破了 2000 万，充分展示了用户对该开源模型的强劲需求。这一现象推动了中芯国际等中概股逆势上涨，形成了鲜明的“东升西落”格局，彰显了其广泛的市场影响力。DeepSeek 模型发布的主要时间线如图 1-1 所示。

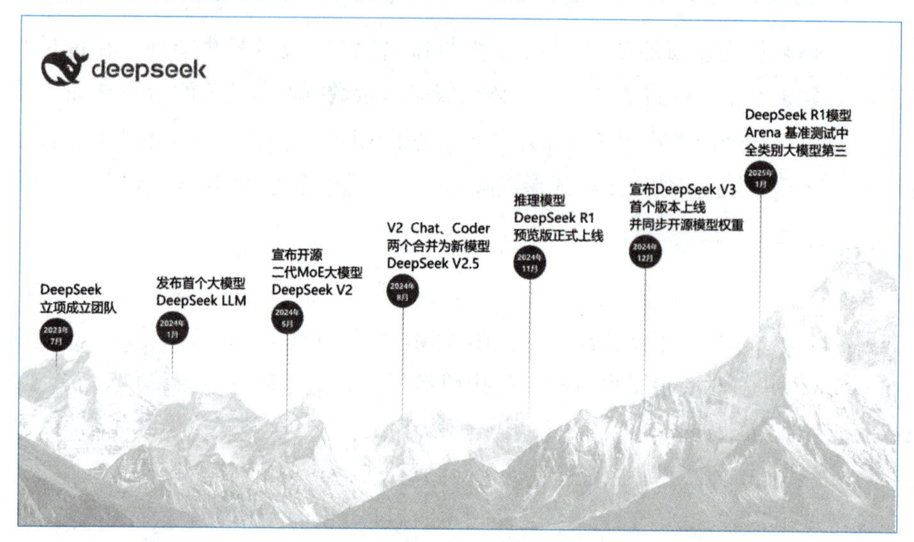

图 1-1　DeepSeek 模型发布主要时间线

2. AI 风暴带来深远影响

这场 AI 风暴的冲击波远超技术层面。华尔街分析师指出，DeepSeek-R1 以 4 元 / 百万 token 的输入成本，直接动摇了英伟达万亿市值的算力霸权。2025 年 1 月 27 日美股暴跌当天，谷歌搜索“DeepSeek”关键词的 70% 查询来自华盛顿特区 IP。Meta 工程师在匿名社区直言：“我们正在疯狂分析代码，试图复现他们的训练方法”，而 OpenAI 前工程师则在播客中感叹：“这可能是中国 AI 的‘ChatGPT 时刻’”。

更深远的影响体现在产业生态上。DeepSeek-R1 通过蒸馏技术将模型参数规模压缩至 7B~8B 级别，开发者仅需单张消费级显卡即可完成本地部署。这种“技术民主化”趋势，为中小企业和开发者提供了“万元级”AI 普惠化解决方案。当前，DeepSeek 日活跃用户突破 3000 万，7 天获客 1 亿，增速超越 ChatGPT，创下了新的纪录。其 API 服务更推出“错峰定价”策略：夜间时段调用成本直降 75%，DeepSeek-V3 与 DeepSeek-R1 输入同价至 1 元 / 百万 token。这种“技术普惠 + 商业创新”的组合拳，正在书写 AI 发展史的新篇章。

这场技术民主化革命，使得 DeepSeek-V3 训练成本降至 558 万美元，仅为 GPT-4o 的 1/18。当其开源代码库在 GitHub 上星标破万，亚马逊、微软等巨头排队接入时，这场由东方公司发起的革命，正在改写全球 AI 权力格局。正如图灵奖得主杨立昆（Yann LeCun）所言：“DeepSeek 的成功证明了开源模型正在超越专有模型”。

3. 从 AI 追随者到引领者

中国 AI 企业的崛起正重新定义全球竞争格局。以 DeepSeek 为代表的中国 AI 实验室通过持续突破，完成了从技术追随者到创新引领者的跨越。2025 年年初发布的 DeepSeek-R1 推理模型，其基准测试表现已逼近美国 OpenAI 的 o1 性能水平，标志着中美模型智能差距从代际级缩短至毫厘之间，如图 1–2 所示。这场“伟大的追赶”背后，是中国特有的发展路径。

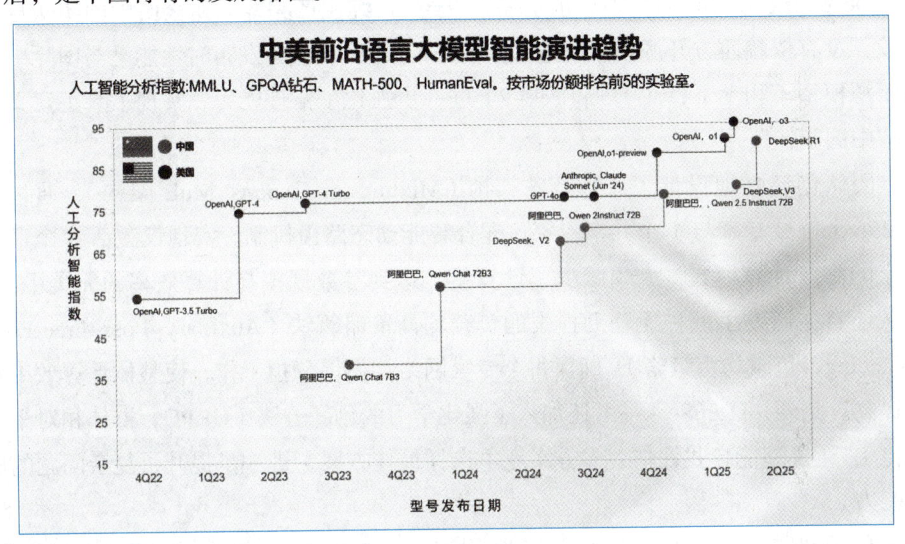

图 1–2　中美前沿模型竞争

中国的人工智能领域正经历一场前所未有的变革，形成了“1 + 6 + X”的多元化创新生态。这一生态涵盖了以深度求索（DeepSeek）为代表的先锋企业，以及智谱 AI、Minimax、百川智能、零一万物、阶跃星辰、月之暗面等“AI 六小龙”，还有阿里、腾讯、百度、字节、华为等传统科技巨头。

中国企业通过开放模型权重的策略，在全球竞争中脱颖而出。这种开放模式吸引了全球开发者参与生态共建，降低了技术门槛，加速了创新迭代。与此形成鲜明对比的是，美国实验室依赖封闭生态（如 OpenAI 的 o3 系列闭源模型），同时继续借助英伟达 GPU 等硬件优势维持技术壁垒。这预示着未来竞争将呈现“软件开源突围”与“硬件封锁博弈”并存的复杂态势。

1.2 DeepSeek-R1 的重要意义

DeepSeek-R1 作为纯国产 AI 大模型，通过自主研发的“专家协同架构”与强化学习创新技术，实现了参数效率与推理能力的突破。其深度软硬件协同优化使训练成本仅为国际同级别模型的几十分之一，并以“高性能、低成本”普惠化，开创了国产 AI 技术自主创新与商业效率双突破的新范式。

1. 纯国产与技术自主创新

DeepSeek-R1 取得巨大成功的关键在于坚持纯国产路线，完全由中国团队自主开发，没有依赖西方开源模型改造。其前身 DeepSeek-V3 发布时性能已与国际一流的闭源模型不相上下，而 DeepSeek-R1 进一步强化了推理能力，实现了真正意义上的“中国制造”。

团队创新性地设计了一种特殊架构（Mixture-of-Experts, MoE 架构），通过整合 256 个领域专家与 1 个共享专家，配合智能动态路由机制，实现仅激活 8 个最优专家的高效计算模式，大幅减少了计算量，达到参数规模与计算效率的完美平衡。团队还自主研发了一种无辅助损失的负载均衡策略算法（Auxiliary-Loss-Free Load Balancing，负载均衡策略），确保每个专家网络均衡地分担工作，使整体计算效率显著提高。此外，DeepSeek-R1 还加入了强化学习的创新方法（GRPO，群体相对策略优化），让模型能自我评估、多方案竞争选择最佳方案，进一步提升了复杂问题的解决能力。

在硬件方面，团队通过直接使用 NVIDIA 的底层指令集（Parallel Thread Execution，PTX）对 GPU 通信和计算进行了微优化，这一举措被媒体戏称为“绕过 CUDA 垄断”，最大程度地榨取了硬件性能。通过深度优化软件和硬件协作，性能接近国际顶级水平。这些努力不仅证明了中国 AI 技术的实力，也探索出一条在有限资源条件下，通过算法创新突破瓶颈的有效路径。

2. 高效率地训练与部署

传统的大模型训练成本高昂，DeepSeek-R1 则通过一系列创新措施显著降低了成本与资源消耗。尽管模型规模极大，但每次推理仅用到很少一部分参数，大大提高了计算效率，使在有限硬件资源条件下也能完成训练。DeepSeek 官方声称 DeepSeek-R1 的总训练开销在 558 万美元左右，与 GPT-4 等模型相比便宜了几十倍。DeepSeek-R1 充分利用了混合精度计算的红利。它是业界最早大规模采用英伟达低精度训练（8-bit Floating Point，FP8）的大模型之一。

DeepSeek-R1 通过 MoE 架构 + 并行算法 + 低精度训练的组合拳，成功突破了大模型训练和部署的效率瓶颈。在算力受限的条件下做出了接近“地表最强”性能的模型，实现了高性能和高成本效益的兼得。这一成就向业界证明：通过技术创新，我们可以走出一条“高效大模型”的新路，为 AI 大模型的可持续发展提供了宝贵经验。

3. 性能比肩国际顶级水平

DeepSeek-R1 在实际测试中，综合表现已经达到国际顶级闭源模型的水平，甚至在某些方面表现更为突出。在数学推理基准 MATH-500、AIME 竞赛题等高难度任务上，DeepSeek-R1 的得分超过了 OpenAI 的 ChatGPT-4 和 Anthropic 最新的 Claude 3.5（Sonnet 版）。有业内人士直言：“DeepSeek-R1 在聪明程度上明显强于 Claude 3.5、OpenAI o1-Pro，甚至优于谷歌的 Gemini”。

更难能可贵的是，DeepSeek-R1 在实现高性能的同时保持了稳定输出和可靠结构化响应。这使其不仅擅长学术测试，在实际应用中也足以媲美 GPT-4、Claude 等的表现。综合来看，DeepSeek-R1 已经站上了当前 AI 大模型性能的第一梯队，其在推理深度和问题解决方面的领先性为行业树立了新标杆。随着 DeepSeek-R1 不断优化迭代，有理由相信它在更多基准上全面超越 GPT-4、Claude 3、Gemini 等主流模型只是时间问题。

4. 大幅降低的使用成本

DeepSeek-R1 不仅技术强大，在商业层面也祭出了“价格屠夫”的策略。与 OpenAI、Anthropic 等顶尖 AI 服务高昂的 API 费用相比，DeepSeek-R1 的使用成本可谓低到难以置信。根据官方公布的数据，DeepSeek-R1 输出每 1M 字符的费用仅相当于 o1 的 1/30。这种价格优势让高端 AI 技术首次实现了普惠化，即使中小企业也能轻松负担。

更重要的是，这种低价策略并非以牺牲利润为代价，而是通过极高的技术效率实现了成本与利润的双赢。据官方测算，即使以如此低的价格提供服务，DeepSeek 团队依然能够维持高达 545% 的利润率。

这种模式不仅颠覆了过去 AI 服务高价的传统，也迫使国际巨头重新审视自己的定价策略。DeepSeek-R1 的出现标志着 AI 服务开始进入全民可负担的新阶段，使“高性能、低成本”的 AI 成为现实。

5. 推动生态多元化发展

DeepSeek-R1 作为开源大模型，以接近顶尖封闭模型的性能提升了行业标杆，推动大模型服务（Metal as a Service，MaaS）平台生态进入新阶段。它证明了算法优化（如纯强化学习后训练）可以带来突破，促使 OpenAI、Anthropic 等巨头调整策略，并加速国内初创企业的优胜劣汰。

DeepSeek-R1 已成为 2025 年以来 MaaS 平台的"共同语言"，云厂商纷纷集成其模型，在模型供应同质化的背景下，竞争焦点正逐步转向并发能力、响应延迟等服务质量的提升。同时，它对初创企业形成竞争压力的同时，也带来合作机遇，资本方加速开源派与自研派的融合，推动智谱等公司发布新一代开源模型。

作为开源生态的中流砥柱，DeepSeek-R1 采用 MIT 许可，激活了社区创新，催生出多个蒸馏版本和融合模型，增强了"开源可行"的信心，促进生态去中心化。官方团队在 GitHub、知乎等平台分享优化经验，提升行业技术水平。

DeepSeek-R1 还重塑了 MaaS 价值链：模型商品化趋势增强，云厂商更重视附加服务，初创企业需探索模型之外的价值，算力和算法的重要性平衡也发生变化。用户得以在不同平台间灵活选择最优方案，降低迁移成本。DeepSeek-R1 承上启下，推动 MaaS 生态走向更加开放、多元、以技术创新和性价比驱动的新阶段，并将在未来迭代中持续发挥关键作用。

1.3 DeepSeek-R1 定义推理新纪元

推理型大模型的出现标志着 AI 发展的重要变革：从单纯追求模型规模到更强调模型的"聪明程度"。DeepSeek-R1 的成功展示出，通过强化学习、自我反思和知识蒸馏，AI 模型能够持续自我进化并表现出更高的推理和决策水平。未来 AI 领域的竞争核心将不再是规模大小，而是推理能力和实际应用的有效结合。

1.3.1 推理大模型的由来

2024 年 9 月 12 日，OpenAI 官方正式发布 o1-preview 推理大模型，标志着人工智能认知能力的重大突破。该模型引入了"推理时计算（test-time compute）"的全新理念，即在推理阶段（模型生成最终结果的过程中）动态投入更多计算资源，而不仅仅依赖于预训练或后训练阶段的优化。

这一创新使模型具备更强的内部思考能力，能够评估多个潜在答案、进行深度规划，并在输出最终结果前进行自我反思。典型应用包括"思维链推理（Chain-of-

Thought Reasoning）”和“Wait 注入（Wait-and-Inject）”技术，它们拓展了模型的推理空间，大幅提升逻辑推理和问题求解能力。

推理型大模型被誉为天生的战略家，因其基于数据分析和逻辑推理，能够自主学习、推理和决策。这类模型擅长从已知信息中挖掘潜在规律，并广泛应用于数学、代码、逻辑推理等高认知任务领域。图 1-3 直观地展示了该模型在这些领域的卓越表现。

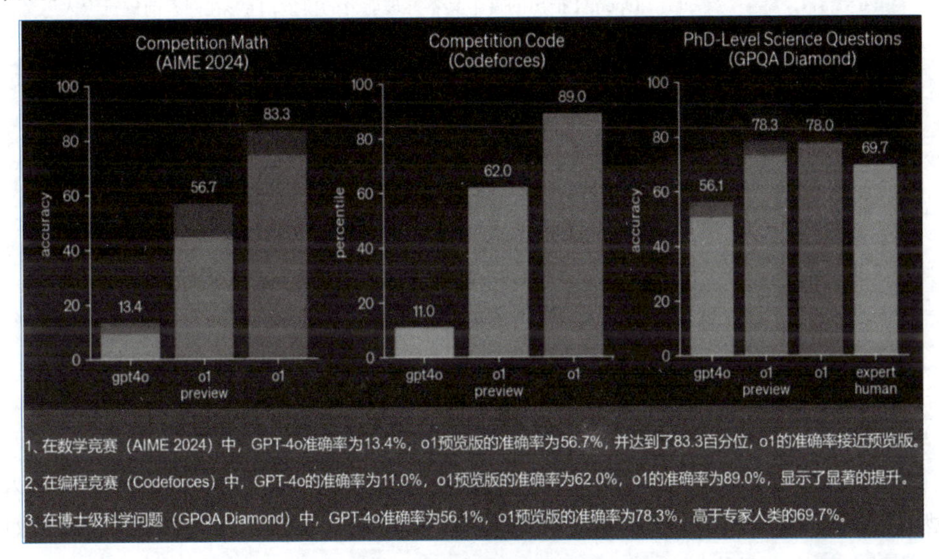

图 1-3　两类模型能力对比

这一转变带来的影响是深远的。在过去，如果模型无法在 200ms 内生成响应，几乎等同于失败。然而，到了 2025 年，经验丰富的搜索开发者和检索增强生成（Retrieval-Augmented Generation，RAG）工程师们已逐步将精确率和召回率视为首要优化目标，而非单纯追求响应速度。如今，大多数用户已习惯看到系统“努力思考”（<thinking>），只要最终结果足够优质，等待时间便不再是主要问题。

这一趋势与过去对生成式模型的需求形成了鲜明对比，也在深刻改变着用户体验。用户正逐步接受“延迟满足”的交互模式，即通过更长的等待时间换取更高质量、更具实用性的回答。DeepSeek-R1 进一步强化了这一体验，使用户，即便不自觉地，也逐渐适应了更长的响应时间。

OpenAI 宣称，o1 系列大模型在推理（Reasoning）能力方面相较于当前主流模型（如 GPT-4o）有了显著提升。这一进步得益于一种新的 AI 训练方法，强调“思维链推理”过程以及强化学习（Reinforcement Learning，RL），最终使得 o1 系列在数学、逻辑与推理方面取得了突破性进展。因此，人们开始将具备强大推理能力的AI 统称为推理大模型（Reasoning AI）。除 DeepSeek–R1 外，市场上的主流推理大模型还包括 ChatGPT（o1/o3）、Gemini 2.0、Grok 3、Kimi 1.5，如表 1–1 所示。

表 1–1 主流推理大模型

模型名称	开发公司	特点
OpenAI o1 2024 年 12 月	OpenAI	OpenAI 推出的首个具备推理能力的模型，能够在回答前进行深入思考，提升在科学、编程等领域的表现
OpenAI o3–mini 2025 年 1 月	OpenAI	o3 的轻量版，提供高效且经济的推理能力，特别在科学、数学和编程等领域表现出色
Gemini 2.0 2024 年 12 月	谷歌	谷歌的高级 AI 模型，具备多模态输入 / 输出能力，性能是前代 1.5 Pro 的两倍，支持复杂任务的处理
Grok 3 2025 年 2 月	xAI	追求超越传统 AI 的推理能力，强调逻辑推理、深度理解和动态决策，不仅仅是数据驱动的统计学习
Kimi 1.5 2024 年 12 月	月之暗面	原生支持端到端图像理解和思维链技术，能力扩展到数学之外的更多领域

1.3.2 思维链展示过程

DeepSeek–R1 的突破在于其成为首个能够展示自身思维链的 AI 推理模型。传统大型语言模型往往仅给出最终答案，内部推理过程对用户而言是“黑箱”。DeepSeek–R1 通过引入显式的思维链（Chain–of–Thought，CoT）生成机制，使模型在回答问题时先产出逐步推理步骤，再得出最终结论。在训练过程中，DeepSeek–R1 被要求以特殊标记输出思考过程，从而学会自主生成多步推理链。在实际应用中，用户可要求 DeepSeek–R1 展示其思路，清晰地看到逻辑推演过程及最终答案，如图 1–4 所示。

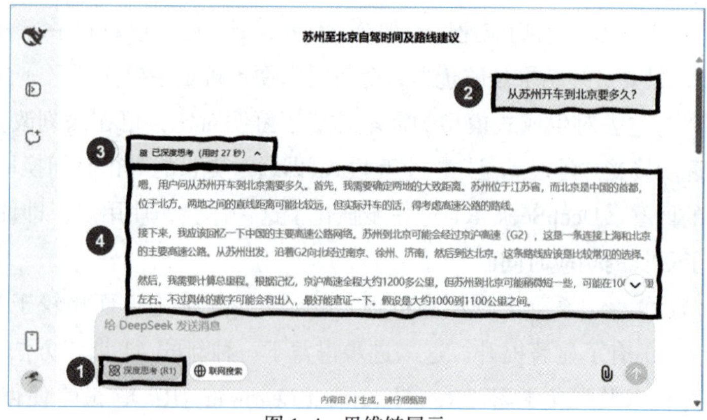

图 1–4 思维链展示

用户单击“深度思考（R1）”按钮❶后，输入提示词“从苏州开车到北京要多久？”❷，此时系统将调用 DeepSeek-R1 进行推理。首先，界面会显示“思考中”❸，在经历响应延迟阶段后，模型开始输出思维链。当思维链输出完成后❹，界面显示“已深度思考（用时 27 秒）”，请注意，此处的 27 秒并不包括最初的响应延迟。当思考完成后，模型输出最终响应。值得注意的是，每次输出的思维链内容都会有所不同。

以上示例，也说明了思维链展示的价值在于以下几个方面。

1. 透明性与可解释性的提升

这一能力首先增强了 AI 的透明度和可解释性。由于思维链清晰可见，用户能够理解模型如何得出某个结论，从而更容易信任其决策。尤其在金融决策、医疗诊断等高风险场景，这种可解释性至关重要。

2. 推理深度与自我反思机制

思维链有助于提升模型的推理深度。DeepSeek-R1 在推理过程中能够自我检查、反思，并“看到”前序步骤中的错误，从而尝试修正。实验证明，随着训练的深入，DeepSeek-R1 逐渐涌现出长链条推理能力，甚至展现出类似人类“豁然开朗”的“aha 时刻”，能够自主发现并纠正推理中的问题。这种自我反思机制使解题过程更加严谨，避免了“一步到位”式回答中常见的荒谬错误。

3. AI 推理范式的革新

DeepSeek-R1 开创性地将 AI 的思维过程从幕后呈现至前台，不仅让 AI 具备“会思考”的能力，更让用户能够理解 AI 在思考什么。这一能力大幅提升了 AI 系统的可信度和推理能力，使其在复杂任务上展现出优于以往模型的表现。DeepSeek-R1 的成功验证了“让 AI 自主展示思路”这一范式的可行性，为行业树立了新的标杆。

1.3.3 自我进化的秘密

你是否有过这样的体验？当老师问“为什么 1 + 1 = 2 ？”，我们不仅会直接回答“因为数学规则”，还会补充“因为一个苹果加一个苹果是两个苹果”。这种“解题过程”的思维方式，被称为推理能力（Reasoning），也是科学家一直想让机器学会的技能。

2025 年，DeepSeek-R1 的问世，终结了语言模型只能“猜答案”的时代——它通过一种神奇的方法，让模型自己从训练数据中“悟出”推理过程，就像人类一样边想边改进。通过以下三个步骤，打造“自我进化”的推理大脑。

1. 第一步：用“规则 + 强化学习”激发自我修正能力

DeepSeek-R1 的关键突破在于，它完全依靠强化学习（RL），让模型自己从错误中学习。具体来说，训练过程分为以下三步。

（1）定义评分规则：模型输出的内容必须满足两个条件——答案正确、推理过程符合 <think>… </think><answer>… </answer> 的格式。

（2）自我对弈与反馈：模型在生成答案时，会自动尝试多种可能性（类似决策树的“分岔路径”），并根据结果自动调整策略。例如，在解题时，若某个步骤导致错误，模型会自动“回溯”并修正思维过程。

（3）优化与迭代：通过数十亿次“自我对弈”，模型最终学会“如何高效且正确地思考”，甚至能自发出类似人类的“反思”行为（如发现错误后重新检查）。

2. 第二步：从“天马行空”到“清晰可读”，冷启动与格式优化

尽管 R1-Zero（纯强化学习训练版本）展现了惊人的推理能力，但其生成的内容存在中英文混杂、格式混乱等问题，难以在实际应用中推广。为此，DeepSeek-R1 引入了冷启动（Cold Start）技术，通过以下措施加以改进。

- **优秀范例示范：** 从 DeepSeek-R1-Zero 的输出中筛选出上千条高质量的推理过程，作为模型学习的范本，这些范例经过人工后处理，确保格式规范、推理清晰，帮助模型在初期阶段建立良好的输出习惯。
- **格式强制约束：** 在强化学习训练中加入“语言一致性”奖励，鼓励模型使用统一的语言和格式，例如，计算推理过程中目标语言的比例，避免出现中英文混杂的情况，确保逻辑步骤清晰明了。

通过这些改进，模型生成的推理过程从“天马行空”转变为“结构清晰”，甚至能够像数学老师一样逐步推导，提升了实际应用的可行性和用户体验。

3. 第三步：小模型通过“模仿学习”实现逆袭

然而，RL 训练需要庞大的计算资源，直接用于小模型（如 320 亿参数的 Qwen-32B）时，效果往往大打折扣。为了解决这一问题，DeepSeek 采用了知识蒸馏（Knowledge Distillation）方案：如同师父带徒弟一般，利用 DeepSeek-R1 生成的高质量推理数据训练小模型，使其模仿“大模型师父”的思维模式。这一方法成效显著，经过知识蒸馏训练后，Qwen-32B 在数学题上的表现从纯 RL 训练的 58 分跃升至 74 分，甚至超过了部分更大规模的模型。

目前，DeepSeek 已经推出多个蒸馏版本，包括基于 Qwen 和 LLaMA 的 1.5B 到

70B 模型，大幅降低了推理能力的应用门槛。未来，大模型的竞争或许不再只是“谁更大”，而是“谁更聪明”——但真正的决胜关键，仍在于如何将这些技术与实际场景结合，并通过用户数据持续优化。

正如 DeepSeek 所展示的那样，AI 的进化永远充满惊喜，而我们都是这场革命的见证者。

1.4 DeepSeek 生态：国内外全景

DeepSeek 的出现重塑了全球 AI 竞赛格局，推动技术从“参数竞赛”转向“成本控制与场景适配”。DeepSeek 在激发良性技术竞赛的同时，以开源合作的方式为国内外 AI 生态注入活力——顶尖开发者们开始仔细分析和借鉴 DeepSeek 高效训练、低成本运行的技巧。

1.4.1 国际大厂的接入情况

因为成本大幅降低，算力门槛下降，各行各业竞相尝试将 AI 大模型融入自身业务。过去被高昂算力和数据要求阻碍的应用，如今因 DeepSeek 的“算力平权”而得到落地良机。DeepSeek 证明了有限算力也能训练出强大模型，这增强了企业对自主可控 AI 技术的信心，并可能加速 AI 领域“东升西降”的竞争态势。

DeepSeek 以技术和模式创新在全球 AI 版图中占据了举足轻重的位置：一方面引领了 AI 技术开放普惠的新潮流，另一方面倒逼国际巨头加速创新，全面推动了产业链上下游的革命性变革。以下是国际主要云厂商接入 DeepSeek 的时间线及特点。

1. 微软（2025 年 1 月）

作为首批响应的国际巨头之一，微软 CEO 萨提亚·纳德拉（Satya Nadella）在 2025 年 1 月 29 日的财报电话会上宣布，已将 DeepSeek-R1 模型接入微软 Azure AI 平台的企业级服务（Azure AI Foundry），并通过 GitHub 向开发者提供访问。

微软选择接入 DeepSeek 的出发点在于丰富其 Azure 云 AI 生态，确保客户能够获得最新最强的 AI 能力，同时分散对单一供应商（OpenAI）的依赖。在 OpenAI 的 GPT 系列之外增加 DeepSeek，可以满足更多元的核心需求：一方面，Azure 企业客户希望使用高质量对话与推理能力模型改进业务应用；另一方面，微软也希望借 DeepSeek 超低的使用成本，提供更具价格竞争力的 AI 服务。

DeepSeek-R1 开源且性能领先，这些技术特点契合了微软的需求：DeepSeek-R1

拥有超长上下文和强推理能力，可用于企业文档分析、代码助手等复杂场景；同时 DeepSeek 模型的高效架构使其在 Azure 上部署算力要求相对较低、调用成本低廉，有助于微软以更低的价格为客户提供大模型服务。微软 Azure 接入 DeepSeek 后，开发者能够零门槛调用这一先进模型，提高了 Azure 平台的吸引力和竞争力。

2. 谷歌（2025 年 2 月）

与其说谷歌“接入”DeepSeek，不如说是被 DeepSeek 逼出了杀手锏。DeepSeek-R1 的横空出世在 2025 年年初抢尽风头：它与谷歌自研的推理模型几乎同时在 2024 年 12 月发布，但显然后者的关注度被 DeepSeek-R1 盖过。尤其是在春节前夕，DeepSeek 一度登顶全球应用商店下载榜，令谷歌深感压力。谷歌的应对措施是在 2025 年 2 月 5 日紧急发布新一代 Gemini 2.0 系列模型，包括 Flash、Flash-Lite 和 Pro 三个版本。其出发点在于通过自研更强模型来重夺业界领导地位，避免用户和开发者被 DeepSeek 的风潮吸引走。

Gemini 2.0 系列主打更高性能和更优成本。据谷歌介绍，Flash 模型提供了更高的速率和性价比，Pro 模型拥有高达 200 万 token 的上下文窗口并可调用谷歌搜索和代码执行工具，专攻复杂推理。可以看出，谷歌在核心需求上与 DeepSeek 展开正面竞争——提供更大的上下文、更强的多模态推理以及更低的使用成本，这些都是 DeepSeek 引领的方向。

DeepSeek 模型的成功迫使谷歌加快了 Gemini 的升级发布节奏，甚至谷歌 DeepMind CEO 德米斯·哈萨比斯（Demis Hassabis）也公开评价称 DeepSeek 是“中国最好的作品”，在短时间低成本训练方面表现惊人。不过谷歌同时淡化了 DeepSeek 的技术创新程度，认为其“使用的都是已知技术，很多炒作有些夸大”。谷歌强调自家最新版 Gemini 在效率上更胜一筹。总的来看，谷歌并未直接整合 DeepSeek 到自家产品，而是选择了技术跟进和迭代超越的策略：以更强大的自研模型来回应挑战。

这场你追我赶也凸显了 DeepSeek 对谷歌的冲击之大——逼得这位搜索巨头“卷”了起来，加速开放其最强 AI 模型在云服务（Vertex AI）和消费应用中的使用。谷歌的快速反击证明了 DeepSeek 在国际 AI 竞赛中已经成为不可忽视的力量，直接推动了巨头产品路线的调整。

3. Meta（2025 年 1 月）

DeepSeek 的出现同样令 Meta 公司如坐针毡。2025 年 1 月 27 日前后，有媒体披露 Meta 的生成式 AI 团队因 DeepSeek 的震撼表现而陷入恐慌，团队主管公开表达了对自家模型可能落后的担忧。据信息时报（The Information）报道，Meta 的 AI 研究人员甚至火速成立了 4 个“战情室”来研究 DeepSeek。这一举措大约发生在 2025 年 1 月下旬。可见 DeepSeek-R1 发布仅一周内就引发了 Meta 的高度紧急响应。Meta 此举的出发点在于防止在新一轮 AI 竞赛中掉队。作为开源大模型 LLaMA 系列的推出者，Meta 原本在开源社区具有优势地位，但 DeepSeek 的横空出世以更强性能抢走了风头，也让 Meta 意识到自身在训练成本和效率方面的不足。

因此，战情室的工作聚焦在 Meta 的核心需求上：①寻找降低大模型训练和推理成本的方法，以期追赶 DeepSeek 实现的效率奇迹；②分析 DeepSeek 究竟用了哪些数据和技巧训练模型，以借鉴其高效训练范式；③考虑对自家模型架构进行调整，如是否采用多模型专精的路线。报道指出，Meta 高层正考虑推出类似 DeepSeek 的 LLaMA 版本，即由多个专门擅长不同任务的模型组合而成。

DeepSeek 的做法启发了 Meta 思考“一个模型未必包打天下，不妨训练多个各有所长的模型”。在技术特点上，DeepSeek 对 Meta 最有借鉴意义的是其低成本高效训练（仅用 OpenAI 十分之一的开销）和多专家分工的模型策略，这恰是 Meta 提升 LLaMA 系列所需的方向。

可以说，Meta 没有直接将 DeepSeek 嵌入自家产品，而是选择研究学习和策略调整：通过内部消化 DeepSeek 的成功经验，来升级自身开源模型，以期在即将到来的竞赛中重新夺回优势。这种反应也印证了 DeepSeek 在国际 AI 舞台上的影响力——连拥有最顶尖 AI 研究团队之一的 Meta 都不得不“闭门苦练内功”，以应对这匹黑马带来的挑战。

4. 亚马逊（2025 年 1 月）

2025 年 1 月 31 日，亚马逊宣布其云服务 AWS 已上线 DeepSeek-R1 模型，供用户直接调用。AWS 接入的动机在于巩固其云 AI 领先地位，不让微软独享这一热门模型。

面对企业用户对生成式 AI 日益增长的需求，AWS 需要满足核心需求：为客户提供最前沿的 AI 能力并简化部署。DeepSeek 的特点正契合 AWS 所求——作为开源模型，客户可在 AWS 上自由调整和私有部署，符合企业对数据隐私和定制化的要求；同时，DeepSeek-R1 被公认为当时最先进的大模型之一，语言处理效果卓越。

AWS 将其纳入模型库后，开发者通过 AWS 即可低门槛获取高性能的 DeepSeek 服务，从而提升了云平台对开发者和企业的吸引力。亚马逊还看重 DeepSeek 低算力占用的优势，这有助于 AWS 优化其算力资源利用率，并通过更低的调用成本吸引大批客户迁移到自己的云上。

5. 英伟达（2025 年 1 月）

2025 年 1 月 31 日，英伟达在官网宣布，其 NVIDIA NIM 平台现已支持调用 DeepSeek-R1 模型。作为 AI 计算领域的领导者，英伟达的出发点是展示自家硬件对新兴顶级模型的良好支持，并推动 GPU 算力需求进一步增长。

其核心需求在于确保 DeepSeek 这样的现象级模型能在英伟达的 GPU 和软件栈上高效运行，从而巩固英伟达在 AI 基础设施上的统治力。DeepSeek-R1 的技术特点对于英伟达而言具有双重意义：一方面，DeepSeek 团队以远低于以往顶级模型的算力完成训练，这对英伟达既是冲击也是机遇——它促使英伟达优化软硬件以支持这种高效模型，吸引开发者继续选择 GPU 作为主要运行环境；另一方面，DeepSeek 高达 6710 亿参数且含多模态模型的规模，依然需要强大 GPU 集群才能充分发挥，其开源发布将刺激众多企业部署实验，这无形中扩大了英伟达 GPU 的市场需求。

通过 NIM 平台集成 DeepSeek，英伟达展示了自家 GPU 对该模型的兼容与性能优势，为客户提供开箱即用的 DeepSeek 优化推理服务，进一步稳固了“用最强 GPU 跑最强模型”的市场形象。

6. 英特尔（2025 年 2 月）

2025 年 1 月 31 日，英特尔迅速完成了对 DeepSeek 模型的适配，展示了其 AI 硬件生态对最新大模型的支持，避免在这波 AI 热潮中被边缘化。英特尔的核心需求在于优化自家 GPU、CPU 及 AI 加速器，以高效运行 DeepSeek，提高软硬件结合的 AI 算力性价比，向市场证明除了英伟达 GPU 外，还有其他可靠选择。

DeepSeek 开源提供模型权重，这一技术特点方便英特尔工程团队快速移植和调优。例如，英特尔将 DeepSeek 部署在其至强（Xeon）CPU 和 Gaudi AI 加速器平台上进行测试。DeepSeek 模型本身对硬件依赖度低、可伸缩性好，证明了即使不完全依赖最尖端 GPU 也能取得顶级 AI 表现。这为英特尔等厂商提供了契机——通过支持 DeepSeek，它们可以宣传“在我们的硬件上，同样能以更低成本跑出一流 AI 效果”，以此吸引云服务商和企业采用自家芯片方案。

1.4.2 国内大厂的接入情况

海外巨头牵手 DeepSeek 的消息传来之际，中国本土的科技企业也迅速行动起来。春节假期期间（2025 年 1 月底至 2 月初），国内各大云计算厂商加班加点完成了对 DeepSeek 模型的适配上架。包括华为云、腾讯云、阿里云、百度智能云、字节跳动火山引擎、京东云在内的主流云服务平台都在 2025 年 2 月上旬相继宣布支持 DeepSeek 系列模型。

这些云厂商的出发点非常一致：借助 DeepSeek 的热度和技术优势，完善自身 AI 算力生态，吸引开发者和企业客户留在或迁移到自己的云上。它们的核心需求在于快速提供开箱即用的大模型服务，降低用户使用门槛，从而扩大市场份额。

在这方面，DeepSeek 模型开源且可私有部署的技术特点给予了云厂商极大的便利——相比只能通过 API 云调的封闭模型，DeepSeek 允许云服务商将模型部署在本地算力池并深度优化。由此，各家云厂商纷纷基于各自主推的平台优势对 DeepSeek 进行整合，推出特色服务和优惠策略：有的提供限时免费调用、有的赠送大额 token 额度，以期利用全民关注的“DeepSeek 时刻”笼络用户。以下是国内主要云厂商接入 DeepSeek 的时间线及特点。

1. 阿里巴巴（2025 年 2 月）

阿里云官方于 2025 年 2 月 3 日宣布，其 PAI Model Gallery 模型库已支持一键部署 DeepSeek-R1/V3 模型。阿里云接入的动机在于丰富云上 AI 模型选择，强化其“模型即服务”能力。其核心需求是让企业和开发者零代码即可使用和训练大模型，以提高开发效率。DeepSeek 开源提供完整权重，正好满足这一需求——阿里云通过整合 DeepSeek 模型，用户在其平台上从训练到推理全流程都可一站式完成。

技术上，阿里云针对 DeepSeek 进行了优化适配，使其能够在飞天云基础架构上高效运行，并推出了超低价格方案甚至免费体验，以 DeepSeek 显著的成本优势来吸引客户。阿里云还强调 DeepSeek 模型在多行业的泛用性，这契合阿里云服务众多行业客户的场景需求。

接入 DeepSeek 后阿里云迅速打造出了从模型训练、部署到应用的便捷通道，为开发者和企业提供了更快、更高效的 AI 开发体验。通过拥抱 DeepSeek 的开源生态，阿里云展现了开放兼容的姿态，不仅巩固了国内云市场地位，也为其全球云服务增加了亮点。

2. 百度（2025 年 2 月）

2025 年 2 月 3 日，百度智能云宣布旗下“千帆”平台正式上架 DeepSeek-R1 和 DeepSeek-V3 模型。百度选择接入 DeepSeek 的出发点在于顺应开源大模型浪潮，弥补自身模型在特定方面的不足，提供更加多样化的 AI 服务组合。

百度智能云的核心需求，一是利用 DeepSeek 高推理能力满足客户在复杂问答、数据分析等场景的需求，二是通过差异化定价抢占市场。DeepSeek 模型的技术特点为百度实现这两点提供了抓手：据发布，百度智能云针对 DeepSeek 推出了业界罕见的低价计费方案，并在一定时期内提供免费调用服务。这背后正是利用 DeepSeek 超低算力成本的优势，让利给用户，从而吸引对价格敏感的中小客户。

与此同时，DeepSeek 模型在自然语言理解和多轮对话上的强大性能使其成为百度自身文心大模型的有力补充。特别值得一提的是，百度还将 DeepSeek 纳入其文心一言生态：文心一言在此期间宣布对全社会免费开放，并计划开源，其搜索引擎、信息流等业务也开始灰度接入 DeepSeek 模型的能力。这说明百度并非仅将 DeepSeek 视为第三方模型，而是积极考虑将其融入自身产品体系，实现优势互补。例如，百度搜索和百家号内容可能通过 DeepSeek 获得更强的生成和分析功能，从而提升用户体验。

3. 腾讯（2025 年 2 月）

腾讯系在这波浪潮中也动作为先。腾讯云在 2025 年 2 月 2 日即实现其云平台全面适配支持 DeepSeek 系列模型，开发者可在腾讯云上直接调用使用。腾讯云接入的出发点在于完善其云 AI 生态和工具链，特别是结合腾讯自身业务（如社交、内容、安全）为客户提供一体化的 AI 解决方案。

其核心需求包括：为企业客户提供高质量对话模型用于客服与运营，为游戏和内容行业客户提供内容生成和审校能力，以及为安全风控场景提供智能分析支持等。DeepSeek-R1/V3 模型优秀的语言理解、逻辑推理性能正好满足这些需求，腾讯云通过优化部署，可以让 DeepSeek 在自家基础设施上实现开箱即用，并借助腾讯丰富的行业知识进一步调优模型效果。

腾讯凭借庞大的 C 端应用生态，将 DeepSeek 接入微信进行灰度测试，引入“AI 搜索”功能，提供“快速问答”和“深度思考”两种模式。DeepSeek-R1 能智能检索公众号、视频号及全网信息，为微信 13 亿月活跃用户带来 AI 搜索能力，助力其打造社交 + 信息 + 服务的一站式智能搜索，覆盖超 10 亿用户。

腾讯的核心目标是强化微信的超级应用地位，提升用户黏性，并依托 DeepSeek-R1 的中文理解与联网检索能力满足即时信息获取需求。此外，DeepSeek 的超长思维链和可私有部署特性，使其在推理问答和数据隐私方面契合微信的技术要求。

通过云端部署 + 终端集成，腾讯实现了从 B 端云服务到 C 端国民应用对 DeepSeek 的全面拥抱。这表明，国内大厂并非只是被动跟随，而是善于将 DeepSeek 的能力融入自身庞大的产品生态中，创造新的价值。

4. 字节跳动（2025 年 2 月）

作为国内内容和互联网领域的巨头，字节跳动也通过其云服务平台火山引擎加入了 DeepSeek 生态 。火山引擎在 2025 年春节前后快速适配了 DeepSeek 模型，向外界提供云上调用。字节跳动的出发点在于借助 DeepSeek 完善其“云 + AI”战略布局，并反哺自身内容业务。

其核心需求一是为广大中小互联网企业提供内容生成、审核类 AI 能力（这是字节跳动擅长的领域），二是将 DeepSeek 的强大通用智能引入自家产品（如今日头条、抖音）的创新。DeepSeek 的技术特点非常契合字节跳动的产品基因：作为开源模型，它允许字节跳动对模型进行本地部署和深度定制，这意味着字节跳动可以针对海量中文内容和推荐场景微调 DeepSeek，训练出更懂国内用户偏好的版本；DeepSeek 在内容生成和对话上性能卓越，能够满足字节跳动系产品在智能创作、智能客服等方面的需求。

DeepSeek 低推理成本的优势也降低了字节跳动在旗下应用中大规模部署 AI 功能的压力（例如，在抖音内给创作者提供 AI 脚本建议，就需要低成本的模型支持）。通过火山引擎开放 DeepSeek 服务，字节跳动向外输送了自身的 AI 能力，并借此吸引更多开发者使用其云服务，从而打造内容生态之外新的增长点。

可以预见，字节跳动未来或将 DeepSeek 能力融入抖音国际版 TikTok 等产品，为全球用户提供更智能的内容创作和交互体验。在这背后，DeepSeek 作为“开放的通用 AI 引擎”正好符合字节跳动崇尚的敏捷试错和规模扩张思路——开源模型让它们可以快速集成、持续优化，以最快速度将 AI 新功能推向亿级用户市场。

5. 华为（2025 年 2 月）

作为国内既有云服务又有芯片硬件布局的科技巨头，华为对 DeepSeek 的态度尤为积极。2025 年 2 月 2 日，华为云联合硅基流动，正式上线基于昇腾云服务的 DeepSeek R1/V3 模型，标志着华为云成为国内首家实现 DeepSeek 全栈国产化部署的运营商级云平台。

华为接入 DeepSeek 的出发点有两方面：其一，发挥自身软硬件协同优势，用国产算力承载国产大模型，证明中国 AI 产业链的自主可控实力；其二，借 DeepSeek 完善华为云 AI 服务，弥补华为自身盘古大模型在通用领域的短板。

核心需求上，华为希望展示昇腾 AI 芯片在大模型推理上的强兼容与高性能，以及提供安全可控的大模型云服务给政企客户。DeepSeek 开源可部署的技术特点满足了华为对数据安全的要求（模型可完全运行在华为云本地，不必连接外网），其高性能则可充分利用华为昇腾芯片的算力潜能。

华为还计划将 DeepSeek 模型能力融入其终端和行业解决方案中。例如，在华为云 EI 企业智能、中小企业鲲鹏云等产品线，引入 DeepSeek 用于客户服务、数据分析等场景。

通过接入 DeepSeek，华为打出了国产化与高性能的组合牌：一方面证明“国产芯 + 国产模”完全可以媲美甚至挑战最强海外方案，另一方面也让华为云的 AI 服务能力更上一个台阶，进一步服务其庞大的信息与通信技术生态客户群。

6. 芯片厂商（2025 年 2 月）

值得一提的是，国内大厂接入 DeepSeek 的不仅有云服务和互联网企业，上游芯片公司也纷纷投入支持。在 DeepSeek 发布后的短短一周内，华为昇腾、沐曦科技、壁仞科技、昆仑芯、燧原科技、海光信息、天数智芯等十余家国内 AI 芯片厂商陆续宣布完成对 DeepSeek 模型的适配优化。

这些厂商的出发点在于借 DeepSeek 验证自身芯片的 AI 能力，推动国产硬件在大模型时代的广泛应用。其核心需求是确保自家 GPU / AI 加速卡可以高效运行目前参数量最大、复杂度最高的开源模型之一 DeepSeek，从而向客户证明“我们的芯片也能胜任顶尖 AI 任务”。

DeepSeek 模型的开源和高效特性为它们提供了绝佳试金石。例如，燧原科技（Iluvatar）成功地在其 AI 加速卡上适配了 DeepSeek 全系列模型（包含原生 671B 模型及 1.5B~70B 不同参数量的蒸馏版）；整个过程中燧原的算力得到充分利用，模型推理稳定高效，为后续大规模部署打下基础。

又如，壁仞科技仅用数小时就让其壁砺 GPU 支持了 DeepSeek-R1 的各档蒸馏模型，表现出优秀的兼容性能。这些技术亮点说明 DeepSeek 在设计上具有良好的跨架构适配性，既可运行高端 GPU，也能通过蒸馏压缩在较小算力上流畅运行。这恰恰降低了对进口高端芯片的依赖，为国产芯片提供了用武之地。

国产 AI 芯片公司纷纷拥抱 DeepSeek，一方面可以共享其开源生态红利，获取更多实际应用反馈优化产品；另一方面也借此向市场宣示“我们的芯片 + DeepSeek 方案”可成为替代国外 GPU 的大模型解决方案。

这种上下游协同的景象，正是 DeepSeek 在国内科技产业引发的连锁反应：从云服务到芯片硬件，整个 AI 产业链的玩家都看到了新的机遇与赛道，纷纷参与进来，共建 DeepSeek 的生态朋友圈。

第 2 章

源神 DeepSeek：引领 AI 普惠时代

DeepSeek-R1 以理想主义的开放精神推动了 AI 社区的发展，把原本由少数巨头垄断的尖端推理能力带到了开源世界，为行业注入了一股普惠创新的强劲动力。它的发布在全球 AI 领域引发了巨大关注，被视为开源界对抗闭源巨头的一次关键突破。许多专家将其意义比肩 2023 年年初 ChatGPT 问世时的大模型革命时刻——DeepSeek-R1 以开源形式让大众再次见识到 AI 深度思考的震撼效果。

2.1 大模型开源路线演进

从 GPT-2 开创生成式模型的开源先河，到 LLaMA 在技术开放模式上的范式突破，再到 DeepSeek 实现工程体系的重构升级，这三重跃迁重塑了 AI 产业的发展格局。而 DeepSeek-R1 在 AI 发展史上的地位类似于 2023 年 Meta 开源 LLaMA 之于 ChatGPT。作为后起之秀，DeepSeek 的开源生态在模式上既借鉴了现有开源社区的经验，又呈现出自身的独特性。

1. GPT-2：OpenAI 的理想主义终局

2019 年 2 月，OpenAI 在争议声中开源了 GPT-2 的 1.5B/33B/124B 三个版本。这一举措被业界视为 AI 技术民主化的里程碑，创始人山姆·奥特曼（Sam Altman）彼时高呼“开放是 AI 进化的唯一路径”，主张通过技术共享加速创新。

然而两年后，随着 1750 亿参数的 GPT-3 问世，OpenAI 突然转向闭源策略：核心技术被锁入保险柜，转而通过 API 向企业收取高价服务费。在这场转变背后，是商业化的绞索。微软注资后，OpenAI 的估值从 10 亿美元飙升至 2000 亿美元，但闭源策略却埋下了隐患。这一战略急转弯不仅令开发者社区痛心疾首，更引发埃隆·马斯克（Elon Musk）公开抨击“OpenAI 正蜕变为闭源的垄断企业”。

转机出现在 DeepSeek 开源模型引爆行业后。中国团队推出的 DeepSeek-R1 以开源模式实现性能比肩 OpenAI 的 o1，直接撼动 OpenAI 的技术领先地位。面对冲击，山姆·奥特曼罕见地公开反思：“我们在开源问题上站在了历史上错误的一边”，承认闭源策略导致“安全研究透明度缺失”和“创新生态萎缩”。OpenAI 随即启动战略调整：计划开源推理模型 o3-mini 的部分权重，推出 1 亿美元开源基金扶持垂直领域创新，并探索“开源基础模块 + 闭源增值服务”的混合商业模式。

2. LLaMA：Meta 引领大模型开源革命

Meta 于 2023 年 2 月发布了 LLaMA-1 系列开源模型，凭借 650 亿参数的设计，在同等规模下性能超越了拥有 1750 亿参数的 GPT-3。2023 年 7 月，Meta 进一步推出 LLaMA-2 系列，支持 4K 上下文长度，并允许免费商用，训练成本仅为 GPT-4 的十分之一。当 2024 年 4 月 LLaMA-3 以 15T tokens 训练数据、8K 上下文长度横空出世时，它已悄然成为开源 AI 的统治者。2024 年 7 月，Meta 发布了其开源大模型系列的最新版本——LLaMA 3.1。此次发布标志着开源模型首次在性能上与闭源顶尖模型（如 GPT-4o）持平，进一步推动了 AI 技术的民主化进程。Meta CEO 马克·扎克伯格（Mark Elliot Zuckerberg）预测，LLaMA 3.1 将加速 AI 助手的普及，并成为企业微调场景中的首选工具。

这场开源革命催生了 AI 界的燎原之火：全球 300 万开发者涌入 Hugging Face，基于 LLaMA 衍生出 Alpaca、Vicuna 等 500 余种变体模型。截至 2023 年 9 月，相关项目在 GitHub 上已超过 7000 个，且通过 Hugging Face 的 LLaMA 模型下载量已超过 3000 万次。更关键的是，LLaMA 通过“开源 + 云 API 付费”模式构建生态帝国，其 API 调用成本比 GPT-4 低 30%。

3. DeepSeek-R1：首个开源推理模型

2025 年 1 月，中国人工智能初创公司深度求索（DeepSeek）正式发布全球首个开源推理大型语言模型——DeepSeek-R1。该模型的推出在全球开发者社区引起了广泛关注，DeepSeek 的生态系统各项指标也随之呈现爆发式增长。

在开源后的短短两个月内，DeepSeek 项目在 GitHub 上的热度迅速攀升，星标（Stars）数量已超过 OpenAI 在该平台的最高纪录。截至 2025 年 2 月初，DeepSeek 最受欢迎的开源模型仓库（DeepSeek-V3）的星标数达到 7.8 万，超越了 OpenAI 最热门开源项目的 6.9 万星标。这一现象表明，短时间内大量开发者对 DeepSeek 表示出关注和支持。

与 OpenAI 的 o1 模型相比，DeepSeek-R1 的最大亮点在于其作为全球首个开源的通用推理能力模型，填补了市场空白。DeepSeek-R1 不仅成功复现了 o1 的深度思考能力，还选择完全开源，使其推理过程透明、自由可用。这一策略迅速推动 DeepSeek-R1 走向全球，引发广泛关注，并成为现象级 AI 模型。

4. Qwen：构筑开源“双引擎”格局

阿里巴巴（Qwen）与深度求索（DeepSeek）作为中国 AI 领域的“双引擎”，正通过开源战略重塑全球技术生态格局，并不断提升其国际影响力，吸引全球开发者涌入中国技术生态。阿里云数据显示，Qwen 系列开源生态已衍生超 10 万款模型，超越美国 LLaMA 系列模型，成为全球最大的开源模型族群。

阿里巴巴自 2023 年 4 月推出自主研发的大语言模型通义千问（Qwen）系列以来，持续引领国内外 AI 技术发展。2024 年 6 月，阿里云发布 Qwen2 开源模型家族，覆盖从 0.5B 到 72B 的全参数规模，其中，Qwen2-72B 凭借超越 Meta LLaMA3-70B 的性能，成为首个在同等规模下全面超越国际主流开源模型的国产大模型。

仅三个月后，2024 年 9 月推出的 Qwen2.5 系列通过架构优化和训练数据升级，在 OpenCompass 等权威评测中与 GPT-4 Turbo 得分持平，尤其在中文领域展现出顶尖的指令遵循与逻辑推理能力。

2025 年 3 月 6 日，通义千问 QwQ-32B 小尺寸稠密推理模型发布，以 32B 参数量实现与 671B 参数规模的 DeepSeek-R1 性能比肩。其技术突破验证了“小模型 + 深度强化学习”路径的可行性，为 AGI 发展提供了新范式。

2.2 DeepSeek 开源周

DeepSeek 在 2025 年 2 月 24 日至 28 日期间推出的 DeepSeek“开源周（Open Source Week）”，通过连续 5 天开源 5 大核心代码库及相关技术文档，并在“开源周”结束后发布了“Day6 彩蛋”，引发了全球 AI 开发者的高度关注。网景（Netscape）联合创始人马克·安德森（Marc Andreessen）在社交媒体上公开表示：“DeepSeek-R1 是我见过的最令人惊叹和印象深刻的突破之一，作为开源项目，这是给世界的一份重要礼物。”

2.2.1 开源项目及详细信息

“开源周”期间展示了一系列创新项目，涵盖 GPU 计算、通信优化、矩阵运算、并行策略和分布式存储等领域，显著提升了 AI 训练和推理效率，推动了大规模模型的高效部署和计算加速。

1. Day1 – FlashMLA

FlashMLA 是一款面向英伟达 Hopper GPU 的高效多头潜在注意力（MLA）解码内核，针对可变长度序列的推理场景进行了优化。FlashMLA 已在实际生产中部署，可充分利用 Hopper 架构性能：经优化后，H800 GPU 的显存带宽可达 3000 GB/s，算力上限达 580 TFLOPS。它支持 BF16 低精度计算和分页 KV 缓存等特性，能够根据不同 token 长度动态调度计算资源，从而榨干 Hopper GPU 的每一分算力。这一优化大幅提升了大语言模型解码阶段的效率，降低了推理成本。

2. Day2 – DeepEP

DeepEP 是专为混合专家模型（MoE）设计的通信库，是首个开源的专家并行（EP）通信框架。该库实现了高效的全局 All-to-All 通信，支持节点内 NVLink 和节点间 RDMA 网络。DeepEP 可在模型多个专家协同工作时高效传输参数，显著降低延迟和通信开销，并支持 FP8 等低精度运算以进一步节省算力。通过灵活的通信 / 计算重叠技术，DeepEP 明显提升了大模型训练和推理的吞吐性能，是大规模 MoE 模型高效训练的关键组件之一。

3. Day3 – DeepGEMM

DeepGEMM 是一个支持 FP8 低精度的通用矩阵乘法加速库，用于提升大模型训练中的矩阵运算效率。矩阵乘法是 AI 训练的核心计算之一，DeepGEMM 通过先以低精度计算再用 CUDA 精确修正误差的方式，实现了高速且精确的计算。其核心代码仅约 300 行，采用全 JIT 编译，无须繁重依赖，安装部署非常轻量。实测在 Hopper GPU 上 FP8 运算性能可达 1350+ TFLOPS，性能媲美人工深度优化的库，却以极简实现达成这一效果。

4. Day4 – DualPipe & EPLB

DualPipe 与 EPLB 共同构成第 4 日发布的并行优化方案。DualPipe 是一种“双向”流水线并行算法，通过双向调度在参数翻倍情况下减少流水线中的等待“气泡”，大幅降低因各计算阶段不同步造成的空转时间。简单来说，DualPipe 让正反两个方向同时调度计算，使 GPU 计算与通信充分重叠，从而提高管道并行效率。而 EPLB（Expert Parallel Load Balancer）则面向 MoE 专家并行的负载均衡。它会自动复制高负载的专家成为冗余实例分散到空闲 GPU 上，并通过启发式算法将高度相关的专家尽量放在同一节点，做到跨 GPU 动态均衡负载。DualPipe 和 EPLB 结合后，可显著提高大模型分布式训练时的计算–通信重叠效率，减少因负载不均和流水线延迟造成的性能损失。

5. Day5 – 3FS & Smallpond

第 5 日发布的是 Fire–Flyer File System（3FS）分布式文件系统及其配套的数据处理框架 Smallpond。3FS 利用本地 SSD 高速存储和 RDMA 高速网络，在集群中构建了共享存储层，可为大模型训练和推理提供极高吞吐量的数据访问。在 DeepSeek 内部的 180 节点集群上，3FS 的聚合读取带宽达到 6.6 TB/s（对比之下传统 Ceph 文件系统仅约 1.1 TB/s），满足海量数据处理需求。Smallpond 则作为 3FS 之上的轻量级数据处理工具，进一步提升数据管理能力，能够稳定处理 PB 级规模的数据。3FS 解决了大模型训练中数据 I/O 瓶颈，支持高效的数据预处理、数据集加载、模型检查点保存 / 恢复以及推理时的 KV 缓存查找等操作。Smallpond 配合 3FS 提供了端到端的数据流水线，加速 AI 模型从存储获取海量训练数据的全过程。

6. Day6 – R1/V3

DeepSeek 在“开源周”结束后发布了“Day6 彩蛋”——DeepSeek-R1/V3 大模型推理系统概览，披露了其线上推理架构的诸多细节和运营数据，包括通过大规模跨节点专家并行、流水批次重叠、负载均衡等手段，实现单机每秒吞吐 7.37 万输入 / 1.48 万输出 tokens，理论成本利润率高达 545% 等引人注目的指标。

2.2.2 参与者和社区的反馈

“开源周”期间，DeepSeek 每天都在 GitHub 更新项目，引起开发者社区的极大关注。首日 FlashMLA 发布后一小时内即收获超过 1200 个 Star。截至活动结束，5 个新开源库在 GitHub 上累计星标数接近 2.8 万。如此高的人气使这些项目迅速登上趋势榜，足见社区对高性能开源工具的渴求和认可。

网友感叹道：“向工程团队致以崇高的敬意，他们从 Hopper 的张量核中挤出了每一个 FLOP！这就是将 LLM 服务推向新前沿的方式”。也有开发者在尝鲜后反馈了使用体验，并在问题区（Issues）提出改进建议，表现出很强的参与度。

技术媒体对 DeepSeek“开源周”给予了高度评价和深入报道。例如，36Kr 等媒体详解了每项开源技术的亮点，称这些“技术全家桶”展现了 DeepSeek 在 AI 基础设施上的卓越工程实力；汤姆硬件指南（Tom’s Hardware）等国外媒体关注到了 3FS 文件系统对 AI 存储的革新意义，称其为“AI 高性能计算领域的新范式”，预期会被广泛采用。在 Reddit 等开发者论坛上，相关话题获得了上千点赞，评论讨论热烈。

有国外网友惊叹：“DeepSeek 团队在为正确的理由做正确的事情——你们绝对是传奇，向你们鞠躬致敬！”也有人调侃地比较了 OpenAI 等收费服务：“成本利润率 545%？等等，所以你的意思是我之前被 OpenAI 抢劫了？”这些评论在社交媒体上广泛传播，为 DeepSeek 赢得了“良心企业、开源先锋”的美誉，就此坐实了“源神”的称号。

社区生态的初步形成：随着代码开放，许多开发者开始尝试将这些工具集成到自己的项目中。例如，有人将 FlashMLA 部署在现有的推理服务中验证性能提升，也有开源爱好者基于 3FS 构建小型存储集群进行测试，并分享性能数据。这些用户实践反馈反过来帮助完善项目本身，形成正向循环。

在官方知乎专栏文章下，短时间内涌现出大量点赞和评论，不少 AI 从业者就技术细节展开讨论，提出优化设想或询问更多实现细节。DeepSeek 团队也在社区中保持活跃，对网友提问耐心解答，并表示欢迎共同完善代码。这种开放互动的氛围进一步巩固了开发者社区的凝聚力，为后续项目的持续演进奠定了基础。

2.2.3 DeepSeek-R2 与 SOTA

DeepSeek 正在加速推出其下一代旗舰模型 DeepSeek-R2，旨在全面提升推理、编码和多模态处理能力，力争在多个关键领域达到最先进水平（State Of The Art，SOTA），超越 GPT、Claude、Grok、Gemini 等全球顶尖模型。该公司计划在 2025 年 5 月之前发布 DeepSeek-R2/V4，这个迭代速度着实惊人，有点针对甚至追着 OpenAI 狙击的感觉，旨在通过突破性的技术创新与成本优势，挑战全球 AI 竞赛的领跑者。DeepSeek 的雄心显而易见——它不仅要在技术上超越对手，还意图抢占全球最强模型的宝座，尤其是在 GPT-4.5 发布后的表现远低于预期的情况下。

目前，DeepSeek-R1 在功能调用（Function Call）、多轮对话、复杂角色扮演和 JSON 输出等任务上表现相对较弱。为了解决这些问题，DeepSeek-R2 将通过对软件工程数据进行拒绝采样，或在强化学习过程中引入异步评估，以提高效率。这些措施预计将大幅提升 DeepSeek-R2 在软件工程任务中的应用，特别是在大规模强化学习的背景下。

尽管 DeepSeek-R2 的技术细节尚未完全披露，但基于 DeepSeek-R1 的卓越表现，可以预见其将在推理效率和低成本优势上进一步升级。新模型将扩展训练数据规模，增加专家数量，并引入更高质量的监督信号，推动 AI 在多个领域取得突破。特别是在代码生成和多语言推理方面，DeepSeek-R2 预计会超越 DeepSeek-R1，拓展创意 AI 的应用潜力。此外，DeepSeek-R2 在多模态处理领域也有望实现重要进展，向全能型通用人工智能（AGI）迈进。

1. 编程能力

DeepSeek-R2 致力于显著提升代码生成质量，尤其擅长处理复杂逻辑与长代码段生成任务。这一提升可能通过对模型架构的创新或引入先进的训练方法来实现。DeepSeek-R2 在代码生成任务中表现出与人类开发者近似的逻辑连贯性，不仅进一步降低了编程门槛，还能有效支持跨语言代码转换。

在复杂的跨语言框架整合场景中，DeepSeek-R2 具有尤为突出的表现。例如，当同时涉及 Python 数据处理库与 Java 后端接口调用时，该模型能够智能生成相应的中间件代码，并自动提供完善的单元测试模板。这种卓越能力得益于 DeepSeek-R2 引入的“动态知识图谱”技术，该技术能够深度融合代码逻辑与业务语义，不需要传统的超大规模参数堆叠方式，从根本上重新定义了“AI 辅助编程”的新标准。

2. 多语言推理

DeepSeek-R2 的另一大亮点是其在多语言推理方面的重大突破，特别是在中文、西班牙语、阿拉伯语等非拉丁语系语言的“原生级”支持。相比于 DeepSeek-R1 处理其他语言查询时出现的语言混合问题，DeepSeek-R2 有望彻底解决这一问题。其创新之处在于采用语系拓扑结构编码，分析语言之间的演化关系，进而构建共享语义空间。这一设计使得模型在处理小语种任务时，依然能够保持高准确率。

3. 推理效率

DeepSeek-R2 在继承 DeepSeek-R1“推理优先”设计理念的基础上，进一步优化了动态负载均衡和跨节点并行技术，显著提升了资源利用效率，减少了推理延迟，并有效提高了系统吞吐量。在成本控制方面，DeepSeek-R2 通过算法优化和硬件适配（例如支持更多型号的 GPU），进一步降低成本，实现更高的性价比。

4. 多模态输入能力

结合 DeepSeek 在 AI 硬件（如智能设备和数据中心）领域的布局，DeepSeek-R2 有可能集成跨模态融合技术，融合文本、图像、音频和视频数据，从而实现更智能的跨模态理解，支持更复杂的交互场景。

当前，AI 竞赛已形成一种富有活力的良性循环——每当开源模型接近 SOTA（最先进水平）时，行业巨头便迅速推出更加强大的新模型，这种竞争反过来又刺激了开源社区持续推进创新。尽管 DeepSeek-R2 在未来超越现有 SOTA 模型并非易事，但它极有潜力跻身于前沿阵营并持续逼近顶尖水平。

新模型的特点包括：基于强化学习驱动的推理能力显著提升、创新的 MoE 多模态架构设计，以及高性价比的 DeepSeek-R2 架构。其是否能够真正重塑 AI 未来，仍将取决于三个关键因素：广泛适用的实际应用场景、更为极致的开源生态建设，以及可持续的商业模式。这三者的共同作用将决定 DeepSeek 是否能成为全球 AI 技术范式转型的核心动力。

试想这样一个场景：深度求索发布了全面开源的 DeepSeek-R2，这一模型的性能同时超越了 GPT-5、Claude 3.7、Grok 3 以及 Gemini 2.0。这种局面将迅速推动整个 AI 领域进入空前的高速竞争状态，很少有人会为这种颠覆性的变革做好准备。这或将引领开源创新的新黄金时代，并促使竞争对手纷纷加快步伐以追赶领先者。

基于其技术特性和开源基因，DeepSeek 有望同时摘取 Open 和 AI 两项桂冠，真正实现成为一个“OpenAI”。希望在本书发布之时，这一切已成为触手可及的现实。

2.3　DeepSeek 技术极客精神

DeepSeek 的开源战略，不仅降低了千亿参数模型的技术门槛，还让顶级 AI 能力触手可及，真正践行了“技术普惠”的使命。在行业巨头围墙加高之际，DeepSeek 以开放姿态，持续推动 AI 生态的共享与共荣，坐实了“源神”之名。

1. 深度求索与 COE 梁文锋

深度求索（DeepSeek）是一家以“技术极客精神”为核心的中国人工智能公司，以低成本、高性能、全开源的颠覆策略，在全球 AI 领域掀起一场“东方风暴”。公司由量化投资巨头幻方于 2023 年 7 月孵化，注册资本仅 1000 万元，未接受外部融资，以保持技术决策纯粹性。

在组织管理上，DeepSeek 抛弃传统科层架构，采取类似 OpenAI 的扁平创新模式，淡化职级，团队规模稳定在 160 人左右，而 OpenAI 则刚好超过 2000 人。公司实行“自然分工”，任何工程师均可自主调用算力启动项目，自由发起“技术突袭”，快速验证创新想法。例如，旗舰模型 DeepSeek-R1 从立项到开源仅用 53 天。公司强调技术热情和探索精神，而非过往经验，使前沿想法快速落地，被业界评价为“中国最像 OpenAI 的公司”。

创始人梁文锋自幼具备极客特质，杭州总部展示厅内陈列着他初中时曾拆装 37 次的“飞跃牌”收音机，并附有标签：“所有伟大创新，都始于对现状‘不合理’的拆解”。这种思维深深融入 DeepSeek 的企业文化。他主张中国应从“技术追随者”转型为“创新贡献者”，通过开源打破美国的技术垄断。他本人也积极践行“科技向善”，2022 年他以“一只平凡的小猪”为名，个人捐赠 1.38 亿元支持教育和公益事业。

2024 年在接受暗涌专访时，梁文锋坚定地表达了他的开源信仰：“开源、发论文，并不会失去什么。对技术人员来说，被跟随是一种成就感。”在他看来，开源不仅是技术共享，更是一种文化行为。给予，不仅是贡献，更是一种荣誉。

2. 年轻化团队驱动 AI 创新

DeepSeek 团队年轻化特征鲜明，学术背景突出，成员中 75% 出生于 1990 年后，出生于 1995 年后的员工更是占据半数以上。核心成员几乎全部毕业于清华大学、北京大学、浙江大学等国内顶尖高校，其中大部分为应届毕业生或在读博士生，拥有海外留学经历者极少。创始人梁文锋秉持“重能力，轻经验”的人才观，尤其注重年轻人才的创新潜力。团队成员中不乏学术及产业背景突出的人才。

例如，邵智宏系清华大学博士生，曾于微软研究院实习；朱琪豪来自北京大学，在学术领域已有显著成果；赵成钢曾是清华大学超算团队核心成员，曾带领团队斩获世界超算竞赛冠军；潘梓正曾在英伟达实习，放弃转正机会，加入创业初期的 DeepSeek，成为多模态团队核心骨干；罗福莉则具有阿里达摩院研究员的丰富经验，主导了 DeepSeek-V2 大模型的开发，并积极推动开源生态建设。

基于这种鲜明的年轻化特质，DeepSeek 甚至明确提出不招募工龄超过 8 年的员工，以持续保持团队的创新活力。

3. 开源精神与极客风范

DeepSeek 始终坚持开放共享的理念，自创立以来便积极推动研究成果的开源化。2024 年，团队发布了采用 Mixture-of-Experts（MoE）架构的大模型 DeepSeek-V2，并在 2025 年年初进一步开源了 DeepSeek-R1 推理模型。通过免费开放调用，DeepSeek 大幅降低了开发者的技术门槛，让先进的大模型技术惠及整个行业与社会。

DeepSeek 在技术路线上的极客精神尤为鲜明，强调算法创新与硬件工程的深度协同。不同于大多数 AI 企业仅关注算法优化，DeepSeek 采取独特的“双轮驱动”模式，兼顾软件与硬件的整体优化。以 DeepSeek-V3 为例，其论文作者团队规模达 200 人，涵盖模型结构创新研究者与底层算力优化工程师。正是这种软硬件一体化的布局，使 DeepSeek 仅凭 GPT-4 1/20 的算力预算完成训练，却实现了超越 GPT-4 的性能。对此，OpenAI 前政策主管杰克· 克拉克（Jack Clark）也盛赞 DeepSeek 的年轻团队成员是“高深莫测的奇才”。

凭借卓越的科研成果和开放共享的理念，DeepSeek 通过技术与成本的双重突破，重塑 AI 创新的全球竞争格局，加速推动中国 AI 迈向世界舞台的中心。

第3章

DeepSeek 入门：从零掌握核心技术

DeepSeek，作为必备的 AI 工具，以其卓越的性能和广泛的应用前景，吸引了全球使用者的关注。在之前的章节中，读者已对 DeepSeek 有所了解。从本章开始，将深入探索 DeepSeek 的核心技术，帮助读者逐步构建对其功能和应用的全面理解。

3.1 三分钟掌握 DeepSeek

DeepSeek 具有简洁直观的操作界面，用户能够迅速熟悉使用环境，为后续操作奠定良好基础。借助其强大的 AI 能力，用户不仅能高效上手，更能充分发挥智能技术的优势，提升工作与创作效率。

1. DeepSeek 注册与登录

首次进入 DeepSeek 官方网站先要进行注册。目前 DeepSeek 有两个地方可使用，一个是网页端，另一个是 App。但是要记住，或者在官网下载，或者在应用市场里认清是官方的那个版本。

官网地址为 https://chat.deepseek.com 或 https://ai.com。

当前注册❸仅支持手机方式 ❶，不再支持邮箱注册方式（之前海外用户可以通过邮箱注册）。对合规性要求较高的单位，建议在注册时务必要先阅读“用户协议”与“隐私政策” ❷。其中最重要的两点，“内容归属”与“数据处理”已经在图 3-1 中整理好。

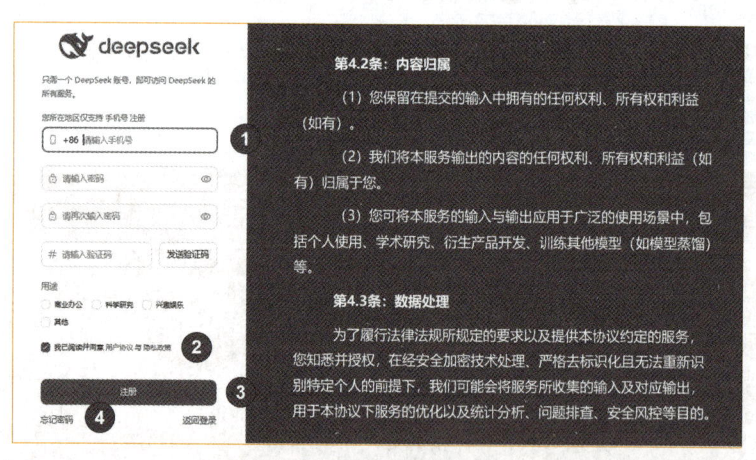

图 3-1　DeepSeek 账号注册

登录时可使用手机验证、用户名密码或者微信登录（需提前绑定后生效）。若忘记密码，可单击“忘记密码” ❹，根据引导来找回密码。

2. DeepSeek 首页导航

DeepSeek 官方网站如图 3-2 所示，以极简风格著称，整体色调为蓝色，网站上没有任何广告，旨在为用户提供纯粹、清爽的浏览体验。

浏览器输入：https://www.deepseek.com。

图 3-2 DeepSeek 首页导航

如图 3-2 所示，官网左上角的 Logo ❶ 以一只友好的蓝色鲸鱼为核心元素，象征深海中的智慧与探索，完美契合 DeepSeek 在人工智能领域不断创新与突破的品牌精神。

右上角的“API 开放平台”❷，单击后可进入 API 开放平台，便于开发者快速接入并利用其 AI 技术。关于 API 开放平台的详细内容，将在后续章节中专门介绍。

左下角的“开始对话”❸ 是核心功能入口，用户可直接体验智能对话功能，这也是本章重点介绍的内容。

3. DeepSeek App 安装

如图 3-2 所示，右下角的“获取手机 App”❹，将光标悬停于其上时会弹出安装二维码 ❺（也可直接扫描图 3-2 中的二维码）。扫码后，手机将自动跳转至 DeepSeek App 的安装页面，支持 Android 和 iOS，让用户随时随地畅享智能交互体验。

需要特别强调的是，手机版的操作与网页版基本一致，但仍存在一些细微差异。例如，手机版在模型输出 HTML 网页时不支持预览功能（但手机端的网页版支持），同时提供“拍照识文字”和“图片识文字”功能，方便用户通过图片输入提示词。而网页版则允许用户直接从手机端选择文件并上传，实现跨设备协作（需浏览器支持，现代主流浏览器一般均兼容）。

在后续介绍 DeepSeek 对话功能时，将主要以网页版作为示例进行讲解。

4. DeepSeek 操作界面

DeepSeek 对话页面核心操作界面如图 3-3 所示，整体布局分为左右两个版块：

左侧为功能区，右侧为对话区。

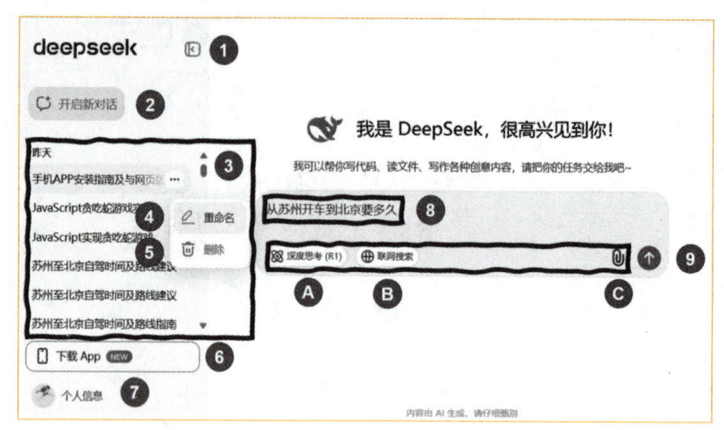

图 3-3　DeepSeek 操作界面

左侧功能区可通过收起边栏进行隐藏 ❶。在此区域，用户还可下载 App ❻，操作步骤与首页相同。与个人相关的信息，可通过单击“个人信息”进行管理❼。

功能区的重要组成部分之一是“历史对话”下拉框❸，用户可随时切换回历史对话记录，并对其进行“重命名”❹或“删除”❺。如需清空所有对话记录，可在“个人信息”设置中操作。每次单击“开启新对话”按钮❷，都会新增一条对话记录。

5. DeepSeek 个人信息

可以通过“个人信息”，来针对 DeepSeek 进行个性化设置，如图 3-4 所示，包括“系统设置”❶、“删除所有对话”❷、“联系我们”❸、“退出登录”❹。

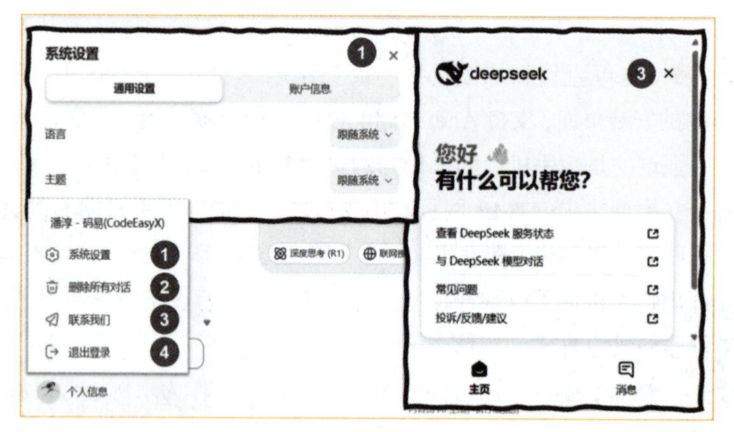

图 3-4　DeepSeek 个人信息

进入“系统设置”后，用户可选择三种语言：English、“中文”或“跟随系统”。此外，还可选择“主题”模式，提供“浅色”“深色”和“跟随系统”三种选项。

进入“联系我们”后，用户可以与DeepSeek官方互动，并获取有用信息，如“首次调用API”的示例。更重要的是，用户还能实时查看DeepSeek服务状态，查询当前系统状态，如图3-5所示。

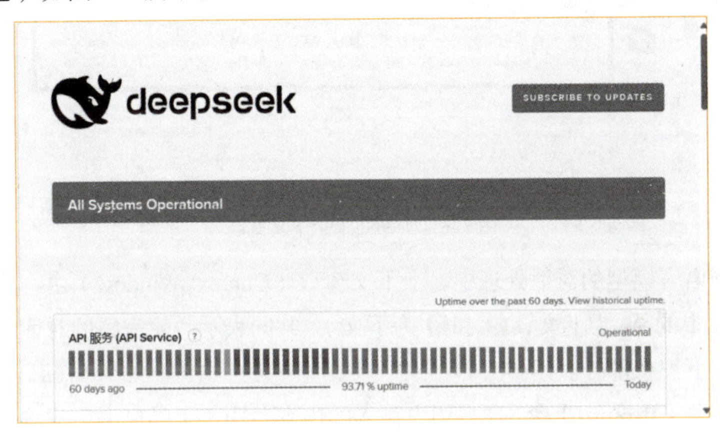

图3-5　DeepSeek服务状态

3.2　DeepSeek基础知识

在展开与DeepSeek对话之前，应首先明确关键概念，建立操作性锚点，并针对性地规划每次交流。在与DeepSeek的对话过程中，设定明确的目标和主题至关重要。这样不仅有助于深入掌握DeepSeek对话技巧，也能避免盲目地学习提示词示例。

3.2.1　DeepSeek上下文窗口

在DeepSeek中，每轮对话都共享“上下文窗口”来追踪当前对话内容，如图3-6所示。由于该窗口长度有限，为确保每次对话专注于单一主题并提高回答的准确性，建议在开始新主题时单击“开启新对话”，以重置上下文，尤其是在使用本书中的案例进行操作时。

此外，为了获得更大的聊天窗口空间，建议折叠功能区，仅保留对话区。

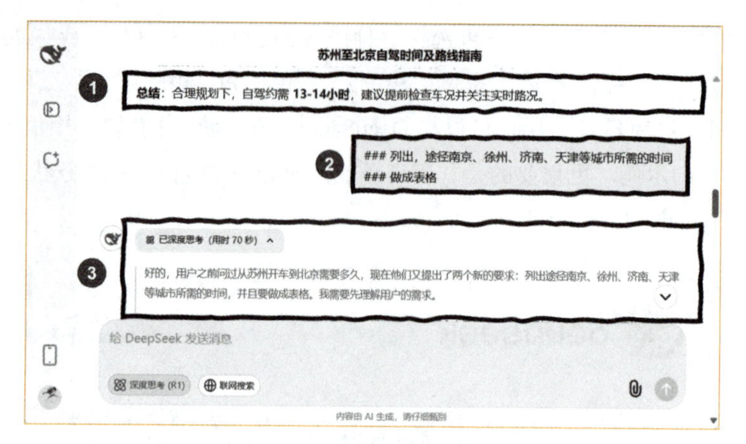

图 3-6　DeepSeek 上下文窗口

在大型语言模型的对话处理中，上下文窗口（Context Window）由一系列对话组成（图 3-6 中的 ❶ 为上文，❷ 和❸ 为下文），共同表示一轮完整的对话。每次对话通常包括以下三个部分。

- **提示词（Prompt）❷**：这是用户输入的内容，用于引导模型生成响应。
- **思维链（CoT）❶**：推理模型特有的显式的链式思维生成内容。
- **模型输出（Model Output）❸**：是模型根据提示词和思维链生成的最终响应。

在大型语言模型中，上下文窗口指的是模型在一次处理过程中能够考虑的文本范围长度，通常以 token（标记）数量来衡量。这相当于模型的“短期记忆”或工作内存，决定了模型在生成或理解语言时能参考多少之前的内容。

在使用 DeepSeek 对话时，需要注意以下两点。

1. 上下文窗口的总长度限制

上下文窗口包括用户输入的提示文本和模型已生成的文本，其总和不能超过模型设定的最大上下文长度。例如，DeepSeek-R1 模型的上下文窗口长度为 64k token，对应 3~4 万汉字。如果输入文本和已生成文本的总长度超过此限制，超出部分将被模型忽略或遗忘（也称为“上下文截断。”，这是工程层面的策略，非模型原生能力）。

2. 主题切换对上下文理解的影响

DeepSeek 会在同一轮对话中持续追踪上下文内容，但如果频繁切换主题（如从工作讨论突然转向生活问题），可能导致模型混淆上下文逻辑，进而影响回答的准确性。因此，建议在讨论新主题时，开启新的对话，以确保模型专注于单一主题，提升回答的相关性和准确性。

3.2.2　DeepSeek 联网与文件

大模型的知识储备来源于训练阶段获取的静态数据，无法主动更新或追踪训练后产生的新信息。DeepSeek–V3 于 2024 年 12 月发布，其训练数据包含截至 2024 年 7 月的信息。而 DeepSeek–R1 于 2025 年 1 月发布，基于 DeepSeek–V3–Base 模型进行训练。由于 DeepSeek–R1 的训练主要关注推理能力的提升，采用了强化学习等技术，未引入新的知识数据，因此其知识截止日期保持为 2023 年 10 月，即 DeepSeek–V3–Base 模型的知识截止时间。

这意味着模型本身无法直接提供训练后发生的行业动态、实时事件或新政策、科研成果等信息。例如，若询问“2025 年美国总统是谁”，模型会回答“目前，我无法提供未来的选举结果”。因此，在时效性敏感的场景（如金融分析、新闻解读），需要结合外部数据源来弥补模型的知识滞后性。

为突破静态知识限制，可以通过互联网搜索和文件解析来动态扩展信息。在优先级上，联网结果或文件内容将覆盖模型原有知识库中冲突的信息，确保输出与最新输入一致。需要强调的是，两种模式为互斥选项，需根据场景需求选择其一。

1. 联网搜索

DeepSeek 最引人注目的特色之一是其强大的联网搜索功能。该功能使模型能够实时抓取网络信息，解决了预训练知识库无法覆盖的动态问题。每次搜索，DeepSeek 最多可抓取 50 个网页的信息，以提供实时答案。搜索完成后，聊天窗口上方会显示提示“已搜索到 50 个网页”❶，单击提示后即可在右侧查看详细的网页列表❷（如图 3–7 左侧所示）。

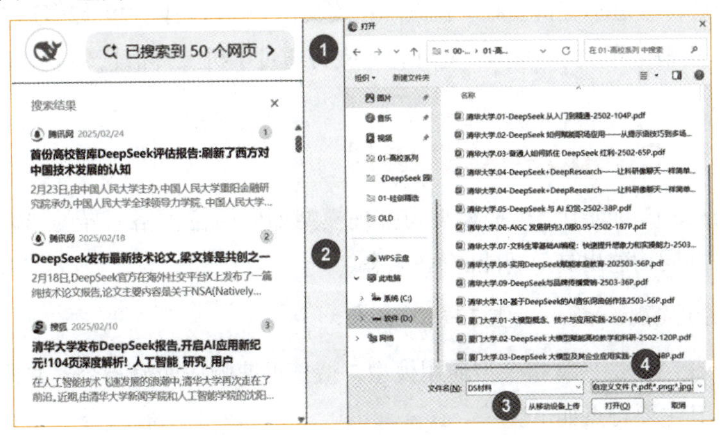

图 3–7　DeepSeek 联网与文件

通过联网搜索，DeepSeek 能够从各种网站获取信息，包括新闻网站、学术数据库和一般网页内容。具体信息来源可能未公开，但这种设计确保了信息的实时更新，具体取决于网页爬取的频率。搜索结果的最新程度取决于最近一次爬取的时间。

此外，DeepSeek 的搜索功能类似于 Perplexity AI，可能提供引用的来源，帮助用户验证信息。在处理复杂问题时，DeepSeek 先进行搜索，然后在思维链中引用搜索结果。这种深度思考模式结合联网搜索，使其能够实时抓取和整理新闻，并通过类人思维方式进行逻辑推理和自我纠错。

2. 文件解析

DeepSeek 的文件解析功能能够自主提取并整合文件内容，为当前对话提供精准的信息支持。在开始对话前，系统会自动转换文件内容为文本（例如，图片只识别带有文字的图片，否则提示“未提取到文字”），避免用户手动输入，从而大幅提升交互效率。

该功能允许用户上传各种文档，如研究论文、技术报告或学术资料，AI 可基于解析后的文本直接回答相关问题。例如，用户上传论文后，可询问“这篇论文的主要结论是什么？”，AI 将参考文件内容提供精准回复。

DeepSeek 采用先进的 OCR 和文本解析技术，不仅能够识别标准文本，还能精准处理图片中的文字信息。尤其在解析包含公式与方程的 PDF 文件时，其表现远超传统 OCR 工具（如 Tesseract），可提供近乎完美的输出质量。这使得 DeepSeek 在学术研究、技术文档处理等场景下尤为强大，为用户带来更高效的文档解析体验。

DeepSeek 支持的文件格式无比丰富，多达几百种，常用类型包括文本、PDF、Office 文档④，但是不支持音频、视频、压缩文件。每次可同时上传多达 50 个文件，单个文件大小最大可达 100MB。此外，还支持通过手机上传信息③（如图 3-7 右侧所示）。

3.2.3 DeepSeek 模型差别

在 DeepSeek 系列中，生成模型与推理模型如同两位性格迥异的“数字员工”，各展所长，共同构建出高效智能的 AI 生态。

1. DeepSeek-V3——生成模型

DeepSeek-V3 是一款指令型通用模型，擅长迅速响应明确指令，并覆盖广泛的常识领域。其主要特点如下。

- 高效执行：对于清晰、具体的指令，DeepSeek-V3 能够快速给出简洁、精准的答案。

- **结构化操作：** 模型严格依循预设规则，类似一位精确执行操作手册的工程师。
- **应用场景：** 适用于日常问答、文本生成、图片或视频内容创作等任务。

由于生成模型需要详细指令，使用者需提供明确的提示，这也催生了丰富的 prompt 模板和提示词工程师，确保任务目标的精确传达。

2. DeepSeek-R1——推理模型

DeepSeek-R1 是一款以逻辑推理为核心的模型，具备深度思考和复杂问题解决能力。其优势体现在以下几个方面。

- **多步推理：** 能够进行连贯的逻辑演绎，展示详细的思考过程。
- **自我优化：** 在面对数学推导、代码分析等复杂任务时，表现尤为出色。
- **灵活应答：** 用户只需直接描述问题，模型便能自主展开深入解析，省却烦琐的模板要求。

推理型模型如同一位战略家，不仅回答问题，更展示出丰富的内心戏和思维过程，为用户提供更具洞察力的解答。

在默认情况下，建议始终开启“深度思考（R1）”模式，否则生成的内容可能不够专业和全面。即便是诸如“从苏州开车到北京要多久”这样简单的问题，启用深度思考 ❸ 后得到的答案 ❹，也明显优于未启用深度思考 ❶ 所生成的答案 ❷，展现出更丰富的背景信息和更精准的分析（如图 3-8 所示）。

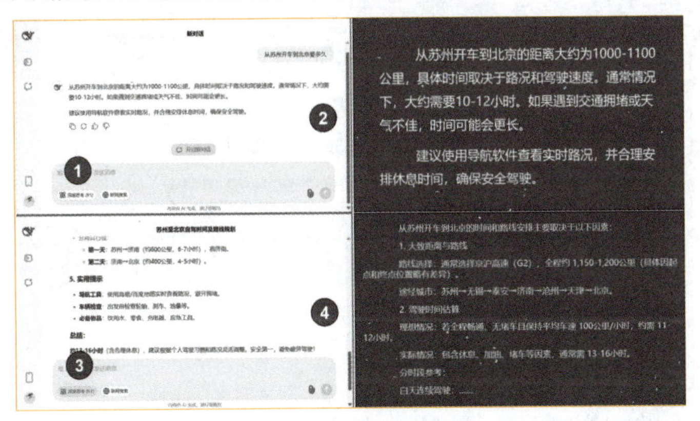

图 3-8 两类模型输出对比

但两种模型还是各有千秋，DeepSeek-V3 强调流程控制与高效执行，适用于简单、明确的任务；DeepSeek-R1 则擅长处理复杂问题，提供深度思考与多步推理的解决方案。通过优势互补，DeepSeek 系列能够在不同应用场景中提供既精准又富有洞察力的智能服务。两者的主要区别如表 3–1 所示。

表 3–1 两类模型能力对比

方 面	生成模型 DeepSeek–V3	推理模型 DeepSeek–R1
定义	生成类似于训练数据的新内容（如文本、创意）	专门为复杂推理任务设计（如数学、编码）
主要能力	内容创建、创意生成	逻辑推理、问题解决
训练方法	基于大量数据集预测序列	使用强化学习，强调推理能力
性能	创造性内容生成优异	复杂推理问题解决准确
应用领域	营销、娱乐、艺术	教育、科研、工程
局限性	可能不准确或有偏见	在模糊问题上可能出错
效率	生成速度快	推理过程可能较慢
可解释性	输出较少可解释	提供链式思维，透明度高

3.2.4 DeepSeek 组合模式

DeepSeek 存在 6 种不同的组合使用模式，其核心区别主要体现在基础模型 Ⓐ 的选择，以及是否启用联网搜索 Ⓑ 或文件解析 Ⓒ。即使输入相同的提示词 ❶ 并提交 ❷，不同模式下的生成效果也会有所不同，展现出各自的优势和适用场景（如图 3–9 所示）。

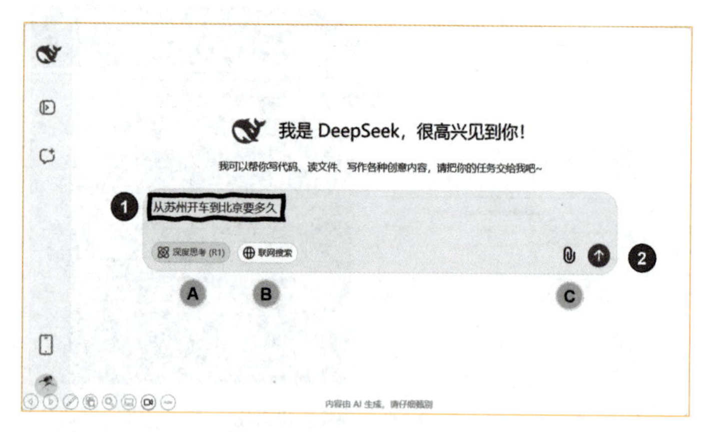

图 3–9 DeepSeek 组合模式

- 如果问题比较直接或基于常识（如百科问答、语言翻译等），选择 DeepSeek-V3 基础模式，以获得快速直接的回答。

- **如果问题需要复杂推理或分步计算（如数学证明、代码调试）**，选择 DeepSeek-R1 基础模式，利用其强大的逻辑推理能力获取可靠解答。
- **如果问题涉及最新的实时信息（如实时新闻、近期事件）**，开启联网模式。**简单实时问答**，可用 DeepSeek-V3 联网模式，**复杂调研类问题**，则推荐 DeepSeek-R1 联网模式，以便既获取最新资料又经过深入分析。
- **如果需要让 DeepSeek 阅读分析一份文档（如长篇文章、技术文档或代码）**，使用文件解析模式。**内容简单、摘要提取为主的文档**，可用 DeepSeek-V3 文件模式快速给出要点；**内容专业复杂的文档（如法律合同、学术论文）**，则更适合 DeepSeek-R1 文件模式以获得详尽的推理分析。

DeepSeek 提供了如表 3-2 所示的 6 种模式，每种模式有不同的侧重点：DeepSeek-V3 注重高效性和广博的知识库，DeepSeek-R1 强调深度推理能力；结合互联网功能可获取最新信息，结合文件解析则可扩展外部知识。用户可以根据任务的复杂度和实时性需求，选择最合适的模式，从而在响应速度和答案深度之间实现最佳平衡，充分满足不同场景下的特定需求。

表 3-2　DeepSeek 的 6 种对话模式

采用模式	模式组合	适用场景	核心优势	示例
DeepSeek-V3 基础模式	模型：V3 联网：否 文件：否	日常问答、知识查询等规范性任务	响应快速，知识面广，适合大多数通用问题	例如：提问“世界上最高的山峰是哪座？” → V3 可直接给出答案
DeepSeek-V3 联网模式	模型：V3 联网：是 文件：否	需要检索实时资讯的任务（获取最新新闻、数据）	可引用最新互联网资料，突破训练数据时效限制	例如：提问“2022 年世界杯冠军是谁？” → V3 需联网获取最新赛事结果
DeepSeek-V3 文件模式	模型：V3 联网：否 文件：是	快速提取或概括上传文件内容的任务	能读取并处理用户提供的文档，快速输出摘要或要点	例如：上传一份产品说明书。 → V3 提取其中的关键特点
DeepSeek-R1 基础模式	模型：R1 联网：否 文件：否	复杂推理、数理逻辑、代码调试等开放性任务	推理能力强，给出步骤详尽的思考过程，解决复杂问题更准确	例如：提问“如何证明费马小定理？” → R1 会逐步推理并给出详细证明
DeepSeek-R1 联网模式	模型：R1 联网：是 文件：否	综合需要深度分析和实时资料的任务（调研、报告）	一边联网检索权威信息，一边深度思考，提供有理有据的答案	例如：就“2025 年全球经济趋势”提问。 → R1 会搜索数据并深入分析论证

续表

采用模式	模式组合	适用场景	核心优势	示例
DeepSeek-R1 文件模式	模型：R1 联网：否 文件：是	深入分析用户提供文档的复杂任务（长文档、技术资料）	能理解长文档并进行逻辑推理，提供详尽分析和结论	例如：上传一份法律合同，请 AI 找出潜在风险并给出推理依据。 → R1 通过推理方式，提取关键特点

3.3 DeepSeek-R1 提示词

提示词设计对于激发 LLM 的推理能力至关重要，学术研究表明，链式思维提示和强化学习在这一过程中起着关键作用。DeepSeek-R1 的优化使人机对话更加流畅，提示词让对话质量提升立竿见影，适合所有层级使用者快速上手。

3.3.1 与传统提示词的区别

DeepSeek-R1 属于推理模型，其提示解析方式与 DeepSeek-V3 在提示词的使用上有显著差异。表 3-3 列出了两类模型在提示词上的差异。

表 3-3 两类模型在提示词上的差异

区别维度	DeepSeek-V3 提示词	DeepSeek-R1 提示词
链式思维 (CoT)	需要显式链式提示：传统模型在复杂推理任务中往往需要通过提示加入链式思维。例如，在问题前附加“让我们一步步地思考 (Let's think step by step)”等语句，可显著提升模型的推理准确性。模型通常不会自动展示详细推理步骤，必须通过示例或特定短语引导	内部化链式推理：DeepSeek-R1 这类推理模型已经在训练中内化了链式思维过程，无须用户显式要求。模型在输出最终答案前，会自动进行内部的逐步推理（生成“思考 token”作为草稿）。因此，不需要在提示中加入“逐步推理”等指令，甚至明确要求模型“分步作答”可能干扰其原生推理能力
系统提示 (System Prompt)	经常使用系统提示：传统对话 LLM（如 ChatGPT）通常有系统角色（System Prompt）用于设定风格、语气或限制，配合用户提示共同引导回复。开发者会通过系统提示提供背景或规范	不使用单独系统提示：DeepSeek-R1 官方建议避免使用额外的系统提示。所有说明应整合在用户提示中直接给出。这是因为模型已针对用户指令进行优化，额外的系统层说明可能与其内部推理流程冲突

续表

区别维度	DeepSeek-V3 提示词	DeepSeek-R1 提示词
Few-shot 示例	Few-shot 可提升效果：传统 LLM 常通过 Few-shot 提示（提供若干示例问答）来教模型格式和步骤，从而提高任务表现。在 CoT 论文中，提供一系列带有推理过程的示例是常用方法。对于未经过专门推理训练的模型，示例有助于其模仿推理过程	Few-shot 降低效果：DeepSeek-R1 等推理模型不建议提供 Few-shot 示例。经验表明，给这类模型提供示例反而会降低性能。因为 DeepSeek-R1 已经具备自行拆解问题的能力，冗长的示例可能让模型拘泥于示例形式，反而妨碍其发挥内在推理能力
提示长度与复杂度	适度详尽有益：对传统模型来说，提供充分背景和细节有时能提升理解。然而过长、复杂的提示也可能引起困扰，需要权衡。一般经验是清晰说明任务、必要时分段，模型即可遵循	精简明确优先：DeepSeek-R1 提示应清晰简明。过于复杂或冗长的提示可能让模型迷失重点，导致效果变差。官方指南强调使用简洁的语言直接描述问题和要求，让模型自主推理解决。DeepSeek-R1 已能内部组织思路，所以强调问题本身而非冗余上下文更有效
结构化输出	善于按格式输出：传统模型在提示明确要求下，可以可靠地生成 JSON、表格等结构化内容。如果提供模板示例，模型往往能模仿格式输出	结构化输出需谨慎：DeepSeek-R1 不擅长严格的结构化输出，除非精心引导。推理模型偏好自由的文本思维表达，如果要求输出固定格式（如 JSON），需在提示中清晰定义格式并可能牺牲一部分灵活性。相较而言，这类模型在遵循复杂输出格式时不如传统 LLM 稳健

注：以上比较基于官方文档和经验总结。传统 LLM 参考 GPT-3 / GPT-4 等，推理模型参考 DeepSeek-R1 及 OpenAI o1 系列。

在使用 DeepSeek-R1 模型时，需要特别关注其存在的一些局限性。

- **通用生成能力较弱：** DeepSeek-R1 在通用任务尤其是文本生成任务方面的表现，相较于 DeepSeek-V3 存在明显不足。
- **多语言处理不足：** 当处理非中英文内容时，DeepSeek-R1 偶尔会出现语言混杂现象，影响生成内容的准确性和一致性。
- **复杂任务场景表现不佳：** 目前 DeepSeek-R1 尚未支持函数调用（Function Call）；且在多轮对话、复杂角色扮演以及 JSON 格式输出等复杂场景中的表现，均弱于 DeepSeek-V3。
- **提示词工程敏感性较高：** 在提示词构造方面，采用 Few-shot 示例提示可能会降低 DeepSeek-R1 的性能；提示中过多的步骤或过程指导性指令，也可能削弱模型的推理表现。

- **易产生幻觉问题：**由于强化学习（RL）过程中对通用任务覆盖不足，以及对中文表达能力增强的优化，可能间接导致模型在中文生成时出现逻辑自洽但事实不准确的“幻觉”现象。

综合以上问题，在实际使用 DeepSeek-R1 时，应适当控制提示复杂度，避免复杂或多语种场景，并审慎评估模型输出的事实准确性，以保障应用效果。

3.3.2　官方对提示词的解读

相比较于传统的生成模型，使用 DeepSeek-R1 模型时的提示词技巧有较大的变化。DeepSeek 官方提供了一套提示词库，将常见需求场景划分为不同类别，并给出了每类任务的提示词示例和设计思路。主要包括以下几类：代码类、内容分类、结构化输出、角色扮演、创作类和翻译类，见图 3-10。

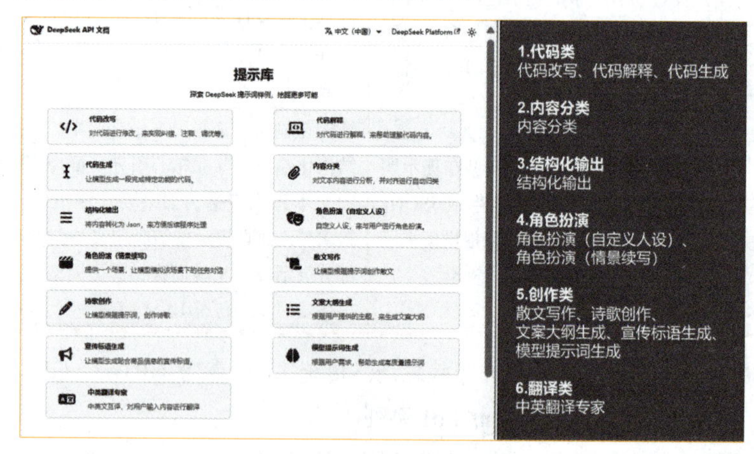

图 3-10　官方对提示词的解读

了解这些类别及其范例，有助于我们在实际使用时参考官方思路来设计提示，使模型发挥更佳效果。官方提示词往往经过优化，能更准确地引导模型完成对应任务。以下是官方提示库中各类别的一些示例场景。

（1）代码类：让模型解释代码或生成代码。

示例 1：“请阅读以下代码并解释其功能。”

示例 2：“根据我的描述编写一段 Python 代码实现该功能。”

说明：这类提示要求模型扮演编程助手的角色，对代码进行解析或创作。

（2）内容分类：让模型对给定文本进行分类。

示例：“下面是一段新闻稿，请判断它属于财经、科技还是娱乐类别，并仅给出类别名称。”

说明：模型会根据文本特征自动归类。

（3）结构化输出：让模型按照指定格式提供答案。

示例：“请将上述信息摘要以 JSON 格式输出，包含字段：标题、主要观点、结论。”

说明：通过明确要求 JSON 结构，模型会将结果组织成结构化数据。

（4）角色扮演：让模型以特定身份 / 口吻回答。

示例：“你现在是历史老师，请用第一人称口吻回答学生的问题：为什么罗马帝国会衰落？”

说明：模型将扮演设定的角色，从对应视角回答，风格和用词都会贴近该角色身份。

（5）创作类：让模型进行创造性写作。

示例 1：“请编一个以‘勇气’为主题的短篇童话故事。”

示例 2：“写一首关于春天的现代诗。”

说明：模型会发挥想象力完成文学创作。

（6）翻译类：让模型进行语言翻译。

示例：“请将以下中文句子翻译成流畅的英文：‘人工智能正在改变世界’”。

说明：模型会作为翻译工具提供双语互译结果。在提示中注明源语言和目标语言以及是否需要保留格式，有助于获得准确的翻译。

通过研读和模仿官方提示词范例，可以更清楚不同任务下优秀提示词的写法，从而在自己的提示中加以运用。这相当于一套提示设计模板库，为我们高效调用 DeepSeek-R1 的能力提供了指南和参考。掌握这些官方提示技巧，能让使用者的提问更加专业，获得更精确、符合预期的 AI 回答。

根据自己的需求对号入座，参考官方提示库中相应类别的范例来撰写提示。例如，如果任务是代码相关，可以借鉴“代码类”提示的结构与用词；需要模型对文本进行归类时，可参考“内容分类”提示的表达方式。利用官方模板提供的格式和措辞，例如，在需要结构化输出时明确要求返回 JSON，翻译时指明源语言和目标语言等，能够提高沟通效率。使用者不一定要逐字套用官方提示，但可以从中学习如何描述任务和约束要求。

3.3.3 实用提示词使用技巧

DeepSeek-R1 的提示词技巧可归纳为两句话：清晰表达，说人话（让 AI 像人与人对话一样）。在此基础上，用户探索出多种实用的优化方法，以提升交互效果，见图 3-11。

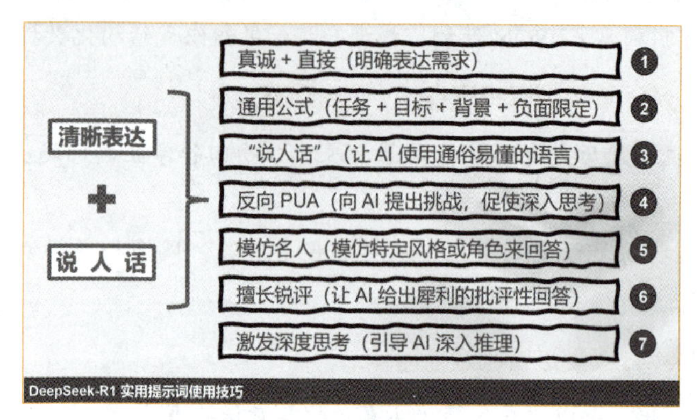

图 3-11　实用提示词技巧

1. 真诚 + 直接（明确表达需求）

以真诚、直接的方式表达自己的需求，不拐弯抹角，避免模糊指令。模型只有清楚地了解使用者的意图，才能给出准确回应。过于含糊或隐晦的提示会让模型摸不着头绪，无法提供理想结果。

编写提示词时应开门见山，清晰描述想让模型做什么。不要使用过多客套或隐含的要求，而是直截了当地说明自己的期望。确保提示中每一句话都有明确含义，尽量减少可能引起误解的表达。如果任务复杂，可以将需求拆解为简单明了的几部分逐条说明。

假如希望模型把一份技术报告改写成给领导看的周报格式。

首先看一个反面的例子。

示例 1："帮我把报告包装成周报给老板。"

这个需求含糊，模型不确定要如何"包装"。

正确的提问方式如下。

示例 2："请将下面的技术报告内容改写整理成一篇供老板阅读的周报摘要。"（直接指出改写什么内容、用途和形式，需求清晰明了。）

直接明确的提示可以让模型准确理解使用者要它做的任务并产出更符合预期的结果。

2. 通用公式（任务 + 目标 + 背景 + 负面限定）

当使用推理型模型 DeepSeek–R1 时，只需要直接提需求，但如果在此基础上稍加优化，就更加完美了，让回答更加接近提问。使用“通用提示公式”来组织提示词，通过明确任务、提供背景、设定目标并加入负面限定（约束模型不做什么），使提示信息完整具体。这种结构确保模型了解要做什么、达到什么效果、相关情境以及需避免的事项，从而提高回答的相关性和准确性。

如果真的需要有一个万能 Prompt 模板，有一个万能的提问公式：背景 + 需求（目标）+ 约束条件（可选），背景信息给得越多越能让 DeepSeek–R1 理解需求从而帮助使用者更好地完成任务。

示例 1：“我是编程小白（交代背景），怎样快速地提高我的 Java 编程能力（提出需求），不考虑英语水平（约束条件）。”

更加通俗一点，推理型 AI 提示词公式，可拆分为以下 4 个关键要素。

- 我想要做什么？
- 做这个干什么用？
- 要做到什么效果（具体要求）？
- 但我担心什么（具体顾虑，可选）？

示例 2：“我要做一个小红书的创业笔记，要给想做副业的人用，希望能让他们快速地理解小红书应该如何赚钱，但我担心这些创业小白并不能理解商业的很多专业名词和概念。”

3. “说人话”（让 AI 使用通俗易懂的语言）

在使用 DeepSeek–R1，还有一个好用的技巧，就是让它“说人话”。如果 AI 的回答太过于专业，或者晦涩难懂，因为所有的 AI 回答，在没有经过专业知识学习之前，它的回答通常都会有一些抽象和官方，有时候还是不方便普通人理解，这个时候，如果直接跟 DeepSeek 补充回复：“说人话”，会发现它的表达瞬间会变得直白易懂。

示例 1：“什么是量子力学的波粒二象性？”

...

上述回答的答案，如果是非技术专业的人员，几乎看不懂，不过没关系，只需要继续补充：

示例 2：“说人话”

这样，它的回答瞬间会变得通俗易懂了，基本上是人人都能看得懂了。

4. 反向 PUA（向 AI 提出挑战，促使深入思考）

反向 PUA 是一种反向激将法，通过在提示中对模型提出挑战性要求或让其自我批判，迫使模型更加深入地思考，从而得到更全面的答案。简单来说，就是有意让模型质疑自己的回答或先想反例，以避免它给出想当然的或片面的回应。

在提示里加入让模型先进行自我反驳或审视的步骤。例如，可以要求模型“先列出与你观点相反的论据，再做总结”或者“思考本方案可能存在的问题然后再回答”。这样的提示相当于“刁难”模型，让它在给最终答案前先从反面考虑问题。这种批判性思维过程能帮助模型发现简单回答中可能遗漏的点，进而优化最后的输出。需要注意语气上依然礼貌，但指令上可以严格要求模型这么做。

示例：“请先列出 10 条反对这个方案的理由，然后再给出你的解决方案。”

这个提示要求模型先唱反调，列举反对理由再提出方案。模型在罗列反对意见时，会更深入地审视方案的可行性，接下来给出的方案也会更有说服力、更周全。这种“先挑刺再作答”的方式可以有效地提高答案的深度和质量。

5. 模仿名人（模仿特定风格或角色来回答）

在向 DeepSeek-R1 提问时，还可以让 DeepSeek-R1 模仿名人风格，因为它对中文的掌握能力极强，能模仿名人的写作风格。如果想写一篇特别有味道的文章，不妨让它模仿某位名人的笔触。这也是本书作者很喜欢用的一个小技巧，比如在写文章或者做视频的时候都喜欢找对标。

“善于模仿”指引导 AI 去模仿某种特定的说话风格、写作方式或角色语气，使生成内容更符合自己的预期风格。通过模仿，AI 可以给出带有某种鲜明特色的回答，例如，模仿名人讲话风格、特定小说的文风，甚至模仿网络用语等。这样做的好处是输出的文本在语气和形式上更贴合使用者需要的感觉。

使用者可以在提示中直接说明要模仿的对象或风格。例如，“请模仿莎士比亚的语言风格描述……”，或者“用某某作家的口吻回答……”。也可以提供一段样例文本让模型延续相似的风格。关键是在提示里清楚地点明模仿谁或什么，必要时加上一些该风格的典型特征描述。由于 DeepSeek-R1 没有预设的版权或风格限制，让它模仿公开的风格是可行的。通过这种方式，模型会调整用词和句式，尽量逼近目标风格。

比如想模仿对标账号的文风，完全可以按如下这样提问。

示例：“帮我模仿 ××× 的语气，帮我分析下 2025 年经济环境。”

6. 擅长锐评（让 AI 给出犀利的批评性回答）

“擅长锐评”是指引导 AI 站在尖锐批评者的角度，对某事物发表直截了当、毫不留情的评论。这种技巧会让 AI 的回答风格变得犀利甚至带有一点“毒舌”效果。这样生成的内容在点评缺点或问题时会非常直接、一针见血，适合用于需要严格审视或吐槽的场景。

使用者可以在提示中要求 AI 以批判者的身份来回应。例如，提示它“像犀利的评论员一样提出批评”，或者干脆设定场景“假装你是一个毒舌顾问，对……发表看法。”同时可以明确希望听到负面评价或吐槽，这样模型就会明白需要侧重指出问题和不足。这类提示通常会让模型在措辞上更加尖锐，如用讽刺或挑剔的口吻。不过要注意应用此技巧应当场景合适，以免内容过于冒犯。

示例 1：“你的任务是吐槽下面这个计划的不足之处，请尽可能犀利直白。”

或者更具体地：

示例 2：“假设你是一位毒舌的上司，狠狠批评这份营销方案。”

模型在这样的提示下会给出直言不讳的批评。例如，它可能回答：“这个方案看起来漏洞百出。首先，目标含糊不清，让人完全抓不着重点；其次，营销手段老套欠缺新意，毫无亮点……”诸如此类。一句话，它会毫不留情地指出问题，正如要求的那样犀利。

7. 激发深度思考（引导 AI 深入推理）

“激发深度思考”是在提示词中显式加入鼓励模型深入推理和批判性思考的要求，触发 DeepSeek-R1 展开更复杂的推理链条。DeepSeek-R1 擅长推理，如果在提示中表明需要深度分析，模型会倾向于给出更分步骤、有逻辑的回答，包括它的思考过程。这样能提高答案的严谨性和层次。

可以在提示中使用诸如“仔细分析”“批判性思考”“逐步推理”“深度讨论”等字眼，明确要求模型不要停留在表面答案上。

例如，可以使用如下提示。

示例 1：“请分步骤深入分析以下问题……”

或者要求：

示例 2：“给出详细的推理过程再得出结论。”

甚至可以用夸张的方式刺激它，比如提示：

示例 3：“假装你把这个问题反复思考了 100 遍，告诉我你的结论。”

这些措辞会促使模型进入“深度思考模式”，在内部生成较长的推理（DeepSeek-R1 的 <think> 部分），然后再给出结论。

示例 4：“请对这个社会现象进行批判性思考，并给出你的推理过程和最终结论。”

模型在这种要求下，可能先列出背景、原因、影响等方面逐一分析，然后再综合得出结论。

又如：

示例 5：“深入思考以下逻辑谜题，每一步推理都写出来，最后给出答案。”

模型会按照提示先推理再回答。总之，通过提示激发模型深度思考，可以获得更有逻辑深度和说服力的回答。

第 2 部分

企业智能化

DeepSeek 作为中国领先的人工智能公司，凭借其在企业智能化转型中的独特优势，已经在全球范围内取得了显著的应用成果。该公司不断推动人工智能技术与各大行业的深度融合，涵盖政务、金融、医疗、教育、智能制造等多个领域。DeepSeek 的多样化接入方案使得企业在云端和本地部署时，能够实现最优化的资源配置和成本控制。展望未来，DeepSeek 有望继续推动跨行业的深度赋能，推动全球产业的变革，为各行各业带来更加高效、智能的转型升级。

第4章

DeepSeek 接入：云端 + API 方案

DeepSeek 云端接入提供了多种方式以满足不同用户的需求，包括通过 DeepSeek API 开放平台和 DeepSeek-R1 的第三方接入。对于 API 平台，用户可以注册获取 API Key，并选择零代码或代码方式接入。对于 DeepSeek-R1 的第三方接入，涵盖了平替方案解析，以及云计算厂商的融合模式、初创公司自研模式和 AI 推理云服务的托管模式，以满足不同场景下的大模型接入需求。

4.1　DeepSeek API 开放平台

DeepSeek API 开放平台是由深度求索（DeepSeek）推出的开放平台，旨在为开发者提供强大的人工智能模型和工具，以便在各种应用中集成自然语言处理、代码生成和数据分析等功能。

用户可在官网进入“开发者中心”申请 API 密钥（每日可免费调用 5000 次），查阅 RESTful 接口文档（支持 Python、Java、Node.js），并按需调用文本生成、数据分析等功能。

4.1.1　注册并获取 API Key

要使用 DeepSeek API，首先需注册 DeepSeek 平台账户并获取 API 密钥（API Key）。API 开放平台与网页端的账号信息（包括登录凭证、密钥管理和余额等）是互通的，通常无须重复注册账号。

API 端点：http://platform.deepseek.com。

步骤如下。

（1）打开 DeepSeek 官网（如图 4-1 所示，单击“接入 API”入口），使用邮箱注册账户并登录平台。

（2）登录后，在用户后台找到 API keys 或“API 密钥”选项页。

（3）单击“创建 API key”按钮。可以为该密钥设置备注名称以方便管理。

（4）确认创建后，平台会显示一串 API Key（如 sk-xxx…）。复制并妥善保存这串密钥（只在首次创建时可见）。稍后将用它来认证 API 调用。

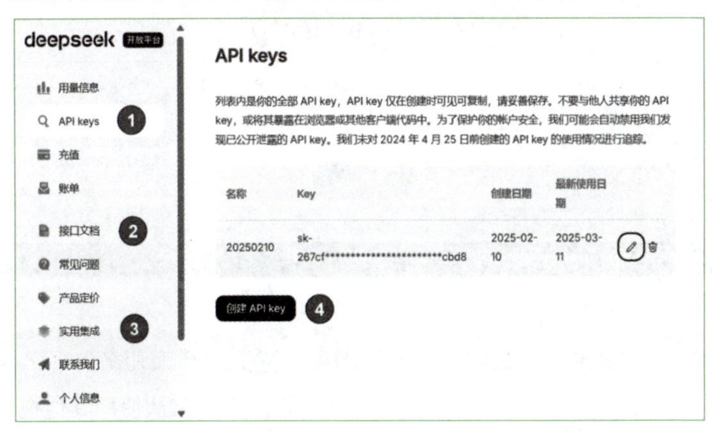

图 4-1　DeepSeek API Key

完成以上步骤后，就拥有了调用 DeepSeek API 所需的密钥。需要注意的是，如果直接使用 DeepSeek 官方 API，需要在账户中充值一定的金额激活该密钥的调用权限（DeepSeek 平台的计费相对低廉，每百万 tokens 费用仅约美分级别）。如果希望免费试用 DeepSeek 模型，可以选择通过 OpenRouter 平台获取 DeepSeek-R1 模型的免费 API Key。

DeepSeek 官方的 API 接入为开发者专属，API 网址为 https://platform.deepseek.com/。

4.1.2 DeepSeek API 接入

使用 DeepSeek API，可以通过两种方式接入：第一种是零代码接入，利用 ChatBox 等客户端工具，特别适合新手用户；第二种是代码接入，适用于定制化开发场景，适合开发者。无论选择哪种方式，都能快速搭建 AI 助手，并根据任务需求选择最合适的模型。

1. 零代码接入 – 适合新手

下载 Cherry Studio：请访问如图 4–2 所示的 Cherry AI 官网，选择并下载适用于自己操作系统的客户端（支持 Windows / macOS /Linux）。

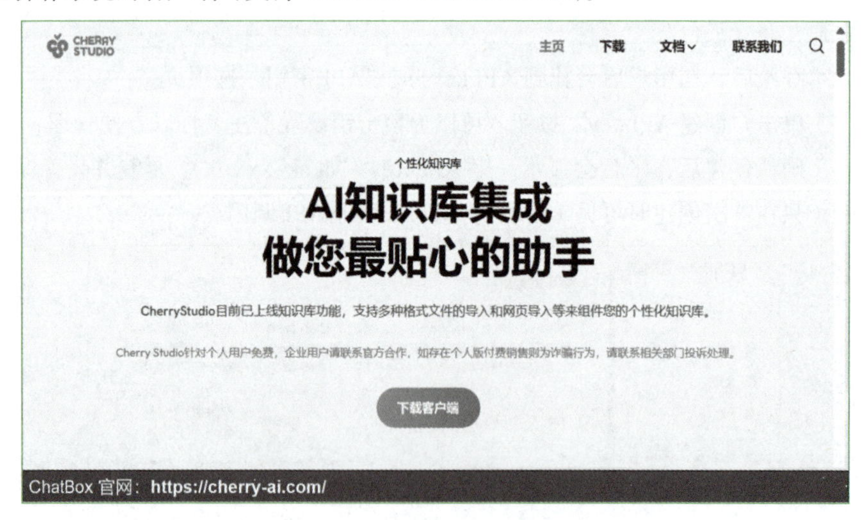

图 4–2 Cherry Studio 官网

打开客户端，单击左下角的“设置”图标，进入“模型服务”→“深度求索”，粘贴复制的 API Key，并开启右侧开关（关键步骤，否则默认使用其他模型）。

然后，在聊天界面顶部切换模型，可选择 DeepSeek Chat（通用对话模型，基于

DeepSeek-V3）或 DeepSeek-reasoner（逻辑推理专用模型，基于 DeepSeek-R1）。

2. 代码接入 - 适合开发者

要在代码中调用 DeepSeek API，需要安装相应的软件开发工具包或 HTTP 库。首先，确保已安装 Python 3 环境，建议使用 Python 3.8 及以上版本。其次，由于 DeepSeek 的 API 兼容 OpenAI API 标准，可直接使用 OpenAI 官方 SDK 进行调用，因此需要安装 OpenAI 的 Python SDK。

安装依赖库：

确保 Python 环境已安装 openai 和 python-dotenv 库：

pip install python-dotenv openai

编写调用代码：

创建 Python 脚本（如 deepseek_test.py），使用如图 4-3 所示代码。

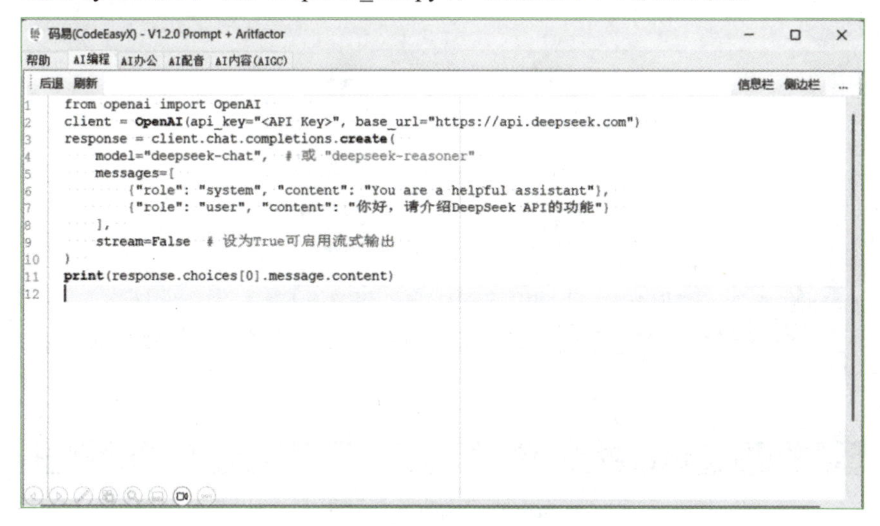

图 4-3 deepseek_test.py

注意：API 完全兼容 OpenAI 格式，可无缝替换现有 OpenAI 项目代码。

3. 高级功能与优化建议

模型选择策略：DeepSeek-V3 适合通用对话、创意生成和长文本处理，而 DeepSeek-R1 专攻数学推理、代码调试等复杂任务，并具备更快的响应速度。成本控制技巧包括通过 max_tokens 参数限制单次响应长度，以及启用 stream 流式传输以减少等待时间，尤其适用于长文本生成。稳定性方面，API 服务与网页版独立运行，即使在官网访问高峰期，API 调用仍能保持稳定。

常见问题与注意事项：若 API Key 意外泄露，应立即在控制台删除旧 Key 并重新生成；调用失败时，优先检查余额是否充足、客户端开关是否开启以及模型名称是否拼写正确；详细参数说明可查阅 DeepSeek API 官方文档。

通过以上步骤，即可快速实现从零搭建专属 AI 助手。如需进一步集成到企业系统或探索 Agent 等高级应用，可结合 LangChain 框架扩展功能。

4.1.3 DeepSeek 百宝箱

DeepSeek 官方亲自做了一个 DeepSeek 百宝箱（Awesome DeepSeek Integrations）开源项目（如图 4-4 所示），展示了集成 DeepSeek 大模型的各类软件与平台，可通过以下地址访问：

https://github.com/deepseek-ai/awesome-deepseek-integration/

图 4-4 DeepSeek 百宝箱

DeepSeek 官方推出的开源集成项目库堪称 AI 应用界的“瑞士军刀”，收录了 80 余个集成案例。如表 4-1 所示为 DeepSeek 百宝箱中的核心工具。

表 4-1 DeepSeek 百宝箱核心工具

类别	项目名称	核心功能	技术亮点	适用场景
效率工具	留白记事	微信生态 AI 集成	聊天窗口直连 DeepSeek，延迟 <500ms	即时通信场景的日程管理

续表

类别	项目名称	核心功能	技术亮点	适用场景
效率工具	Zotero 论文套件	学术文献智能管理	自动生成文献综述框架	科研论文写作
	小海浏览器	安卓端 AI 浏览器	3MB 极简设计，0.2s 启动	移动端高效办公
	思源笔记	隐私优先知识管理	端到端加密 + 本地知识图谱构建	个人 / 团队知识库建设
	Raycast	macOS 全局 AI 唤醒	⌘ +K 快捷键调用 DeepSeek	系统级生产力提升
开发者工具	ChatGPT-Next-Web	多模型动态切换界面	支持 DeepSeek/OpenAI 等模型混合调用	企业私有化 AI 门户搭建
	Dify	可视化 LLM 应用开发平台	拖曳式 RAG 工作流编排	企业级智能客服 / 知识库系统
	FastGPT	多模态知识库系统	支持 20 余种文件格式解析	科研 / 法律文档处理
	Cursor	自然语言编程助手	注释自动生成 + 代码安全加密	新手开发 / 脚本编写
	4everchat	智能模型选型	动态对比 50 余种模型性价比	企业 API 成本优化
垂直领域	TigerGPT	金融投研分析	财报解读准确率 98%	股票 / 基金分析
	Video Subtitle Master	视频字幕生成	支持 20 多种语言互译，成本降低 90%	自媒体 / 教育视频制作
	Libersonora	有声书智能生成	5 min 克隆音色 + 30 多种语言互译	出版 / 教育音频制作
前沿技术	FHE 加密框架	隐私计算解决方案	加密数据直接运行模型	医疗 / 金融敏感数据处理
	Solana Agent Kit	Web3 智能合约操作	AI 代理自主执行 60 多种链上协议	区块链 DeFi 应用
	Ollama	本地化模型部署	纯 CPU 运行 7B 模型	断网环境 / 代码安全需求
	Mind FHE SDK	可信 AI 开发框架	联邦学习 + 全同态加密	隐私合规场景模型训练
创意工具	Cherry Studio	多模态内容生产	文生图 / 视频 /3D 建模一体化	短视频批量创作
多模态应用	SwiftChat	跨平台 AI 聊天	实时流式聊天 + 多模态生成	全场景智能对话

4.2　DeepSeek-R1 第三方接入

DeepSeek-R1 作为一款横空出世的开源大模型，在整个 MaaS 生态中扮演了“游戏规则改变者”和“连接纽带”的双重角色，对不同类型的服务商都产生了深远影响。

1. 第三方平替方案解析

DeepSeek-R1 开源大模型在国内引发热潮，用户主要有三种方式体验其强大能力（如图 4-5 所示）。

- 第一种方式是通过官方接入❶，用户可通过 DeepSeek 官网或 App 使用该模型。然而，由于访问量激增以及潜在的网络攻击，官网和 App 近期频繁出现不稳定情况，API 访问也变得困难，许多用户在关键时刻遇到“服务器繁忙，请稍后再试”的提示，影响了正常使用。
- 第二种方式是本地私有化部署❷，不少用户开始尝试在本地运行 DeepSeek-R1，以摆脱官方平台的不稳定性。然而，个人计算机的硬件性能有限，通常只能支持 1.5k 或 7k 参数规模的模型。此外，未经额外知识补充的 DeepSeek，回答质量可能无法满足高标准需求。如何优化本地部署体验，将在第 5 章详细探讨。
- 第三种方式是通过第三方平替方案❸，由于许多平台已集成 DeepSeek-R1，部分公司基于其 API 构建了自家产品，用户可以借此获得相似的体验。

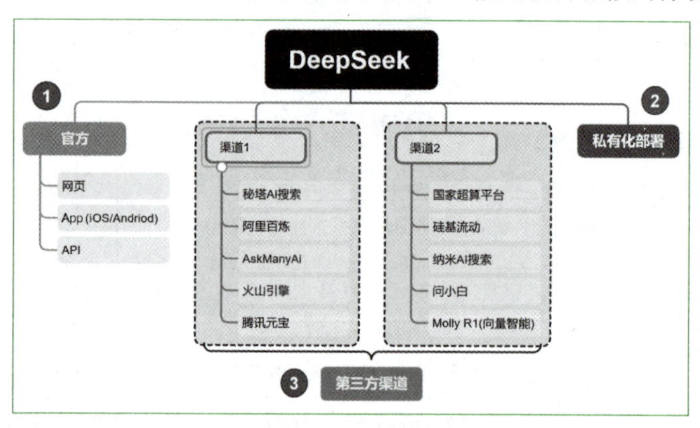

图 4-5　国内 MaaS 厂商

以下是几种常见的 DeepSeek-R1 平替方案，包括百度搜索、腾讯元宝、秘塔 AI 搜索、火山引擎、纳米 AI 搜索和硅基流动（SiliconFlow）等，如表 4-2 所示。这些第三方平台已集成 DeepSeek-R1 模型，并支持免注册或快速调用，为用户提供了便捷的接入体验，可作为官方平台不稳定时的备用选择。

表 4-2　第三方平台

平台名称	网址	特点	推荐指数
腾讯元宝	https://yuanbao.tencent.com	微信生态整合，毫秒级响应，适合办公场景	★★★★★

续表

平台名称	网址	特点	推荐指数
硅基流动	https://account.siliconflow.cn	新用户赠 2000 万免费 tokens，支持高并发调用	★★★★★
秘塔 AI 搜索	https://metaso.cn	支持联网搜索、免费无广告，响应速度接近满血版 R1	★★★★★
纳米 AI 搜索	https://so.n.cn	360 旗下多模态搜索，支持图片/PDF/视频分析，免费额度充足	★★★★☆
火山引擎	https://console.volcengine.com	企业级 API 服务，与官网价格一致，稳定性高	★★★☆☆
Poe	https://www.poe.com	集成 ChatGPT/Claude 等多模型，每日 3000 免费积分（消耗型）	★★★☆☆

在 DeepSeek 出现之前，市场上的模型接入厂商主要分为两类：云计算厂商和大模型初创公司。然而，DeepSeek 以开源、高性能的特性推动了第三类厂商的崛起——AI 推理云服务商。这一变化引发了 MaaS 生态的重大变革。

当前市场上的 MaaS 服务商可分为三种类型。

- 第一类是云计算厂商，如火山引擎火山方舟、阿里云百炼、腾讯云 TI 平台、百度智能云文心千帆等，它们依托自家云基础设施提供模型服务。
- 第二类是大模型初创公司，如智谱等企业，通常自建 MaaS 开放平台，并主要提供自研模型。
- 第三类是 AI 推理云服务商，如硅基流动、潞晨科技等，它们依托开源模型提供推理服务，以 DeepSeek 等开源大模型为核心，为企业和开发者提供高效、低成本的推理计算能力。

三类模式各有侧重：云厂商强调“平台”和“规模”，初创公司强调“模型”和“定制”，推理服务商强调“开源”和“低价”。它们共同构成了当前 MaaS 市场的丰富图景，表 4-3 总结了主要差异。

表 4-3　三类 MaaS 市场对比

模式类别	模型接入策略	架构技术优势	优点	缺点	代表企业及影响力
云计算厂商 MaaS	开放融合：自研 + 第三方（DeepSeek 等）	超大规模云架构，高并发低延迟；企业级安全监控	稳定可靠、功能完备、多模型可选、规模成本低	可能存在平台锁定，个性化定制不深，长远使用成本可能较高	阿里云、腾讯云、百度智能云、火山引擎（覆盖广，主导企业市场）

续表

模式类别	模型接入策略	架构技术优势	优点	缺点	代表企业及影响力
初创大模型公司 MaaS	封闭自主：只提供自研模型（GLM、ChatGLM 等）	针对单一模型深度优化，支持多模态 / 超长上下文等特殊功能	模型性能有特色，灵活定制服务，技术创新迭代快	模型选择单一，算力有限难支撑大规模服务，商业变现压力大	智谱 AI、MiniMax 等“六小虎”（技术领先，但受 DeepSeek 冲击调整中）
AI 推理云服务 MaaS	完全依赖第三方开源模型（DeepSeek 为核心）	轻量微服务架构，快速上线新模型；自研推理优化引擎，异构算力利用	接入门槛低价廉，模型切换灵活，极端优化降低成本	服务稳定性欠佳，高并发易崩；无自有模型护城河，营利困难	硅基流动、潞晨科技等（开源先行者，用户基础小，寻求差异化生存）

2. 云计算厂商：融合模式

云计算厂商正采用自研 + 第三方大模型融合模式，以提升 MaaS 平台竞争力。DeepSeek-R1 的开源迅速被主流云厂商接入：字节跳动火山引擎“火山方舟”首发满血版与蒸馏版，并提供 50 万 token 免费试用，业界低价续费（满血版输入 ￥2/ 百万 token，输出 ￥8，现半价优惠）；阿里云“百炼”平台支持 DeepSeek-R1 系列，免费额度为 100 万 token；腾讯云 TI 平台提供 DeepSeek 全系列，支持一键部署与限时免费体验；百度智能云“千帆”平台上架 DeepSeek-R1/V3，并优化推理链路，增强内容安全保障。

技术优势包括：①云厂商算力强劲，弹性扩展，火山引擎每分钟事务量（Transactions Per Minute，TPM）达 500 万，远超阿里云的 120 万、腾讯云的 60 万，确保低延迟高稳定性；②完善的工具链，腾讯云支持数据清洗与二次训练，百度千帆结合 BLS（Business Log System，业务日志分析）与 BCM（Business Continuity Management，业务连续性管理）告警提升安全性；③多模型融合，阿里百炼除 DeepSeek-R1，还支持 Qwen、LLaMA 等模型，用户可自由切换。

云厂商模式优势明显：性能卓越、功能完备、模型选择丰富、成本低（免费额度 + 低价策略）。但存在生态绑定风险及个性化定制不足。DeepSeek-R1 的广泛接入进一步巩固了云计算厂商在 MaaS 市场的主导地位。

3. 初创大模型公司：自研模式

初创大模型公司自建 MaaS 平台，专注自研模型，未直接接入 DeepSeek-R1 等外部模型。例如，智谱 AI 的 bigmodel.cn 仅提供 GLM 系列，并未纳入 DeepSeek-R1。这类公司强调自主可控，面对 DeepSeek-R1 的冲击，主要通过改进自身模型和生态来应对，而非集成 DeepSeek。

DeepSeek-R1 的出现给这些公司带来巨大竞争压力，使其调整战略，如强化自研、优化应用场景，或加大开源力度。例如，智谱 AI 在 DeepSeek 的冲击下推出 GLM-4，并计划开源多款新模型，以增强竞争力。MiniMax 等也在拓展对话与 AIGC 应用，并尝试出海。与此同时，“六小虎”中的其他初创公司，如百川智能、月之暗面、零一万物等，也在寻求差异化竞争策略。例如，百川智能加大开源投入，月之暗面专注长文本交互，而零一万物则探索多模态 AI 应用。这些公司试图在特定领域打造优势，以避免直接与 DeepSeek 硬碰硬。

尽管这些初创公司在模型特色、定制化服务和技术创新上具备优势，但面临模型单一、算力不足和商业化挑战。DeepSeek-R1 的开源策略促使投资人重新评估大模型初创的可行性，使融资与市场生存环境更加严峻。面对这一竞争格局，初创公司需快速调整，以差异化服务或行业深耕维持市场地位。初创大模型公司在不同技术方向上的突破，将决定它们在中国大模型竞争中的最终走向。

4. AI 推理云服务：托管模式

AI 推理云服务商高度依赖开源大模型，而 DeepSeek-R1 的开源，使其迅速成为这些平台的核心业务支柱。例如，硅基流动在 DeepSeek-R1 发布后，迅速携手华为云昇腾 AI 推出 DeepSeek-R1/V3 推理服务，并提供多个加速蒸馏版本，甚至上线 Pro 版，以丰富模型层次。潞晨科技（T.smart）则早在其“潞晨云”平台上布局开源模型推理，并在 2024 年 2 月与华为合作推出基于昇腾 AI 的 DeepSeek-R1 推理 API 及云镜像服务。这类推理云服务商的生存依赖于顶级开源模型的可用性，因此它们往往在第一时间集成 DeepSeek-R1，以吸引开发者和中小企业用户。

AI 推理云平台的核心优势在于轻资产、重优化，它们不参与大模型训练，而是专注于高效部署和推理优化。例如，硅基流动的 SiliconCloud 平台支持用户一键部署模型并进行微调，极大地降低了 AI 应用的门槛。为了提升推理效率，许多厂商自主研发推理加速引擎，并利用 DeepSeek 官方的优化组件，如 DeepSpeed 推理优化与模型并行技术。此外，为降低对 NVIDIA GPU 的依赖，不少平台转向华为 Ascend 芯片，并尝试 CPU 多机部署、FPGA 等手段来优化成本。DeepSeek 官方也实施错峰调用降价政策，以减少 GPU 闲置率，第三方推理商则通过按需弹性调度策略进一步控制运营成本。

尽管推理云模式降低了 AI 应用门槛，提供了更灵活的模型选择，但其面临着营利困境。由于 DeepSeek-R1 的开源使得模型资源高度透明，推理云服务商难以通过高溢价获利，只能依靠优化技术和成本控制来竞争。然而，高昂的算力成本仍然是巨大挑战，潞晨科技因运营亏损被迫暂停 DeepSeek API 服务便是典型案例。此外，规模较小的推理服务商在算力储备上远不及大厂，难以保障稳定服务，用户增长反而可能加剧亏损。长期来看，若无法形成独特的技术护城河，推理云平台很可能被更大的云厂商整合或替代。不过，在 DeepSeek-R1 普及的早期阶段，这些平台仍然起到了“开源模型孵化器”的作用，使更多开发者能够低成本体验和应用这一先进模型。

5. 腾讯元宝：最佳平替方案

2025 年 2 月 13 日，腾讯元宝宣布接入 DeepSeek-R1 满血版模型，实现“双模型驱动”，成为腾讯首次引入第三方大模型的产品。这一举措旨在提供更稳定、实时、全面、准确的回答服务，是目前 DeepSeek 的最佳平替渠道。

腾讯元宝支持腾讯混元和 DeepSeek-R1-671B 满参模型，用户可自由切换，并选择是否启用联网搜索。当切换至 DeepSeek-R1 模型并开启联网时，元宝会调用腾讯云后端部署的 DeepSeek-R1 推理服务，并结合腾讯自有的微信内容生态（微信公众号文章、视频号等）进行检索回答。此外，腾讯将混元模型的多模态识图能力融合进 DeepSeek-R1 推理流程，使得 DeepSeek-R1 在元宝中具备官方版本所不具备的读图和文件解析能力。具体而言，用户发送图片给 DeepSeek-R1 时，系统先用腾讯混元的图像模型进行 OCR 和图像理解，再将提取的信息交由 DeepSeek-R1 生成答案。这种“模型融合”方案提升了 DeepSeek-R1 的使用体验。此外，元宝还提供了一键导出长图、微信搜一搜接入等实用功能，不断优化用户体验。

接入 DeepSeek-R1 后，腾讯元宝的用户口碑和下载量迅速攀升。2025 年 3 月初，元宝一度超越 DeepSeek 官方 App，登顶中国区苹果 AppStore 免费榜第 1 位。从 2025 年 2 月 13 日接入 DeepSeek-R1 到 2025 年 3 月 1 日的短短 17 天内，元宝连推 7 次版本更新，快速上线了 Windows/Mac 电脑版等新功能。腾讯内部将元宝视为“DeepSeek 启动器”，通过深度整合 DeepSeek-R1 模型来快速获取 C 端用户流量。据报道，腾讯元宝上线 DeepSeek 后日活跃用户（DAU）激增，并在推广中高调突出“满血版 DeepSeek”这一卖点。

腾讯选择了开放合作与自身生态加持的策略，免费提供 DeepSeek-R1 的强大功能，同时绑定腾讯系独有资源（如微信内容、QQ 互连等），以差异化优势吸引用户。腾讯自身拥有庞大的社交和内容用户群，这是元宝迅速冲顶的关键。值得一提的是，腾讯一方面提供混元模型供企业私有化部署，另一方面却在自家 C 端产品大胆拥抱开源 DeepSeek-R1，展现出灵活的战略布局。

第5章 DeepSeek 接入：本地化部署方案

在安全合规要求日益严格的环境下，企业普遍倾向于本地化部署，通过私有知识库结合大语言模型，构建专属问答系统。此举不仅能提升模型对特定领域的理解，还能确保数据隐私安全，并在离线或内网环境下稳定运行，为企业提供更高的自主可控性。

DeepSeek-R1 的问世，不仅刷新了国产大模型的性能标杆，更以“数据主权回归企业”为核心理念，引领本地化部署的新趋势。其技术创新推动企业从“被动上云”迈向“自主可控”的智能化新范式，助力企业在安全、高效的环境中释放 AI 价值。

5.1 技术革命与价值重构

在迎接技术革命和价值重构的浪潮中，DeepSeek-R1 通过本地化部署和全链路数据闭环技术，确保了企业数据的隐私与安全，突破了传统云端架构的限制，提供了更高效、稳定且具备强大定制化能力的 AI 解决方案。无论是在数据隐私保护、硬件适配、离线运行优化，还是在成本控制与资源优化方面，DeepSeek-R1 都展现出了极致的技术优势。

通过灵活结合微调和 RAG 知识库技术，DeepSeek-R1 不仅能够满足企业对智能化和安全性的高标准要求，还能在多种复杂场景下实现精准、高效的业务支持。其开源架构与自主可控的技术方向，使得企业能够掌握技术发展的主动权，推动国内 AI 产业自主创新，助力企业实现持续创新与高效运营。

1. 数据隐私与安全保障

DeepSeek-R1 采用本地化部署模式，确保所有数据在企业私有服务器或数据中心内存储与处理，避免信息泄露，适用于对隐私要求严格的企业与机构。通过全链路数据闭环技术，DeepSeek-R1 可实现训练与推理数据的全程封闭，杜绝外部访问，从根本上保障数据安全。同时，结合 HTTPS/TLS 传输加密，即使设备遗失，数据仍无法被逆向破解。DeepSeek-R1 可运行于可信执行环境（Trusted Execution Environment，TEE），并支持基于角色的访问控制（Role-Based Access Control，RBAC）与多级审计追踪，确保数据管理的安全与透明，符合《中华人民共和国数据安全法》《中华人民共和国个人信息保护法》等法规要求，实现高标准的合规性保障。

2. 个性化定制与灵活适配

DeepSeek-R1 采用本地化部署方案，能够结合业务需求进行深度个性化定制。企业可根据自身行业特点对模型进行精细化微调，使其适配特定行业术语，并动态接入私有知识库，如法律条款、医疗影像数据、金融分析报告等，从而提升解答的精准度，打造专属 AI 解决方案。同时，DeepSeek-R1 具备卓越的硬件适配能力，可根据算力资源灵活调整模型规模，支持从单卡 RTX 3060 到 8 卡 A100 集群的多种计算环境，并可扩展至满血版 R1，确保不同应用场景下的最佳性能与稳定性。

3. 离线运行与高效应用

DeepSeek-R1 依托边缘计算优化技术，实现低延迟推理、离线容灾与高效资源利用等优势，使其在本地 GPU/CPU 环境下也能高效运行。通过 INT4/INT8 低比特量化优化，大幅降低部署成本，并结合模型蒸馏技术有效压缩参数规模，确保在有限算力下依然保持接近原模型的性能。动态算力池化进一步提升资源调度的灵活性，使其能够满足高实时性应用需求。相比云端部署，本地 GPU 资源独占，避免多租户竞争，保障高效稳定运行，并凭借强大的离线处理能力提供毫秒级响应，显著降低推理时延，确保业务连续性。

4. 成本控制与资源优化

DeepSeek-R1 的本地化部署通过全生命周期成本管理模型实现效益最大化。硬件成本按需求分级，从 1.5B 版本的 5000 元级 PC 到 70B 版本的 40 万元级服务器集群，适配不同规模企业，同时消除隐性成本，避免云端 API 调用费、数据迁移费等附加支出。硬件设备作为固定资产可折旧，具备资产复用价值，支持后续模型升级，进一步提升投资回报率。

5. 掌握技术发展的主动权

DeepSeek-R1 作为开源模型，为技术发展提供更大的自主权。其源代码完全自主可控，并采用 MIT 许可证，使企业能够在法律框架内自由获取、修改和优化代码。该模型在硬件适配方面表现优异，兼容华为昇腾芯片，性能可达 NVIDIA H100 的 60% 以上，有效降低供应链依赖，推动国产化替代进程。通过规避潜在的技术封锁与供应链风险，DeepSeek-R1 将助力国内 AI 产业迈向更加自主可控的发展道路。

5.2 企业私有化部署方案

本地部署 DeepSeek-R1 时，微调和 RAG 可结合使用，实现深度知识建模与动态知识扩展的双重能力。企业可以根据不同阶段的需求，先快速搭建 RAG 知识库问答系统，再针对核心业务场景进行微调，以优化模型的稳定性和生成质量。这种灵活的组合方案不仅提升了模型的智能化水平，也确保了数据安全和计算资源的高效利用。

1. 微调：构建稳定知识体系

微调适用于对特定领域有深入理解需求的场景，如法律、医疗、金融等专业领域。通过在目标数据集上进行参数优化，DeepSeek-R1 可以在本地实现更精准的推理和知识表达，形成“内生能力”，减少对外部知识的依赖。微调后的模型在核心任务上能够提供一致性强、可控性高的输出，适用于长期稳定的业务需求，如智能客服、法律文本分析等。

模型微调基于预训练模型，通过特定领域数据调整模型参数，使其适应特定任务或知识需求。其核心是通过参数优化直接改变模型的推理逻辑。常见的方法包括全量微调，调整模型全部参数，适用于高精度需求场景（如医疗诊断、法律文书生成）；以及高效微调（如 LoRA、QLoRA），仅微调部分参数或引入低秩适配层，显著降低显存消耗（如 7B 模型仅需 7GB 显存），适用于资源受限设备部署、个性化定制或特定任务优化需求场景（如移动设备上的实时语音识别、个性化推荐系统、特定领域的文本分类）。

2. 本地知识库：实时信息交互

本地知识库方案通常采用 RAG，适用于信息更新频繁、知识变动快的应用场景，如企业知识库、新闻摘要、技术支持等。RAG 通过结合信息检索（Retrieval）与大模型生成（Generation），使 DeepSeek-R1 在推理时能动态调用最新的外部知识库或本地数据库，从而提升回答的准确性和时效性，而无须频繁更新模型参数。这一方案特别适合用户查询多样、信息时效性要求高的场景，如企业内部问答系统、市场分析报告生成等。

其核心流程包括知识索引、检索增强和全链路本地化。首先，将文档分块嵌入向量数据库以优化查询；其次，结合用户问题与检索结果生成回答，减少模型“幻觉”；最后，端到端本地化部署确保数据隐私，并实现毫秒级响应。

3. 综合应用：从快速部署到优化

本地部署 DeepSeek-R1 可结合微调（FT）与检索增强生成（RAG），提升长期稳定性与即时认知能力。先用 RAG 快速构建知识系统，拓展模型外部知识调用，实现实时信息增强；再通过 FT 优化核心业务场景，提升精准度与适应性，增强智能性与安全性。两者互补并行，可按业务需求协同应用，高效构建智能知识体系。

在实际落地过程中，可以根据业务需求选择单一方案或两者结合。

- **初期部署**：优先采用 RAG 方案，结合本地文档或数据库快速搭建知识问答系统，无须模型改动，即可实现较高质量的回答。
- **深度优化**：针对核心业务场景，通过微调优化 DeepSeek-R1，使其在特定任务上的生成质量更高，减少对外部检索的依赖，提高整体响应速度与稳定性。
- **混合方案**：对于复杂业务，可结合两者优势，例如，在标准化任务上使用微调模型，在涉及最新信息或动态知识的场景下采用 RAG，确保知识的权威性与实时性。

5.3　企业私有化部署实践

DeepSeek-R1 提供了灵活且高效的企业私有化部署方案，帮助企业在低算力环境下也能充分释放 AI 模型的潜力。通过知识蒸馏技术，DeepSeek-R1-Distill 系列模型成功将大型模型的推理能力压缩至更小的尺寸，优化了计算资源的需求，尤其适用于边缘设备和私有化服务器。

无论是个人开发者的快速验证部署，还是企业级高并发、低延迟的生产应用，DeepSeek-R1 都能提供稳定的推理能力与无缝的用户体验。在企业应用层面，通过灵活选择合适的模型规模和部署方案，企业能够平衡性能和成本，从而确保在快速发展的 AI 领域中立于不败之地。无论是基础的本地部署，还是更复杂的分布式解决方案，DeepSeek-R1 都为企业提供了强大的自主可控性与技术保障，推动业务创新与技术自主发展。

5.3.1　私有化部署模型选择方案

为了满足企业不同层级的需求，尤其是在低算力场景下，如表 5-1 所示，DeepSeek-R1-Distill 系列模型采用了知识蒸馏（Knowledge Distillation）技术，将大型模型的推理能力有效迁移至较小规模的模型。通过这种方式，既能保持一定的推理能力，又能实现更高的效率和更低的计算资源需求。

表 5-1　私有化部署模型列表

Model	Base Model	特点
~-Qwen-1.5B	Qwen2.5-Math-1.5B	蒸馏模型，能力稍弱。实际上是增加了推理能力的 Qwen 模型和 LLaMA 模型
-Qwen-7B	Qwen2.5-Math-7B	
~-LLaMA-8B	LLaMA-3.1-8B	
~-Qwen-14B	Qwen2.5-14B	
~-Qwen-32B	Qwen2.5-32B	
~-LLaMA-70B	LLaMA-3.3-70B-Instruct	
DeepSeek-R1-671B	DeepSeek-V3-Base	满血版，能力最强

注：表中的 ~ 代表 DeepSeek-R1-Distill

这些蒸馏模型在推理速度、计算成本和模型参数量等方面进行了优化，非常适合资源受限的环境，如边缘设备、私有化服务器或企业内部推理场景。

企业可以根据自身的业务需求和计算资源选择合适的模型进行私有化部署，以优化成本与性能的平衡。

- **1.5B~7B 参数模型：**适用于轻量级推理任务，可在单个 GPU（如 A100/RTX 3090）或多核 CPU 上运行，适用于本地推理、私有化部署，如企业内部客服、智能回复等。
- **8B~14B 参数模型：**需要多个 GPU，通常至少需要 2~4 个 A100 级别 GPU，适合实时交互、复杂对话、代码自动生成等任务。
- **32B~70B 参数模型：**适用于大规模推理任务，需要 8 个 A100 以上 GPU 或者 4 个 H100 以上 GPU，适合专业知识推理、高级 NLP 应用等场景。
- **DeepSeek-R1-671B（未蒸馏版本）：**完全体版本，拥有最强推理能力，但计算需求极高，仅适合多节点服务器部署，可用于企业级 AI 训练和大规模 AI 服务。

除了之前提到的方案外，还可以考虑使用清华大学 KVCache.AI 团队与趋境科技于 2025 年 2 月 10 日联合发布的 KTransformers 开源框架。通过 KTransformers，可以在硬件资源有限的情况下，体验到 DeepSeek-R1 的完整功能，这种方法显著降低了显存需求，使得在单个 24GB 显存的消费级显卡上运行 DeepSeek-R1 等大型模型成为可能。

该框架采用 GPU/CPU 异构计算策略，利用混合专家（MoE）架构的稀疏性，将非共享稀疏矩阵卸载至 CPU 内存处理，而将密集部分保留在 GPU 上计算。此外，KTransformers 集成了高性能算子优化和 CUDA Graph 技术，进一步提升了推理效率。

单个 RTX 4090 显卡 + 382 GB 内存（软硬件一体的成本不足 10 万元）就能流畅运行 671B 参数的 DeepSeek - R1 大模型，较传统方案成本骤降 98%。KTransformers 通过 CPU/GPU 智能协同，4bit 极致压缩（精度高达 97%）及 Intel AMX 指令集加速，在 RTX 4090 上的推理速度达 12 tokens/s。该框架支持 128k 长文本处理，并提供即开即用的 Web 界面，大幅推动工业，科研领域大模型应用进入万元级时代。经本书作者实测，即使在 RTX 3090 显卡上也可运行，推理速度达 9.8 tokens/s。

5.3.2 Ollama：个人使用方案

DeepSeek 的本地化部署极其简单，甚至比安装 Office 还容易。DeepSeek-R1 的本地部署流程顺畅且易上手，几乎零门槛。只要会用计算机，任何人都能快速上手，大约 30min 即可完成本地部署。

Ollama 是个人开发者的理想选择，适用于快速验证、本地测试、小型知识库问答和个人 AI 助手，提供高效便捷的本地部署体验。

1. 下载 Ollama 安装包

首先，如图 5–1 所示，访问 Ollama 官网，单击 https://ollama.com/ 获取安装程序（文件大小约 80MB）。官网访问速度较慢，可尝试使用镜像站进行下载，以提高下载速度。下载完成后，双击运行 OllamaSetup.exe 安装程序，全程按照提示依次单击 Next 按钮直至安装完成。安装成功后，系统右下角任务栏将出现一个 LLaMA 图标，表明 Ollama 已成功运行。

图 5–1　Ollama 官网

2. 下载 DeepSeek 模型

Ollama 提供了一键拉取模型的方式，以 7B 版本为例，模型大小约 4.7GB，下载时间约 20min。可使用以下命令从 Ollama 官方库自动下载 DeepSeek–R1 7B 模型。

```
ollama run deepseek-r1:7b
```

默认情况下，Ollama 会将模型存储在 C 盘，可能会占用大量空间。为了避免 C 盘爆满，可以手动修改存储路径：在“系统变量”上单击“新建”，输入变量名 OLLAMA_MODELS，变量值 D:\AI_Models（可更改为任意其他磁盘路径，如 E 盘、F 盘等），然后单击“确定”按钮保存设置。

3. 运行 DeepSeek 模型

模型下载完成后，将启动 DeepSeek AI，并进入交互模式，允许用户直接输入问题并获取 AI 生成的回答。可以使用以下命令启动并运行 DeepSeek。

```
ollama run llama2
```

除了 Ollama，ML Studio 也是不错的选择，特别是其可视化能力。相比 Ollama，它提供更丰富的模型管理、实验追踪和部署选项，适合需要调优、推理优化或 API 集成的开发者。而若只是快速上手、轻量部署，Ollama 依然是更简单、即开即用的方案。

5.3.3 Chatbox：UI 交互界面

在成功搭建了 Ollama 后，可能希望拥有一个简洁、易用的用户界面，以便与大型语言模型（LLM）进行交互。此时，Chatbox 可能是一个不错的选择。Chatbox 是一款由国内公司开发的开源桌面应用程序，旨在为用户提供与大型语言模型交互的图形界面。它支持 Windows、macOS 和 Linux 等操作系统，完美支持 DeepSeek-R1/V3 两种模型。Chatbox 也支持与多种服务的集成，方便用户管理和调用不同的 API，简化开发流程。

1. 下载并安装 Chatbox

首先，如图 5-2，访问 Chatbox 官方网站（https://chatboxai.app/zh），在下载页面选择适用于自己操作系统的版本进行下载。以 Windows 为例，运行下载的 .exe 文件，按照安装向导的提示完成安装即可。

图 5-2　Chatbox 官网

2. 启动 Ollama

将 Chatbox 与 Ollama 集成后，可以在 Chatbox 中使用本地运行的模型。启动 Ollama

服务：在命令提示符或终端中，输入以下命令以运行所需的模型（以 LLaMA2 为例）。

ollama run llama2 ❶

3. 配置 Chatbox

打开 Chatbox 应用程序，单击左下角的设置图标进入设置页面。如图 5-3 所示，在设置页面中，选择 OLLAMAAPI ❷ 作为后端并进行相应的配置，包括设置服务端口 ❸、选择模型 ❹、调整消息数量 ❺ 和设置温度 ❻。特别注意，将 DeeSeek-R1 模型的温度调整为官方推荐的 0.6（默认值为 0.7），这样可以确保应用程序的设置更加精确和高效。

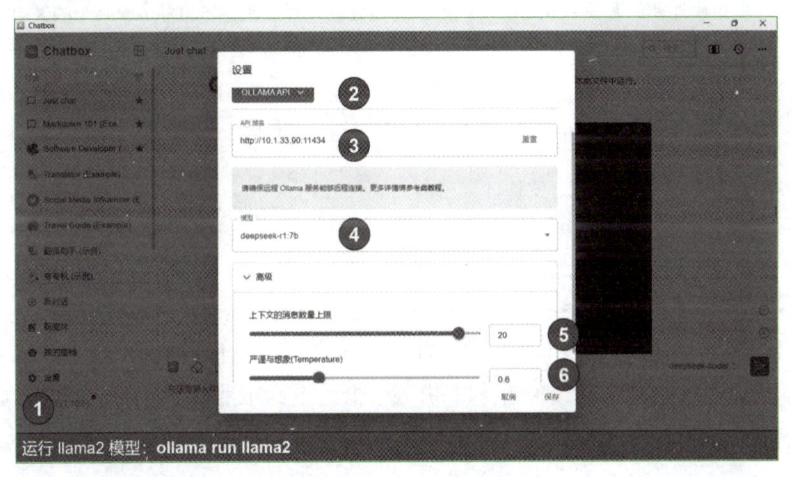

图 5-3　配置 Chatbox

配置完成后，即可通过 Chatbox 与大型语言模型进行交互，体验流畅的对话和高效的服务。

如果需要一个功能全面、支持多种模型并注重跨平台兼容性的工具，Open WebUI 可能是更合适的选择。与 Chatbox 相比，Open WebUI 在功能上更为丰富，能够支持多种不同的语言模型，并提供灵活的配置选项，适应不同用户的需求。而 Chatbox 则可能更简洁直观，但在功能扩展和兼容性方面相对有限。两者各有优势，选择适合自己需求的工具将大大提升与大型语言模型交互的效率和体验。

5.3.4 vLLM 部署：企业适用方案

在模型私有化部署方面，Ollama 和 vLLM 是两种主流方案。Ollama 部署便捷，启动迅速，特别适合个人用户与教育场景快速部署精巧的蒸馏模型。而 vLLM 则更侧重企业级应用，提供分布式部署与多卡扩展能力，具备更高的精度控制和专业性，能够支持千级并发请求，充分满足工业级 SLA 要求。表 5–2 为两种部署方案的对比。

表 5–2　Ollama 和 vLLM 对比

对比维度	Ollama	vLLM
核心定位	轻量级本地化工具，适合快速验证模型	生产级推理框架，专注高并发与专业场景
部署复杂度	一键安装，支持 Windows/macOS/Linux	需配置 CUDA、Docker 环境，依赖技术文档
硬件需求	CPU 可用（最低 16GB 内存），GPU 非必需	强制要求 NVIDIA GPU（推荐 24GB+ 显存），需 CUDA 12.1+
性能表现	单次推理延迟 50~200ms（7B 模型），吞吐量 10~20 tokens/s	吞吐量达 500+ tokens/s（RTX 4090），支持动态批处理与多 GPU 并行
适用场景	个人学习、移动设备原型开发（如 MacBook）	企业级 API 服务、工业级文档处理、多模态扩展（如文生图）
模型管理	内置预训练模型库，支持自动下载	需手动转换模型格式（HuggingFace → vLLM 兼容）
安全与稳定性	存在未授权访问风险（默认无认证）	支持容器化隔离，API 稳定性达 99.9%

个人用户可优先选择 Ollama，在 10min 内可完成 DeepSeek–R1 1.5B 模型的部署；企业或开发者应选择 vLLM，以确保高并发、低延迟和工业级稳定性；在混合场景中，建议使用 Ollama 进行原型验证，然后采用 vLLM 进行生产上线。

5.4　企业知识库构建工具

企业知识库的构建是一个复杂且系统化的过程，涵盖知识采集、组织、存储、管理和检索等多个环节，必须紧密结合企业业务需求、技术架构以及管理策略进行整体规划与实施。尽管 DeepSeek 作为当前备受关注的 AI 解决方案之一，可以在知识库建设中发挥积极作用，但知识库的成功构建并不局限于某种特定工具或平台。

事实上，知识库建设更依赖于清晰的业务理解和有效的流程设计。市面上目前有多种优秀的开源项目和开发框架可供选择，这些工具各具特色，企业可根据自身需求灵活选用和组合。以下几款开源工具值得特别关注。

1. LangChain（强大且灵活）

LangChain 是一个功能强大的 Python 开发框架，提供丰富的组件用于构建基于 LLM（大语言模型）的应用。它支持管理提示模板、对话链路，并能无缝集成外部资源（如数据库、文件）。通过 LangChain，开发者可以灵活搭建 RAG 流程，例如，文档加载 → 拆分 → Embedding → 向量检索 → 生成等链式调用。适合有编程经验、希望深度定制的用户，但上手需要一定的编程基础和对 LLM 原理的理解。

2. LlamaIndex（轻量且快速）

LlamaIndex（原 GPT Index）专注于将 LLM 与外部数据连接，提供简洁的接口，极大简化了知识库构建流程。其内部实际上也使用了 LangChain 等底层技术，但对开发者暴露了更简单的封装，例如，只需几行代码就能完成文档索引和查询。适合想要快速构建原型、无须深度定制的场景。

3. AnythingLLM（零代码构建）

AnythingLLM 是一个开源知识库管理工具，主打零代码部署本地知识库问答。它提供灵活的配置选项，例如，文本分块大小、Embedding chunk 大小等参数，以优化检索效果。AnythingLLM 还自带 Web 界面，支持批量导入文档，并可与本地 LLM（如 Ollama 托管的模型）结合，实现完全离线问答。适合不想使用桌面客户端、喜欢 Web 界面的用户。

4. qAnything（轻量级）

qAnything 是一款轻量级的本地知识库问答工具，适合个人和小型团队。它支持本地 LLM 结合向量数据库，实现私有化部署，无须云端 API 依赖。qAnything 提供简单的 Web UI，可以快速上传文档，并进行语义搜索和问答。适合对数据隐私要求较高，但不想复杂配置的用户。

5. FastGPT（高性能 RAG）

FastGPT 是一款开源的 RAG 系统，在国内社区较为流行，常与 Cherry 并提。它提供了完整的检索增强问答实现，支持通过 Web 界面或 API 进行调用。FastGPT 具有高性能特性，如异步调用、批量检索，并兼容在线和本地多种模型源。如果需要一个 ChatGPT 网页版，并结合知识库增强功能，FastGPT 是一个不错的选择。

6. PrivateGPT（数据安全性）

PrivateGPT 通常指一系列开源项目的组合（如 LangChain + Llama.cpp + 向量数据库），旨在实现完全离线的知识库问答。它能够读取本地文档，使用本地向量数据库进行检索，并调用本地 LLM 进行回答，确保数据的绝对私密性。适合对数据安全性要求极高的场景，但需要用户自行集成和配置。

7. Haystack（企业级框架）

Haystack 由 Deepset 开发，是一个专门用于搭建问答系统和检索系统的开源框架。它支持 ElasticSearch、FAISS 等后端，并能够构建 REST API 服务，集成问答和生成能力。Haystack 适用于企业级应用，支持 Transformer 模型或 OpenAI 接口，但部署需要一定的工程能力，更偏向传统后端服务架构。

8. Semantic Kernel（微软生态）

Semantic Kernel 由 Microsoft 开发，是一个用于 LLM 应用开发的 SDK，支持 C# 和 Python，能与 OpenAI、Azure OpenAI 及本地 LLM 结合，提供可扩展的插件架构。它的核心能力如下。

- **任务编排（Planner）：**让 LLM 能够动态调用多个功能模块。
- **记忆（Memory）：**结合向量数据库，支持长时记忆和知识库构建。
- **连接外部 API 和系统：**实现企业级 AI 任务自动化。

Semantic Kernel 适用于需要集成 AI 进现有企业应用的开发者，特别是微软生态用户（如 Office 365、Azure、Copilot）。

企业知识库的建设没有统一的最佳方案，选择合适的工具需要综合考虑团队的技术栈和项目需求。以下是关键考量因素。

（1）**开发方式：**偏好代码开发还是可视化界面？

- **开发者友好型：**LangChain、Haystack。
- **无代码易用型：**AnythingLLM、FastGPT。

（2）**部署需求：**是否需要离线私有化部署？

- **完全离线方案：**PrivateGPT、AnythingLLM。

（3）**性能与扩展性：**是否追求高性能和企业级可扩展性？

- **高性能 / 企业级方案：**FastGPT、Haystack。

（4）**原型搭建：**是否希望快速构建原型？

- **简单高效：**LlamaIndex、qAnything。

（5）**生态适配：**是否与 Microsoft 生态深度结合？

- **适配 Azure/Copilot：**Semantic Kernel。

此外，可以结合多个工具以发挥各自优势。例如，使用 LangChain 作为后端逻辑，搭配 Chatbox 作为前端界面，实现灵活高效的解决方案。由于生态系统丰富，建议试用不同工具，找到最符合需求的组合。

第 3 部分

办公智能化

随着人工智能与大数据的深度融合，办公自动化不仅显著提高了工作效率，还重新定义了人们的工作方式。DeepSeek 与腾讯 ima、WPS 灵犀等生产力工具的高效整合，使得用户能够通过智能搜索、自动化生成和个性化创作等手段，大幅度提升工作质量与速度。这些先进的办公自动化技术帮助企业在快速变化的商业环境中保持灵活性，迅速响应市场需求，从而保持竞争优势。借助前沿的大模型能力推动数字化转型，企业正在迈向“人机共生”的下一代智慧办公时代。

第 6 章

DeepSeek + 知识库：腾讯 ima

“信息的价值不仅在于获取，更在于高效管理与智能应用。”—— 腾讯 ima。在信息爆炸的时代，高效获取、整理和应用知识已成为核心挑战。2025 年，腾讯正式启动 ima 的宣发，致力于为用户提供 AI 驱动的知识管理、搜索、阅读与写作一体化服务。ima 基于腾讯自研的混元大模型，并集成 DeepSeek-R1，构建了一体化智能知识管理平台。该平台提供智能检索、知识问答、AI 创作等能力，实现了知识从采集、管理、问答到创作的全流程闭环。

6.1　ima 设计理念

ima 被官方定位为“会思考的知识库”，是一款融合 AI 能力的智能化知识管理工具。它不仅能高效整合个人与企业知识库，还能智能整理分散信息，构建系统化的知识体系。ima 广泛适用于学习、工作、科研等场景，助力用户高效管理和运用知识，带来前所未有的知识管理体验。

6.1.1　信息过载：知识焦虑的挑战

在信息爆炸的时代，传统知识库的烦琐操作已成为知识管理的主要瓶颈。以学术研究场景为例，使用 Zotero 管理文献时，研究者需要手动添加元数据、逐篇分类归档，面对数千篇文献的标签订阅和跨项目共享时，系统常因层级固化导致标签冗余。更典型的是企业场景中的知识沉淀困境：湖北移动的数据库运维团队曾面临传统知识库的检索难题——工程师在排查故障时，需在 PDF 手册、Excel 案例库和网页文档间反复切换，平均每次检索耗时 15min 且常被无关信息干扰。

这种烦琐性在跨部门协作中更为突出。某快消品企业的市场部使用 Notion 搭建产品知识库时，不同地区的团队各自创建了 8 套分类标准，导致新品上市资料重复上传率达 37%。当客服部门需要调用产品参数时，常需在“技术规格”“产品手册”“QA 文档”三个板块间来回检索，最终仍有 23% 的查询请求需人工介入确认。这种结构化困境甚至影响了业务连续性，某新能源汽车品牌的售后服务知识库因权限管理混乱，技术文档被不同工程师重复编辑了 42 个版本，导致维修指导出现关键参数冲突。

传统知识库的机械化特征还体现在知识更新流程中。某零售企业采用 Excel 管理促销政策时，每次季度活动调整需要市场、运营、客服三部门同步更新 12 张关联表格，人工校验耗时超过 80h，且仍会出现页面跳转链接失效、图文内容不同步等问题。这种低效在知识抽取环节尤为明显，某医疗机构的病历知识库建设过程中，信息科需要从 3.2 万份 PDF 病历中人工提取关键字段，仅标化症状描述就耗费了 6 名专员三个月的工作量。

更本质的问题在于传统知识库的“静态化”特质。当某电商平台的客服知识库试图整合用户咨询日志时，发现传统关键词匹配机制无法识别“快递迟迟未到”和“物流信息不更新”的语义关联，导致同类问题重复创建工单率达 65%。这种机械化的知识呈现方式，使得某高校图书馆的电子资源库虽然收录了 230 万篇论文，但学者通过主题检索获取相关文献的查全率不足 40%。

为了解决这些问题，腾讯开发了 ima（Intelligent Management Assistant）智能工作台。ima 不同于传统的 AI 工具，它不仅仅解决单一场景的需求，而是利用 AI 技术对知识的收集、整理和获取提供全新的解决方案。通过长期的知识积累，ima 会逐渐了解用户需求，最终成为个人的“第二大脑”。

ima 的设计理念遵循 CODE 法则，通过智能语义分析、自动化标签体系和多模态内容解析技术，将传统知识管理中的烦琐整理环节转换为智能化的后台处理。这种技术革新不仅缓解了信息过载带来的认知负担，更使知识的沉淀与调用效率产生质的飞跃，帮助用户在复杂的信息环境中保持清晰的思维脉络。

值得一提的是，ima 已于 2025 年 2 月接入 DeepSeek-R1 模型，用户在使用搜索、阅读、写作和知识库功能时，可以选择腾讯混元大模型或 DeepSeek-R1 模型。这一升级进一步增强了 ima 的智能化水平，使其在处理复杂信息和提供个性化服务方面表现更加出色。

此外，ima 还深度整合了微信生态，支持一键导入微信聊天记录、公众号文章等内容，方便用户将日常交流和学习资料纳入知识管理体系。这种整合使得 ima 在信息获取和整理方面更具优势，满足了用户多元化的需求。

ima 通过 AI 技术重构知识管理流程，提供了高效、智能的解决方案，帮助用户在信息过载的时代中有效管理和利用知识资源，减轻认知负担，提升工作和学习效率。

6.1.2 CODE 法则：打造第二大脑

CODE 法则是蒂亚戈· 福尔特（Tiago Forte）在《打造第二大脑》一书中提出的一种系统性信息管理框架，旨在通过 4 个核心步骤（捕捉→组织→提炼→表达）将碎片化的信息转换为可操作的知识体系。与传统的 DIKW 模型（Data-Information-Knowledge-wisd，数据→信息→知识→智慧）相比，CODE 法则更加注重行动导向，强调如何高效地将信息转换为实践成果。它与“第二大脑”理念相契合，提倡通过主动管理知识而非被动接收，特别适用于信息过载的现代环境。

ima 通过 CODE 法则的系统化流程，帮助个人高效管理知识、提升学习能力，并更好地应对日常工作中的信息洪流。结合 RAG、DeepSeek-R1 以及混元大模型等数字化工具，可以实现知识的动态积累与高效复用，进而提升创新能力和工作效率。

1. 捕捉（Capture）

知识捕捉是知识管理的核心起点，ima 系统通过深度整合微信生态，革新了碎片化信息管理的现状，实现了跨平台的一键聚合。ima 能够在秒级时间内高效归档公众号文章、聊天记录、文件及本地文档，确保信息的无缝整合。用户只需将相关内容转发至 ima 小程序，便可快速且便捷地完成存储。

ima 支持多种格式，包括 PDF、Word 文档、图片、公众号文章及网页内容等，并通过 OCR 技术识别图片中的文字，确保内容的全面捕捉。此外，用户在浏览网页时，可以实时捕捉关键内容，并将其直接保存至知识库，系统会自动对内容进行智能分类管理。ima 的智能划词功能进一步提升了实时获取和保存知识的效率，大大减少了信息流失的风险，显著提高了知识获取的效率与存储的留存率。

2. 组织（Organize）

ima 目前尚不支持通过 PARA 模型来动态归类信息，但它具备信息流动的强大功能，能够根据项目进展或目标变化灵活调整分类。例如，项目完成后，相关信息可以被轻松移入归档区，从而确保知识能够随时服务于具体行动。此外，ima 采用向量数据库管理，并结合 RAG 方式进行信息管理。

对于捕捉到的文档，ima 提供标签功能，使得信息的移入、移出管理变得十分方便。通过这种方式，ima 能够成为团队间的“共享大脑”，提升团队协作效率，并作为“公用工作台”进行信息的高效整合与共享。

3. 提炼（Distill）

知识提炼是知识升华的关键环节。ima 基于 DeepSeek-R1 与腾讯自研的混元大模型，能够实现信息的自动化提炼，快速生成内容摘要。系统支持超过 15 种格式文档的自动解析，自动提取文档的核心观点并生成思维导图。通过跨文档关联技术，自动识别不同文件中的关联数据。例如，用户可通过“问问 ima”功能提炼总结或自动生成思维导图、Markdown 格式的笔记等。

此外，ima 能够高效处理多语言信息，并通过翻译确保内容的一致性。基于大模型的能力，系统实现了对话式精准检索和容错搜索，即使输入有误，系统也能推荐最接近的正确结果。跨文档查找资料时，系统还能生成可视化的知识图谱。通过这一系列优化，冗余信息得以去除，核心内容更加清晰，从而帮助用户更好地理解和应用，最终实现从信息碎片到知识资产的系统化转换。

4. 表达（Express）

知识管理的最终目标是促进知识的表达与共享。表达是将知识转换为实际成果的关键步骤，它强调通过分享和应用来实现知识的内化。ima 内置的 AI 写作辅助功能，不仅支持自动生成笔记，还提供多种格式的内容输出，帮助用户高效创作。在创作加速引擎方面，用户只需输入开头段落，AI 即可通过提问自动补全报告框架，大大提升创作效率。此外，移动端的笔记功能使得用户在手机上输入时，AI 实时介入并提供相关内容，涵盖常见的笔记输入需求。

完成的笔记可以一键发送至知识库并实时同步更新，确保知识的流动与共享。通过这些功能，ima 助力用户高效创作，并推动知识的有效表达与共享。在创作过程中，用户还可以通过输入“/”随时唤起 AI 辅助功能，进一步提升写作效率。

笔记内容不仅可以方便地上传至数据库，还能自动同步更新，确保知识管理的闭环。这些功能使得 ima 成为用户创作与知识管理的重要工具。ima 不仅支持笔记分享，还支持多种形式的知识库共享。

6.1.3 知识库：AI 驱动的管理中枢

ima 的核心价值在于其基于 AI 的智能知识中枢，成功实现了“输入 – 存储 – 输出”的全流程闭环，充分体现了 ima 的“收藏 – 整理 – 应用”理念。在实际应用场景中，它展示了卓越的智能化体验，极大地提升了效率和便捷性。

1. 高效信息收集

在浏览网页时，用户可以直接使用 ima 浏览器，一键收藏文章、笔记、网页片段，甚至是 PDF 内容，并且 AI 会自动提取文章要点，生成摘要，避免后续查找时浪费时间。例如：

- 研究人员在查阅论文时，可直接保存感兴趣的文献，ima 会自动解析出关键信息（如摘要、关键词），并智能分类到相关主题下。

2. 智能知识整理

传统知识管理需要手动归类，而 ima 可利用 AI 分析内容，并自动归类到相应的知识体系中，例如，将不同来源的学习资料、行业报告、技术文档等归档整理，形成个人或企业的知识库。例如：

- 产品经理在收集市场调研资料时，ima 可自动对竞品分析、行业趋势、用户反馈等内容进行结构化整理，形成可视化知识图谱。

3. AI 辅助写作与内容应用

ima 不仅是信息存储工具，更是智能内容创作助手，用户可以通过 AI 快速生成大纲、润色文章、总结长篇内容，甚至进行灵感碰撞。例如：

- 写作者在构思文章时，可以直接输入关键词，AI 自动推荐相关文章、素材，并提供写作建议，大幅提高内容创作的效率。

- 在工作场景中，职场人士可以利用 ima 快速生成会议纪要，提取关键任务，甚至让 AI 基于资料自动生成 PPT 大纲，提高效率。通过 AI 的深度介入，ima 不仅可以帮助用户高效收集和整理知识，还能让知识成为可随时调用的生产力工具，从而真正解决信息焦虑，让学习、工作和科研变得更加高效和智能。

6.1.4 知识变现：核心机遇与挑战

知识广场的出现，意味着知识管理模式的重大转变，从过去的“私域存储”走向了“公域共享”。这一变化带来了深远的影响，最直接的体现就是个人和机构积累的宝贵知识，而是能够公之于世，让更多人学习和受益。共享的力量使得知识的价值被最大化，真正实现了共同进步。与此同时，分享的内容不仅能够帮助他人，也能为分享者带来更多机会，甚至是商业化的可能。

这一模式的核心在于“共享即无限扩容”。腾讯云的强大支持让知识存储成本降至最低，使得共享知识库能够不断拓展，真正实现知识的普惠化。个人原本孤立的知识体系，如今有机会进入更大的流通场景，被更多人学习、补充和完善，从而推动知识的进一步升级。未来，越来越多高质量的内容将会被分享，知识将从个人资产转化为公共资源，这对于每个人来说都是前所未有的机遇。

AI 技术的加持，使得专业知识的应用门槛大幅降低。借助 DeepSeek-R1、腾讯混元等模型，普通人无须编程就可以构建结构化的知识体系，让原本复杂的知识管理变得简单高效。这不仅提升了个体的学习效率，也让更多人能够轻松获取专业级的知识，从而加快知识的传播与应用。

依托微信生态，知识的协作和传播也变得更加便捷。12 亿微信用户的基础，让共享知识库的影响力迅速扩大，支持百万级成员加入，一个行业大咖的知识库，普通人也可以随时获取。知识管理从精英化走向大众化，意味着普通人将有更多机会接触顶级知识资源，而不再受限于个人背景和信息渠道的差异。

对于普通人而言，这一模式带来了多个层面的机遇。首先，学习效率的提升成为现实。加入不同的知识库，可以精准找到符合自身需求的内容，高效获取经验和技巧。同时，AI 工具还能帮助整理、总结网页、文档和文章的核心内容，一键生成脑图，快速构建系统化的学习体系。其次，个人影响力的放大也成为可能。通过分享个人的知识库，可以获取更多的公域流量，让有价值的内容被更广泛地看到。高质量的分享者将更容易被关注，为个人品牌的建立和后续的变现创造条件。资源整合和团队协作也因此变得更加高效。过去，构建一个团队的知识管理库往往需要较高的技术门槛，而现在，微信生态的全方位支持，让团队可以随时同步知识，降低沟通成本，提高协作效率。

这一切都指向了一个核心机遇：个人知识的变现。尽管广场上有大量免费共享的优质知识，但更深入、更有价值的内容，未来必然会走向付费模式。个人在积累了影响力之后，可以在文章和文档中插入公众号二维码、付费链接等，将公域流量转换为私域流量，实现从免费到付费的过渡。AI 工具的使用、育儿、培训、课程等领域，都有巨大的潜力。真正的关键在于内容质量，只要内容够硬核，知识的价值就能被最大化利用。

6.1.5 技术方案：定位与架构解析

腾讯 ima 采用了“知识库 + 大模型”的创新架构，将知识库作为核心，结合大语言模型实现智能交互，提供更精准的知识检索与智能问答体验。ima 内置腾讯自研的混元大模型，并集成了第三方大模型 DeepSeek-R1，进一步提升了智能搜索与问答的准确性。

1. 知识库与智能搜索引擎结合

ima 的数据来源主要分为以下两大类。

- **全网信息源：**包括网页、微信公众号文章等内容。ima 配备了内置智能搜索引擎，能够高效爬取并检索腾讯生态内的大量信息（如微信公众平台文章）及互联网网页，结合匹配度、时效性等因素筛选优质内容，供大模型生成答案。
- **个人知识库：**用户可以上传个人文档（PDF、Word、图片、网站等），通过采用 RAG 技术，确保精准匹配和智能问答。

在 ima 中启用 DeepSeek-R1 后，也观察到其支持联网搜索，可整合公众号、视频号等微信生态信息源，使答案准确性更高。这不仅是简单替换 LLM，还充分利用了 DeepSeek 的联网检索和深度推理特性，提升了 ima 在实时信息和复杂问答场景下的表现。

2. RAG 技术优化个性化知识库

对于用户上传的个性化知识，ima 使用先进的 RAG 技术进行处理。

- **文本分片与向量嵌入：**长文档被自动拆分为易管理的小片段，并生成向量索引，提升检索效率。
- **摘要生成：**大模型为每份文档自动生成 256B（100 多个汉字）的摘要，方便用户快速预览内容，避免打开完整文件。

- **多格式支持：** 支持多种格式（PDF、Word、图片、公众号文章、网页等），同时支持通过 OCR 技术识别图片中的文字。

当用户提问时，系统首先进行语义理解，再通过向量索引在知识库中检索相关内容，结合大模型生成精准答案。这一机制使得大模型具备“记忆”功能，有效利用用户的自有知识来定制答案。

3. AI 组件与智能数据处理

ima 的智能核心由自然语言处理（NLP）和生成式 AI 模型构成。

- **混元：** 具备基础的语言理解、逻辑推理和多语言翻译能力。
- **混元 T1：** 作为高级推理组件，增强了深度分析和专业问答能力。
- **DeepSeek-R1：** 专为复杂任务设计，能够理解问题的多重维度和潜在逻辑关系，提供高级推理能力。

DeepSeek-R1 经过强化学习调优，擅长在回答前“多步思考”以提高准确率。在 ima 界面中，当使用 DeepSeek-R1 模型时，回答速度可能略慢于混元，但内容更具逻辑性和深度，尤其在复杂推理题上更为严谨。

在数据处理方面，ima 提供强大的自动解析功能。

- **文本提取与 OCR 识别：** 支持从 PDF、图片等文件中提取文字，确保内容可检索。
- **智能摘要与内容索引：** 生成的文档摘要可快速预览，向量索引提高了检索效率。
- **知识库管理：** 支持个人知识库和共享知识库，用户可创建团队空间并设定权限，确保数据安全。

4. 云端存储与权限管理

ima 提供云端存储服务，帮助用户管理和保存个人知识库。

- **免费版存储空间：** 约 2GB，适用于个人用户管理知识内容。发布到广场后将不占个人空间。
- **权限管理：** 支持个人库（仅自己可见）和共享库（可邀请协作），适用于企业或团队协作。团队可设定不同的访问权限，确保数据安全的同时提升知识共享效率。

ima 完美结合了大模型推理、向量数据库、智能搜索引擎和云存储，构建了高效的知识采集、理解、存储与调用体系。通过 RAG 技术和 AI 解析能力，ima 成为个人和企业用户管理海量异构知识的理想工具。

6.1.6 DeepSeek-R1：核心价值

引入 DeepSeek-R1 后，ima 的核心功能显著增强。此前，仅依赖混元模型时，ima 在处理复杂专业问题时显得“智商不足”，但接入 DeepSeek 后，这一短板明显改善。这主要归功于 DeepSeek 提供的更强的深度思考能力。

1. 数据解析与知识整理

DeepSeek 擅长从有限提示中推断隐含信息，并理解长文档的上下文。例如，在学术场景中，DeepSeek 解析论文库时，可更准确地区分论文的结论、方法和背景，并提炼关键观点。

DeepSeek 有效承担了大文档分析和跨文档关联任务，使 ima 可以胜任高端的知识整理需求。

2. 语义搜索与智能匹配

DeepSeek 的模型 embedding 对语义相似度有良好的捕捉能力，能够提升知识库检索的准确率。例如，在政府监管案例中，广告智能监管模型通过语义理解和智能检索，实现了精准匹配法规条款和案例，这正是 DeepSeek 语义查询能力的体现。

对于复杂问句，DeepSeek 能转换为内部的多轮推理：先理解用户意图，再在知识库中语义匹配相关内容，最后综合作答，比单纯关键词匹配更智能。

3. 内容生成与智能推荐

DeepSeek 生成的答案不仅信息丰富，还往往附带结构化的要点和延伸信息。例如：

- 在专业问题回答时，DeepSeek 能提供分点分析及相关背景知识，引导用户深入思考。
- 生成论文综述时，不仅罗列论文结论，还会指出其中的联系和差异。
- 在 AI 推荐方面，DeepSeek 在回答中嵌入相关概念或案例，起到“隐性推荐”作用，帮助用户发现新知识。

通过 DeepSeek 的接入，ima 在专业领域问答、复杂推理和知识发掘层面实现了突破。

6.1.7 总结与展望：ima 的未来

腾讯 ima 为 AI 驱动的知识管理工具，通过整合腾讯混元大模型与 DeepSeek-R1 推理模型，实现了从信息收集到智能应用的闭环。用户可将本地文件、网页内容、微信文章等多元数据导入知识库，AI 自动生成标签与摘要，并通过双模式问答（全网检索与私有知识库）提升信息处理效率。虽然早期版本存在明显短板，个人版仅提供 2GB 存储空间，用户在处理行业报告或音视频转写文件时频繁遭遇容量瓶颈，甚至有人因此放弃系统性构建知识库。

针对存储限制，ima 于 2025 年 3 月 7 日推出“共享即无限”政策，用户创建或加入共享知识库后立即解锁无限空间，且发布至“知识库广场”的内容不再占用个人云存储。这一变革在解决知识存储痛点的同时，开辟了创新的知识变现路径。借鉴知识星球的成功经验，机构或个人可通过打造付费学科知识库实现商业价值，建议进一步优化付费入口设计，强化互动功能，为个人知识变现构建更完善的生态系统。

在操作体验方面，ima 深度融合微信生态，支持聊天记录、公众号文章一键导入，并能在微信端直接调用 AI 问答。在文件管理方面不及 Notion 便捷，整理资料需通过烦琐的重命名而非拖曳操作。技术层面，RAG 技术将用户资料向量化存储，结合实时检索增强生成答案，但在处理复杂专业问题时，初期混元模型曾出现逻辑漏洞，升级为 DeepSeek–R1 后显著改善。

隐私安全是企业用户的核心关切，尽管腾讯承诺采用云端加密且不用于模型训练，医疗、法律等敏感行业仍期待离线私有部署。对于企业用户来说，ima 的微信生态捆绑既是优势也是隐忧——深度整合带来便利的同时，也意味着知识资产与腾讯体系深度绑定，未来若转向付费模式可能形成路径依赖。

从行业趋势看，ima 正从工具向平台演进。知识库广场的上线构建起公域流量入口，单个库支持百万成员协作，这不仅是技术突破更是生态重构——律师创建的 AI 法律知识库收录万份判例，教师打造的班级库破解家校信息差，知识管理逐渐演变为连接供需的超级节点。未来若进一步打通企业微信、腾讯文档，可能重塑组织知识流转方式，甚至催生“知识库架构师”等新职业。正如用户评价所言，ima 的成功在于真正解决了信息过载时代的核心矛盾：我们不缺信息，缺的是让信息产生价值的智能枢纽。

6.2　ima 知识库

ima 的核心优势在于其灵活的知识库构建与管理功能，用户可以创建和共享知识库，支持团队协作，确保信息的准确性和完整性。知识库可以通过不同的平台进行分享，包括二维码、微信生态分享和知识库广场等，适应不同场景下的需求。随着用户互动增加，ima 知识库能够提供个性化的推荐和智能问答，进一步丰富知识库。通过多终端协作和智能推荐，ima 不断拓展用户的认知边界，成为集知识管理、协作与共享于一体的智能工作平台。

6.2.1 初识 ima

腾讯于 2024 年 10 月推出了以知识库为核心的 AI 智能工作台——ima.copilot（简称 ima），旨在提供集搜索、阅读、写作于一体的高效工具。初版已覆盖 Windows、Mac 及微信小程序平台。2025 年 2 月，腾讯正式上线了 ima 的安卓端应用，并将云存储空间免费扩容至 2GB，进一步拓展多终端生态布局。2025 年 3 月，推出了知识库广场，并紧接着发布了 ima 的 iOS 端应用。

与一般 AI 应用不同的是，ima 有两个数据来源，一个是全网信源库，另一个是用户个人的知识库。知识库支持加入本地文件、公众号文章或网页链接、保存的笔记和 ima 内的问答结果。用户可以基于这两个“数据库”，针对不同的需求分别进行搜、读、写。个人知识库本质上是运用 RAG（检索增强生成）技术，把用户的个人知识通过向量化存储嵌入的方式，挂载到大模型上，必要时从中检索信息并最终生成结果，给通用大模型运算添加“记忆”。

ima 是一款功能强大的跨平台智能知识库应用，全面兼容 macOS、Windows、iOS、Android 等主流操作系统，为用户提供无缝的跨设备使用体验。该应用提供 PC 端 ❶❷、移动 App ❹❺ 以及小程序 ❸ 三种版本，满足用户在不同场景下的使用需求。可以通过访问 ima 官方网站（如图 6–1 所示）轻松下载并安装适合自己设备的版本，即刻开启高效的知识管理之旅。其中小程序可以在手机微信中搜索“ima”，或直接扫描官网及本书中的二维码 ③，便捷访问小程序。

图 6–1　ima 官网

ima 通过差异化定位（功能深度、使用场景）和生态互补（数据互通、入口联动），构建了覆盖全场景的知识管理闭环。具体来说，PC 端专注于专业性与效率，移动 App 则提供灵活性与便携性的补充，小程序则成为生态流量的入口和轻量化工具。三者协同工作，实现了“一次创作，多端调用”的无缝体验。表 6–1 是腾讯 ima 在 PC 端、移动 App、小程序三个平台的功能差异对比。

表 6–1　三个平台的功能差异对比

功能维度	PC 端	移动 App	小程序
核心功能	复杂文档处理（如 500 页 PDF 解析）、团队协作权限管理	移动场景优化（录音转文字、OCR 扫描）、本地文件管理	微信生态内快速收集（聊天文件、公众号文章）、轻量化问答
主要数据源	计算机本地文件、云端知识库、全网信息	手机本地存储、相册 / 拍照、微信文件	微信聊天记录、公众号文章、临时拍摄内容
多模态能力	截图问答、图片批量标注、视频生成（规划中）	OCR 扫描纸质文档、语音输入	相册图片上传、基础图片识别
团队协作	创建共享知识库、设置精细权限（管理员 / 编辑 / 只读）、水印分享	基础协作（查看 / 评论）、内容同步	临时分享链接（三轮免费问答）、快速加入共享库
存储与性能	本地缓存加速、支持批量拖曳上传、处理压缩包 / 多层级文件夹	2GB 免费云空间、离线暂存修改	依赖微信临时存储，大文件需跳转 PC 端处理
AI 模型调用	混元基础版、混元 T1、DeepSeek–R1，可多任务处理	混元基础版、DeepSeek–R1，逐条问答	混元基础版、混元 T1、DeepSeek–R1，逐条问答
典型场景	行业报告结构化分析、论文写作、知识库架构设计	通勤灵感速记、会议纪要自动整理、即时信息检索	公众号文章秒存、微信群资料归档、临时内容分享

6.2.2　搭建知识库

知识库在信息管理体系中扮演着至关重要的角色，它作为信息载体和独立单元，旨在有效组织、存储和管理大量的知识、数据和信息。其核心目的是通过结构化的数据和信息，提供便捷的访问方式，从而支持企业或个人的决策、运营、分析和优化过程。建立知识库的关键步骤从创建第一个知识库开始，为日后的知识共享与管理奠定坚实基础。

如图 6–2 所示，单击左侧导航栏“知识库”❶→“新建”❷，打开“知识库设置”的页面，并填写相关信息，下面以本书配套的知识库为例。

1. 填写名称 ❸:“DeepSeek 精选 . 硅创社”

此处支持中英文名称。名字要与主题相关联，在知识库广场中更容易被其他用户搜索到。

2. 上传封面 ❹:“硅创社的 LOGO”

此处支持 jfif、pjpeg、jpeg、pjp、jpg、png、jpg、png 等图片格式。封面为知识库的标题，清晰且有设计感，或直接选用与主题相关的网图。

3. 填写描述 ❺:“DeepSeek 全国首发 [.] 硅创社官方精选……”

此处支持多行内容。描述文字，在手机上显示一行，在计算机上显示两行，因此要确保内容既紧凑又能传达足够的信息，以便吸引用户点击和关注。

4. 设置推荐问题 ❻:“使用 DeepSeek 该如何提问”

此处可增加多个提示词，后续用户可以直接使用这些通用提示词，快速获取相关内容，提高使用便捷性和互动体验。

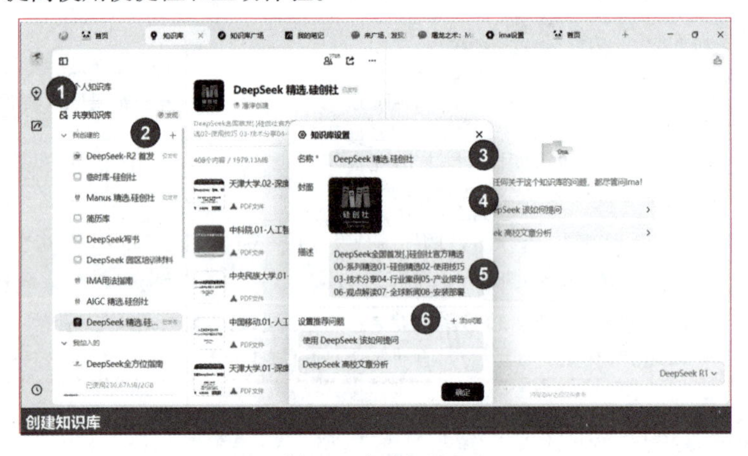

图 6–2　新建知识库

除了知识库名称外，其他内容均为可选项。后续可以随时单击“修改资料”进入“知识库设置”进行添加或修改；通过“限权管理”，可以更改知识库的类别，包括“默认”（私有空间，默认 2GB 免费容量，可存约 500 份文档）、“发布到广场”（支持百万成员协作，文件不占个人空间）和“转为私密”（仅限个人使用）；还可以通过单击“删除知识库”来删除该知识库。

知识库建立后，可以通过多种方式导入内容。

本地文件：可以通过拖曳上传或单击“+”按钮添加文件，支持 PDF、Word、图片等格式。

公众号文章 / 图片：单击右上角“更多打开方式”→选择“ima 知识库”存入，轻松保存公众号文章。

微信群文件：通过 ima 小程序选择“微信文件”，从群聊中直接导入文件。

网页内容：直接输入文章链接，系统自动解析并保存网页内容。

在批量上传文件时，建议为文件添加标签（如“高校”“论文”等），方便后续检索。标签一旦添加，可以通过标签（如“# 高校”，引用时需加上“#”前缀）进行精确查询和互动。

6.2.3　共建知识库

ima 知识库不仅是用户的“第二大脑”，还能成为团队间的“共享大脑”，让 ima 成为团队协作的“公用工作台”。以往在使用 AI 进行工作提效时，团队成员的每次使用往往是独立的，难以形成统一的知识体系。通过创建“共享知识库”，团队可以将相关的文档（如 Word、PDF）、行业信息（网页、公众号文章）、拍摄的工作图片、个人笔记、AI 问答生成的内容等集中管理，使 AI 的输出更贴合团队的知识积累和实际项目情况。团队还可以指定专人定期维护和更新知识库，确保信息的准确性和完整性。

用户在创建知识库后，可以邀请最多 5 位成员成为管理员，共同搭建和完善知识库内容。创建者和管理员可以设置成员的权限，例如，是否可以查看知识库中的具体文件内容，或者是否需要管理员审核后才能加入。此外，知识库可以随时调整为私密模式，仅创建者本人可见，从而确保信息安全。

如图 6-3 所示，首先单击“头像”❶进入“知识库成员”窗口→在成员列表中选择目标成员❷。接着单击下拉箭头，弹出“选择界面”，选择将该成员设置为“管理员”❸。

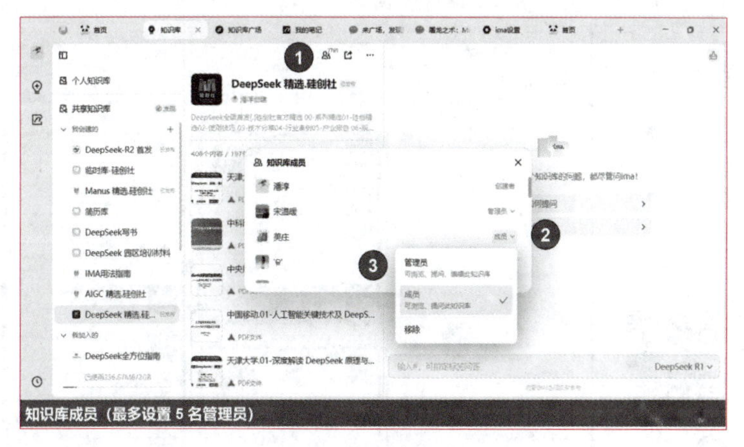

图 6-3　管理员设置

在处理敏感信息时，要确保数据的脱敏和隐私保护，防止信息泄露。通过上述措施，共享知识库不仅能促进团队成员之间的协作，还能确保信息的安全和有效管理，提升团队的整体工作效率。

6.2.4 知识库广场

2025年3月，腾讯对 ima 知识库功能进行了全面升级，推出了全新的“知识库广场”模块，将单个共享知识库的成员人数上限提升至 100 万，进一步拓展了知识共享的边界。发布至“知识库广场”的知识库支持 PC 端、移动 App、小程序多端无缝同步访问，且不再占用个人云存储空间，为用户提供了更加灵活、高效的跨场景使用体验。

在 ima 的用户生态中，程序员、律师、教师、学生、自媒体从业者、会计师、行业研究分析师和医生等专业人士构成了深度用户群体。这些用户在各自的垂直领域中创建和共享了大量专业化的知识库，形成了丰富的内容生态。然而，随着知识库数量的持续增长，用户面临着如何在庞杂的资源中高效定位所需内容的挑战。为此，知识库广场提供了两种核心的内容获取方式：首页浏览与精准搜索，帮助用户快速找到有价值的知识资源。

1. 知识库广场首页

如图 6–4 所示，首页采用双区展示结构，首屏核心区域为“推荐区”❻，设有 4 个精品知识库展示位，用户可通过“换一换”按钮❺触发智能推荐算法获取新内容，推荐池目前包含 14 屏共 96 个精选知识库，推荐逻辑融合内容质量、用户行为等多维数据。页面中下部为全域“推荐区”❼，采用瀑布流布局呈现全量知识库资源，系统通过动态排序机制将高活跃度、强专业性的优质知识库优先展示，排序权重涵盖用户订阅量、内容更新频率及互动数据等指标。

图 6–4　知识库三种分享方式

2. 搜索知识库

如图 6–4 所示，页面顶部的全局检索栏（❽）提供精准搜索功能，支持“默认”“最新”“最热”三种筛选策略：“默认”排序基于系统智能推荐算法生成结果列表，适用于常规查询以平衡效率与质量；“最新”排序依据知识库创建时间倒序排列，便于捕捉前沿动态，适合新兴领域探索；“最热”排序根据当前订阅会员数量实时排行，可快速定位高价值资源，建议学术研究类检索优先使用。

本书基于“DeepSeek 精选· 硅创社”的知识库所写成，可以通过知识库广场中搜索“硅创社”取得，也可直接扫码 ❸ 进入小程序，相当于从这个知识库中蒸馏出这本书中 DeepSeek 相关的内容，也是这本书的扩展知识最重要的部分。这个知识库，涵盖“系列精选”“硅创精选”“使用技巧”“技术分享”“行业案例”“产业报告”“观点解读”“全球新闻”“安装部署”9 个版块内容，囊括国内外最新的 DeepSeek 相关资源，是目前 ima 平台上文档数量最多、更新速度最快、资料最全面、质量与关联程度最高的知识库之一。

6.2.5　知识库分享

ima 通过深度理解用户知识库，提供个性化回答和推荐。回答结合用户已有的资料，引用相关行业数据或术语，使内容更贴近需求。系统自动推荐相关问题并提供“一键笔记”等操作，帮助用户探索知识并管理信息。随着使用增加，ima 会积累用户的提问和笔记，推荐相关文章或资料，丰富知识库。其“深读”功能能识别概念关联，尤其对学术研究有益，提供语义层次的关联推荐。随着更多社交和动态数据流的融合，ima 有望主动推送最新研究和行业动态，充当智能信息管家，不断拓展用户认知边界。

在知识库广场发布后，ima 有了三种知识库分享方式，分别服务于不同场景下的知识流转需求。

1. 二维码与链接分享（私域精准分发）

二维码与链接分享主要用于私域定向传播，用户可通过生成加密链接或二维码，精准控制知识库的访问权限。

例如，法律团队可以将案件资料库设置为“仅成员可查看完整内容”，并启用管理员审核机制，以确保敏感信息不被泄露。这种模式适用于需要严格权限分级的知识库，如企业内部的研发文档共享或学术课题组的文献管理。知识库仍存储在创建者的个人云空间，并支持持续更新与迭代。

如图 6–4 所示，在 PC 端，单击“分享”按钮后，系统提供“复制链接”❶ 和“生成二维码”❷ 两个选项。

生成二维码：单击后将显示二维码图片 ❸，并可下载以便分享给他人。

复制链接：单击后生成链接，可直接转发，例如：

https://wiki.ima.qq.com/knowledge-base-share?shareId=f47a813840c7ea3416f8f5f6abbf5b1f4726569ebb74200538f07e708d226de0

2. 微信生态分享（社交裂变传播）

微信生态分享则利用社交关系链实现半开放式传播，用户可将知识库或单篇内容一键分享至微信好友、群聊或朋友圈。例如，IP 从业者通过微信群快速共享最新专利法规解读文章，结合朋友圈的弱关系传播触达潜在兴趣用户。该模式特别适合时效性强的内容快速扩散，如行业白皮书传播或垂直社群运营，但由于仅支持基础分享权限，更适合非敏感信息的轻量化协作

3. 知识库广场（公域流量聚合）

知识库广场作为公域流量平台，突破了存储与用户规模的双重限制。用户发布至广场的知识库不再占用个人空间，且支持百万人级成员加入，形成开放式知识网络。例如，自媒体人将多年积累的 AI 工具教程整合成“AI 百科全书”发布至广场，吸引数万用户加入并形成互动社区，通过设置“成员可查看文件内容”，未来甚至衍生出付费咨询服务。这种模式通过开放协作重构知识生产链条，使个人知识库升级为行业基础设施，释放出知识普惠与商业变现的双重价值。

6.3 ima 笔记

“知识的价值在于积累和应用，只有高效地管理才能真正发挥其作用。”ima 笔记提供强大的信息收集功能，通过多维度的功能设计，ima 笔记将碎片化的思考转化为系统化的知识资产。

作为一款智能知识管理工具，ima 笔记不仅能帮助用户在进行 AI 问答、浏览网页、阅读文章时即时捕捉灵感，还能高效整理和整合信息，使零散的知识转化为结构化体系。凭借先进的分类、标签、搜索等功能，用户可以快速检索相关信息，推动知识的深度沉淀与价值最大化。

6.3.1 知识获取与整理

ima 笔记支持多场景即时记录，确保灵感不再流失。不论用户是在与 AI 对话时

激发新思路、阅读文献时标记重点，还是浏览行业资讯时产生联想，ima 笔记都能快速捕捉并记录。它提供强大的信息收集功能，打通搜索引擎与微信生态，帮助用户一站式获取内外部知识。通过 ima，用户不仅可以全网搜索，系统还会深入检索微信公众号等平台，获取更多深度内容支持。除了在 ima 主界面中通过网址直接访问内容外，用户还可以通过“全局快捷键”与“AI 划启工具栏”轻松获取和整理信息，充分利用 AI 能力生成所需内容。

1. 全局快捷键

可以通过使用全局快捷键（Windows: Alt + 空格，Mac: Cmd + 空格）快速调出悬浮笔记窗口进行记录。如图 6–5 所示，该功能支持以下操作。

- **问问 ima ❺：** 直接向 ima 提问。
- **智能翻译 ❻：** 进行快速翻译。
- **查找知识库 ❼：** 检索相关的知识库内容。
- **智能写作 ❽：** 启动智能写作功能。
- **打开 ima ❾：** 直接进入 ima 主界面。

执行这些操作后，系统会从当前界面跳转至 ima，或直接进入指定功能页面。

2. AI 划启工具栏

单击“设置”按钮 → 进入 AI 划词工具栏（全局设置），如图 6–5 所示，在“当选择文本时显示工具栏”选项中选择“全局开启”❶。除此之外，还有以下选项可供选择。

- **仅在 ima 中使用：** 仅在特定应用中启用工具栏。
- **全局禁用：** 禁用工具栏的显示功能。

在不同的软件中，也可以选择“在此应用中禁用”以控制工具栏的可见性。

- **AI 阅读 ❷：** 通过智能分析和理解文本内容，帮助用户更好地理解信息。启用后，进入 ima 主界面，AI 会基于用户选定的内容提供深度对话，可以选择“基于全网”或“基于知识库”两种分析方式。
- **翻译 ❸：** 支持多语言实时翻译，便捷转换文本内容。启用后，进入 ima 主界面，AI 将根据用户选定的内容进行翻译，无须选择“基于全网”或“基于知识库”。
- **复制 ❹：** 轻松复制选中的文本，便于保存或分享。启用后，选定内容将直接放入剪贴板，方便后续使用。

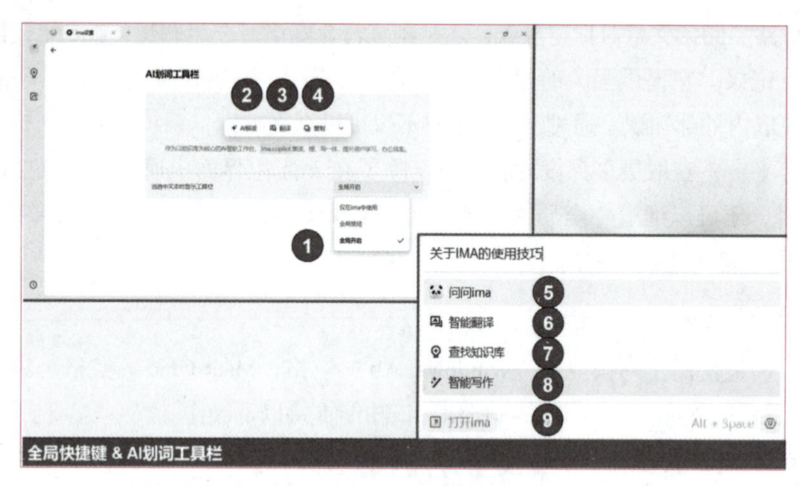

图 6-5　AI 划词工具栏

在完成“AI 阅读”或“翻译”操作后，用户可以通过单击“记笔记”按钮，将当前内容一键转换为新的笔记。笔记标题会自动选取用户划词时的开头部分，简化笔记创建过程。

在完成“AI 阅读”或“翻译”操作后，用户可以通过单击“记笔记”按钮，将当前内容一键转换为新的笔记。笔记标题会自动选取用户划词时的开头部分，简化笔记创建过程。

除了外部抓取内容，ima 笔记还支持用户直接上传本地文件和笔记。支持的格式包括 PDF、Word、Markdown 文本以及图片。对于图片和截图，ima 内置 OCR 解析功能，可以提取图像中的文字信息，方便后续检索和问答使用。所有导入的内容都可以通过标签进行分类管理，用户能够建立多级主题的知识库，将资料高效分类存放。此外，系统会自动为每份文档生成摘要，用户在浏览知识库时，只需将光标悬停即可快速查看文档要点。这一系列功能有助于用户将碎片化的信息迅速转换为结构化知识。

通过以上功能，ima 笔记已从单纯的记录工具进化为覆盖知识获取、加工、应用全流程的智能工作台，真正实现了“记录即思考，思考即创造”的理念。

6.3.2　搜一搜与问一问

ima 的搜索框具有许多独特功能，除了常规的互联网内容搜索、公众号文章以及大模型（如混元、DeepSeek）的使用外，还能搜索图片、文件和网址。乍一看，它可能与主流搜索引擎或其他 AI 产品相似，但细心观察后，会发现它提供了更多专属的便捷功能。

（1）快速打开并整理文章内容。

ima 的搜索框能当作浏览器来使用。例如，可以用来快速打开文章，遇到一篇精彩的文章时，只需将网址复制粘贴到 ima 的搜索框，便可快速打开文章。在此基础上，还能对文章进行整理、解读，或直接做笔记，方便随时查看和使用。

还有一个方便之处，该网址或公众号文章直接添加到知识库中，这也是本书作者最常用的功能之一。

（2）网站定位神器。

这里还有一个神奇的功能，如果想要访问小红书，只需要在搜索框内输入“小红书”，稍等片刻，搜索结果下方就会显示访问入口，见图 6–6 中的“网站”。不仅是网站，也可能是知识库，见图 6–6 中的“知识库”。需要特别提醒的是，在输入关键词后千万不要按 Enter 键，否则它会触发大模型对该关键词进行回答。

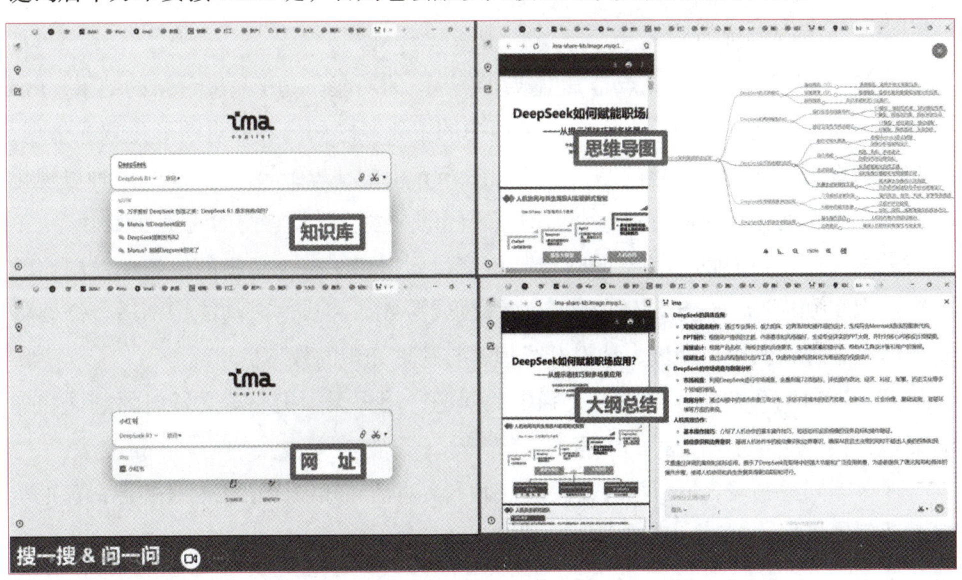

图 6–6　搜一搜 & 问一问

（3）解锁网站无法复制的内容。

对于一些不允许复制的内容网站，如小红书，过去常常觉得很麻烦。现在，只需将小红书的链接粘贴到 ima 的搜索框，就能直接获取平台内优质博主的内容，并能够轻松保存到知识库，成为一部分笔记，极大地提升了内容的可用性。

“问问 ima”无疑是一个非常值得称赞的功能，它几乎完美复刻了人们传统获取知识的方式，并且在此基础上进行了创新。通过 ima，可以在阅读文章或权威文档时，直接利用它进行高度总结，生成思维导图。这两个功能各自独立，却又相互补充，极大地提高了用户的效率和知识整理能力。

（1）高度总结。

用户通过“问问 ima”功能，可以轻松获得文章或权威文档的高度总结，类似图 6-6 中的“大纲总结”。这一功能能够迅速提取文档的核心内容，并将关键信息以简洁、有条理的方式呈现。

无论是长篇学术论文还是复杂技术报告，用户无须再手动筛选重要信息。ima 能从文档的结构和主题出发，准确捕捉主要观点、关键数据及支撑论据，帮助用户快速掌握文章精髓。这项功能尤其适合需要迅速获取核心信息的场景，极大地节省了阅读时间，提升工作效率。

（2）生成思维导图。

“问问 ima”的另一大亮点是其生成思维导图的功能。基于高度总结的结果，ima 会自动为用户创建一份思维导图，将文档中的主要概念和内容通过图形化方式呈现，帮助用户更清晰地理解内容的结构，类似图 6-6 中的“思维导图”。通过这种可视化的方式，用户能够直观地看到各个知识点之间的关系，以及它们如何相互作用。

思维导图不仅有助于信息的联想与记忆，还提供了一个清晰的框架，使内容的逻辑层次更加明晰，便于后续的复习、修改或深入研究。这个功能特别适合需要将复杂信息条理化的用户，极大地提升了理解与整理知识的效率。

另外，这两个功能还解决了英翻中的问题，用户无须担心英文资料的翻译和理解难题，轻松应对不同语言的内容。

在智能问答领域，ima 将语义检索、上下文对话和知识库记忆无缝融合，真正实现了“哪里不知搜哪里，哪里不懂问哪里”的理念。

6.3.3 自由书写高效编辑

ima 笔记是一款革命性的笔记工具，它将结构化编辑系统与思维可视化呈现完美结合，并辅以智能排版工具，为用户带来前所未有的笔记体验。

作为一体化的智能工作台，ima 笔记内置了多种强大的 AI 写作功能。用户可以根据需求选择不同的写作模板，如图 6-7 所示的“不限”❶、“论文”❷、“作文”❸、“文案”❹等。只需提供简短的提示或开头，ima 笔记即可结合多个参考模板（包括文档和知识库❺），快速生成完整的内容，提升写作效率。

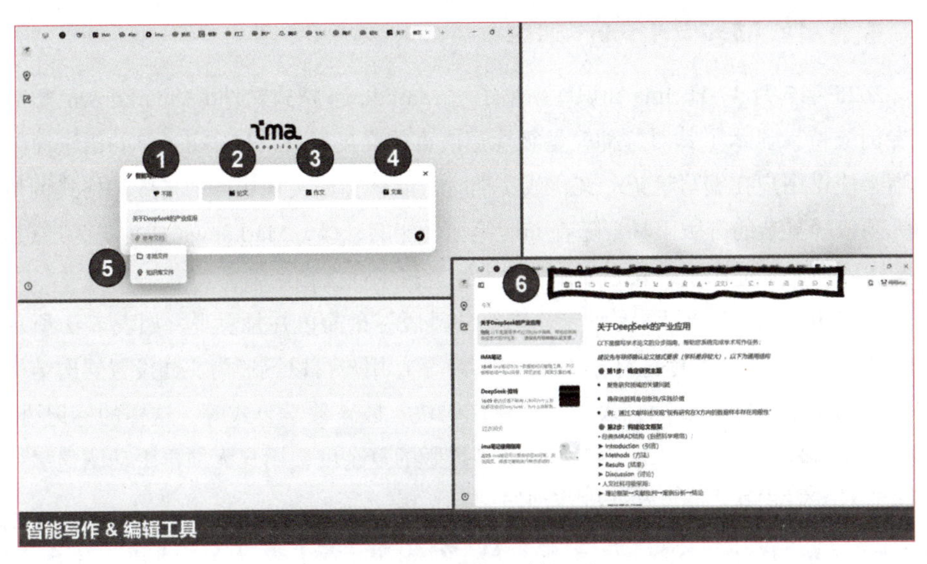

图 6–7　智能写作 & 编辑工具

ima 笔记在快速生成内容后，如图 6–7 所示，提供了丰富的编辑工具❻，帮助用户高效进行笔记编辑。功能包括标题层级调整、项目符号 / 编号列表、文本加粗 / 高亮等基础编辑功能，并支持思维导图的自动生成，帮助将零散想法梳理成逻辑清晰的框架。无论是调整标题、添加列表、突出重点，还是快速插入图表和待办清单，ima 笔记都能一键完成。简洁直观的操作界面，可帮助用户轻松产出格式美观、逻辑清晰的笔记。

在创作过程中，AI 辅助功能尤为强大。

- **常规功能：**扩写（丰富内容）、缩写（提炼要点）、改写和润色（调整语气和措辞）。
- **文生图功能：**根据文字描述自动生成相关图片，支持配图和可视化草图制作。
- **划词记笔记：**随时在网页或 AI 问答中摘录信息，并一键整理成笔记。
- **AI 回答录入：**单击 AI 回答底部的“记笔记”按钮，快速将信息填入笔记中。
- **智能写作：**在桌面端输入斜杠或框选文字唤起 AI 辅助创作；在移动端，通过“AI 帮写”入口与 ima 共同创作内容。

除了 AI 辅助功能，ima 笔记的传统编辑器功能同样强大，因此无须一一列举。

总体来说，ima 笔记通过将智能化内容创作与结构化编辑系统、思维可视化的完美融合，打造了一款功能强大的智能工作台。它不仅提供了多种写作模板和高效的编辑工具，还具备了丰富的 AI 辅助功能，能够快速生成、扩展、润色以及改写内容，显著提升写作效率与创意输出。

6.3.4 Markdown 创作

2025 年 3 月 17 日，ima 知识库新增了对 Markdown 格式文件（*.markdown，*.md）的专门支持，显示了其对这种轻量级标记语言的高度重视。Markdown 的语法简单、清晰，使得用户在编写笔记、文章或文档时，能够轻松实现快速的排版和格式调整，而无须依赖复杂的排版工具。随着 ima 笔记功能的升级，Markdown 成为更为理想的编辑方式，尤其适用于跨媒介创作和学术性、技术性文档的编写。

Markdown 的设计目标是使文本内容的排版尽量简单并且直观。如表 6–2 所示，Markdown 通过基础的标记符号（如 #、*、– 等），用户可以迅速为文档设置层次结构、格式突出重要内容、添加列表项、创建代码块、插入数学公式等。这样的标记语言不仅提高了写作效率，而且还有效降低了排版的复杂度，用户无须再手动调整字体、字号、对齐方式等，能专注于内容创作。

表 6–2 Markdown 语法

样式效果	Markdown 语法	示例
标题	在 n 个 # 后，加上空格（n 代表标题的级别）	### 空格
加粗	用 ** 或 __ 将文本包围后，加上空格	** 你好 ** 空格
斜体	用 * 或 _ 将文本包围后，并加上空格	* 你好 * 空格
高亮	用 == 将文本包围后，加上空格	== 你好 == 空格
下画线	用 ~ 将文本包围后，加上空格	~ 你好 ~ 空格
删除线	用 ~~ 将文本包围后，加上空格	~~ 你好 ~~ 空格
无序列表	在 + – 或 * 后，加上空格	* 空格
有序列表	在数字加上 . 后，加上空格	1. 空格
任务列表	在 [] 后，加上空格	[] 空格
行内代码	用 ` 将内容包围后，加上空格	`helloworld` 空格
代码块	在 ``` 后，加上空格	``` 空格
学科公式	用 $ 或 $$ 将内容包围后，加上空格	$a=b^2$ 空格
引用文字	在 > 后，加上空格	> 空格

在 Markdown 中，用户只需输入一个井号（#）即可创建一个标题，两个星号（**）可以加粗文字，星号或减号（*、–）用于创建无序列表，而数字加句点（1.、2.）则可用于有序列表。此外，Markdown 还能够支持插入代码块、数学公式（通过 LaTeX 语法）、化学方程式等专业性内容，使其非常适合用于学术研究、技术文档、开发日志等领域。

在跨媒介创作方面，ima 知识库对于 Markdown 的支持使得用户能够更加便捷地插入不同的专业内容，如表格、代码块、图表、数学公式等。特别是在学术研究和技术文档的创作中，Markdown 的简洁性和高效性非常符合现代学者和技术人员的需求。例如，LaTeX 数学公式的插入，可以让用户更精确地表达公式，代码块的插入则使得开发人员能够更清晰地呈现代码段，并且无须担心格式错乱。

Markdown 在 ima 笔记中的引入，不仅极大地提升了写作和排版的效率，也为跨媒介创作提供了更加灵活和高效的方式，尤其适合需要高精度表达和高效组织的学术、技术内容创作。ima 笔记系统通过对 Markdown 文件格式的支持，能够更好地服务于各类专业和学术领域的用户，帮助他们高效完成创作与文档编辑工作。

6.4　ima 使用场景

ima 是一款智能知识管理工具，广泛应用于个人、团队、企业和科研等领域。它通过自动化整理信息、生成总结和解答问题，提高工作和学习效率，促进知识的高效管理与创作。ima 还通过智能知识库、协作功能和数据安全保障，助力团队协作和企业管理。在科研和教育中，ima 帮助加速文献管理和学术创新。总体来说，ima 为各行业提供了高效的知识管理解决方案，推动了信息整合和创意思维的发展。

6.4.1　ima 在各行业的应用

以下这些例子展示了 ima 在多个领域内的广泛应用，从个人用户到企业协作，再到科研和教育，ima 的智能知识库和自动化工具无疑在提高效率、促进创新和优化决策等方面发挥了重要作用。

1. 学术研究与科研管理

ima 在学术和科研领域具有重要价值，它为研究人员提供了强大的文献管理和研究支持功能，帮助他们高效获取、整理和分析海量文献资料，推动科研进展。他不仅提升了学术文献管理的效率，还通过智能分析为科研人员提供新的研究洞察，帮助发现潜在的关联，激发创新的研究思路。

- **文献管理与综述生成：**研究人员可以将大量文献上传至 ima，系统会自动提取关键论点并生成研究综述，节省大量的人工整理时间。
- **跨文献关联与知识图谱构建：**ima 的深读功能能够跨文献发现概念关联，帮助研究者构建更为完整的知识图谱，为科研提供新的视角。

- **学术助手功能：** ima 作为学术助手，支持自动定位文献中的具体句子和出处，帮助研究人员快速找到所需的文献并提供引用信息。
- **数据挖掘与隐含模式发现：** 某科研人员通过将实验日志和笔记导入 ima，系统帮助他发现了潜在的实验条件与结果之间的关联，进而推动了新的科研思路。
- **创新思路的激发：** 通过对大量数据的智能分析，ima 能帮助研究人员从中找出隐藏的关联，启发新的研究方向。

2. 个性教育与辅助教学

在教育领域，ima 可以用于辅助教学和个性化学习。教师和学生可以利用 ima 实现实时的互动与答疑，提升学习效果，并实现教育资源的优化配置。

- **学生学习辅助：** 学生可以将课本相关章节上传至 ima，系统能为其提供解析和解答疑难概念，从而帮助完成作业或复习。
- **教师反馈与答疑：** 教师查看学生在 ima 上传的提问记录，了解学生的困惑和需求，从而及时调整教学内容和方法。学生在学习过程中可以通过向知识库提问的方式，获取课外的解释和相关例题，形成个性化的学习体验。
- **AI 辅助教学模式：** 通过人机协同，ima 实现了更为高效的教学模式，学生和教师能够在更短的时间内掌握和应用新知识。

3. 内容创作与知识沉淀

ima 不仅帮助个人高效完成写作任务，还能系统化沉淀知识。通过智能搜索与整理，内容创作者能快速提取精华、生成文案，大幅提升创作效率。对于个人用户，ima 通过高效的知识管理和辅助功能，不仅帮助整理和消化信息，还能加速工作与学习进程，显著提高效率。

- **工作类报告生成：** 职场人士可以利用 ima 来辅助方案策划、报告撰写等任务。通过 AI 收集资料、生成提纲，显著提高工作效率。
- **论文与课题写作：** 用户可以使用 ima 搜集相关背景资料，并结合 AI 写作功能起草文档。通过自动化摘要和生成文章提纲，创作者能够以较低的时间成本完成创作。
- **信息收集与摘要生成：** 用户在浏览器或微信中遇到有价值的文章时，可以通过 ima 小程序将其保存到个人知识库，稍后让 AI 自动生成摘要或进行问答，帮助用户快速理解文章内容。
- **知识库的长效利用：** 通过持续更新的个人知识库，用户能够不断完善自己的创作过程，使得信息获取和加工形成良性循环。

- **自媒体创作：** 自媒体作者在准备热门话题文章时，可以通过 ima 搜索相关信息，并将结果整理后存入知识库，快速生成提纲并完善文章内容。

4. 企业信息管理与分享

ima 提供了团队知识库的建设与共享功能，企业和团队可以借此协同工作，将知识和信息的管理进行系统化，从而提高工作效率和决策质量。

- **团队知识库建设：** 企业可以为不同项目和小组建立专门的知识库，集中管理文件和讨论资料。所有成员可以通过 ima 共同参与更新，系统将自动整理和生成摘要。
- **技术支持与客户服务：** 研发团队可以将技术文档上传至知识库，遇到问题时，AI 会从中提取相关经验或解决方案；客户支持团队则能通过知识库高效处理常见问题。
- **信息汇总与共享：** 某内容编辑部利用 ima 汇总春运期间的铁路政策信息，将分散的内容整理为一篇汇总文章，极大地提高了工作效率。
- **高效招聘流程：** 通过建立简历知识库和职位要求，ima 可自动分析简历并利用 AI 分析能力，快速匹配候选人与岗位，显著提升筛选效率。大大缩短筛选时间，提高人才匹配准确度。

5. 行业应用与实践案例

在一些高需求的行业中，ima 已被广泛应用于构建智能知识库，通过智能化的信息检索和决策支持，帮助企业和政府提升效率、实现精细化管理。

- **法律与政策领域：** 内蒙古市场监管部门利用 ima 构建广告监管智能助手，帮助工作人员快速获取相关法规、政策和典型案例，优化决策效率。
- **行业智能顾问：** 通过将专业文档汇入 ima，AI 能在企业或政府环境中充当智能顾问，提供实时的法规检索和案例参考。
- **数据隔离与安全性：** ima 的权限控制和数据隔离功能确保了企业内部知识库的安全性，可以根据不同角色设置访问权限，保障信息的保密性。

6.4.2　使用 ima 创作这本书

本案例基于作者的亲身实践，结合腾讯 ima、大模型、DeepSearch、DeepResearch 等多个模型工具，展示如何在 7 天内高效完成本书的书稿编写过程。

1. 建立知识库：聚合与整理素材

通过腾讯 ima 构建一个综合知识库，汇集所有素材、参考文献和数据等信息。ima 的优势在于其能够抓取高质量、精准的信息，尤其在英文资料方面，能够弥补中文资料的不足。为了确保创作的顺利进行，作者提前一周搭建了知识库，并特别补充了大量海外文章。该知识库能自动处理非中文内容，极大地提升了素材的收集效率。

2. 提取框架：构建书籍结构

为了充分发挥知识库的优势，并满足企业、个人和专家三类用户的需求，书籍的结构围绕“DeepSeek + 企业 + 办公”这一核心展开。与现有 DeepSeek 图书中的单一维度研究不同，作者提出了“技术演进—产业重构—生产力革命”的三维研究框架，从多个角度对 DeepSeek 进行了深度探讨。

知识库中涵盖了国内各大知名高校的 DeepSeek 研究资料，尤其适合用于构建本书的框架。借助高校系列 PPT 文档的高质量内容，并结合知识库中的标签功能（标注为“# 高校”），通过 DeepSeek-R1 工具和思维导图功能，可以高效地搭建书籍的初步框架。这种方法确保了内容的系统性、层次性和可视化表达，进一步提高了书籍结构的清晰度和逻辑性。

3. 填充小节：快速生成章节内容

先使用 DeepSearch 功能，快速形成各章节的初步结构，并生成相关素材和信息源。再结合 DeepSeek 等大模型工具，能够在短时间内生成书籍的初步草稿。DeepSeek 不仅免费而且全面，能够从多个数据源自动抓取相关内容，加速草稿的初步生成。

4. 蒸馏内容：提炼核心素材

通过 DeepSeek 和知识库中的素材，进行内容的蒸馏。这一阶段的核心任务是筛选、整合和提炼复杂的信息，将其转换为简洁、精准的书籍素材。目标是去除冗余信息，提炼出最核心的知识点，构建书籍的主体内容。

5. 完成拼图：智能排版与内容整合

每个章节独立处理，利用 ima 笔记功能进行初步整理，其间 Markdown 使用技巧起了很大的作用。最后要将所有章节内容拼接到 WPS 中，使用 WPS AI 进行智能排版（WPS AI → AI 排版 → 通用文档排版）。WPS AI 有助于优化内容结构，确保章节布局合理、文字清晰。

6. 重新精写：深化内容与提升质量

尽管初步框架和内容已经基本完成，但精写阶段仍至关重要。借助 DeepResearch 功能进行精细化处理，可以使内容更加丰富、流畅和自然，同时确保整体质量。在这一过程中，特别需要关注语言的精准性与艺术性，力求让内容达到高水平。然而，这一过程不仅成本较高，也对提示词的技巧和精准度提出了极高的要求。

7. 代码着色：技术部分的精准呈现

对于涉及编程或技术的章节，可以使用 CodeEasy 辅助编写代码并进行调色。CodeEasy 专为 AI 编程和代码测试设计，旨在确保书籍中的技术部分既准确无误，又符合出版标准的格式和配色要求。此外，CodeEasy 工具将与书籍一同发布，进一步提升技术内容的质量和可读性。

8. 最终样稿：人工校稿与质量把关

最终草稿完成后，将由多位编委进行严格的校对与修改，确保内容的准确性、逻辑性与艺术性。校对工作不仅限于拼写错误的检查，还涵盖信息的真实性核实与结构的合理性审查，特别是在使用 DeepSeek 创作时，可能会出现幻觉内容。

尽管本流程能够高效完成书稿的初步撰写，但排版、配图和校对等后续工作仍需大量时间与精力。此外，以上方法未涉及书中提示词生成、文生视频等复杂内容，若涉及更专业的部分，仍需进一步细化和调整方案。

第7章

DeepSeek + 办公：WPS 灵犀

对于大多数非技术用户而言，安装插件、获取 API 等操作可能稍显复杂，而频繁地从 DeepSeek 和其他网站复制粘贴内容也颇为烦琐。那么，对于这部分用户，是否存在一种更简便的方法来利用 DeepSeek 进行 PPT 制作和文档处理呢？答案是肯定的，那就是使用 WPS。2025 年 2 月 14 日，WPS 正式将 DeepSeek-R1 集成到 WPS 灵犀中，此后，WPS 逐步将 DeepSeek-R1 的功能扩展至 WPS 文字、WPS 表格、WPS 演示以及 WPS 智能文档等各个模块。这使得职场人士能够在熟悉的 WPS 环境中，享受到即插即用、无缝集成的 DeepSeek 办公体验。那么，具体的操作流程是怎样的呢？本章将详细解读。

7.1　在 WPS 计算机端调用 DeepSeek

工欲善其事，必先利其器。要想充分利用加载了 DeepSeek 的 WPS，首先要确保 WPS 是最新版。如果不确定，建议重新访问 WPS 官网（https://www.wps.cn）下载新升级、无广告、AI 办公更高效的 WPS 个人版，见图 7–1。特别提醒，避免通过软件管家或不明来源的安装包下载，以防版本过时、功能缺失，或不小心安装了其他插件。

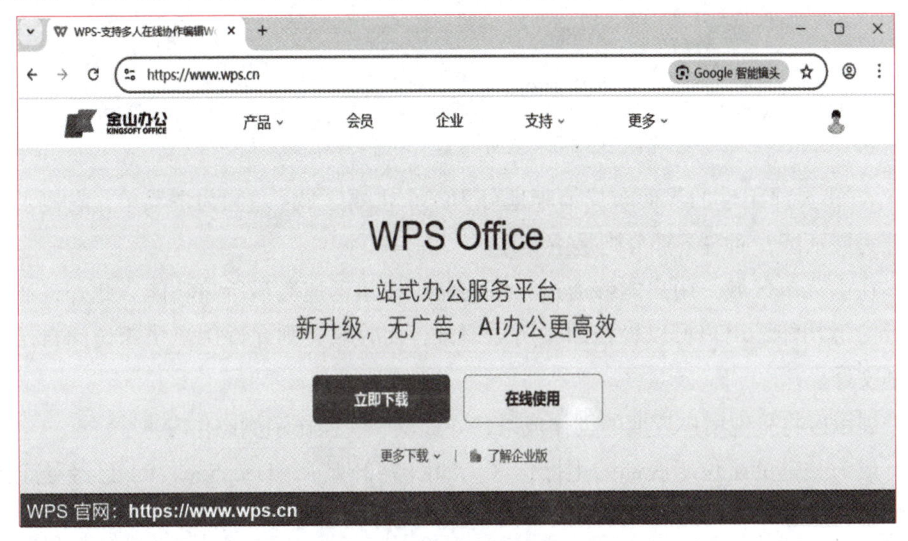

图 7–1　WPS 官网

在 WPS 计算机端，调用 DeepSeek 最简便的方法便是借助 WPS 灵犀。WPS 灵犀是金山办公推出的 AI 原生办公应用，致力于提升用户的办公效率与创作体验。它集成了自然语言处理和机器学习等尖端技术（已整合 DeepSeek–R1 满血版），并依托 WPS 三十多年文档处理的深厚积累，为用户带来全方位的智能辅助创作服务。无论是解答疑惑、快速阅读文件、整理资料，还是激发创作灵感，WPS 灵犀都能随时为用户提供支持。此外，目前所有功能完全免费，只需登录 WPS 账号即可享用。

若已安装最新版的 WPS 并登录了个人账号，打开 WPS 客户端后，单击左上角的 WPS Office 首页图标，会发现左侧应用列表中最后一个紫色小动物图标，那就是 WPS 灵犀。单击该图标，即可进入 WPS 灵犀的操作界面，见图 7–2。

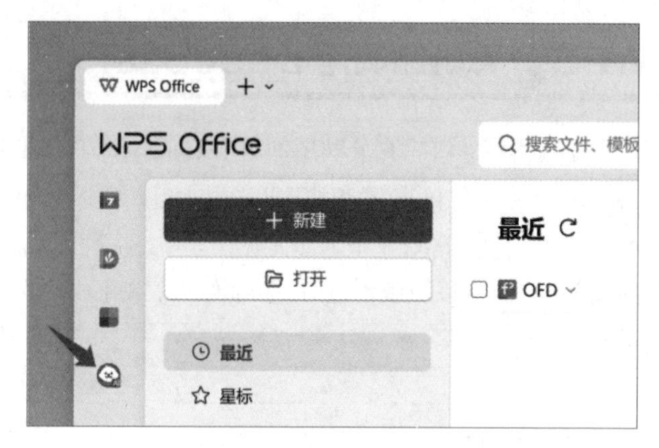

图 7-2　从 WPS 客户端进入灵犀

WPS 灵犀组件的界面布局清晰地分为三个主要区域：左侧为主菜单，右侧上半部分为展示区，而右下部分则是主操作区。

在主菜单区域，用户能够通过相应的命令按钮迅速激活所需功能。此外，通过最近对话功能，用户可以轻松回顾历史记录，而收藏夹则允许用户快速访问自己收藏的文件。

展示区将呈现用户近期的创作成果，并提供一些操作示例以供参考。

最为关键的是位于底部的主操作区。如图 7-3 所示，DeepSeek-R1 已经处于激活状态，这意味着我们可以像访问官网一样，充分利用 DeepSeek 的全部功能。

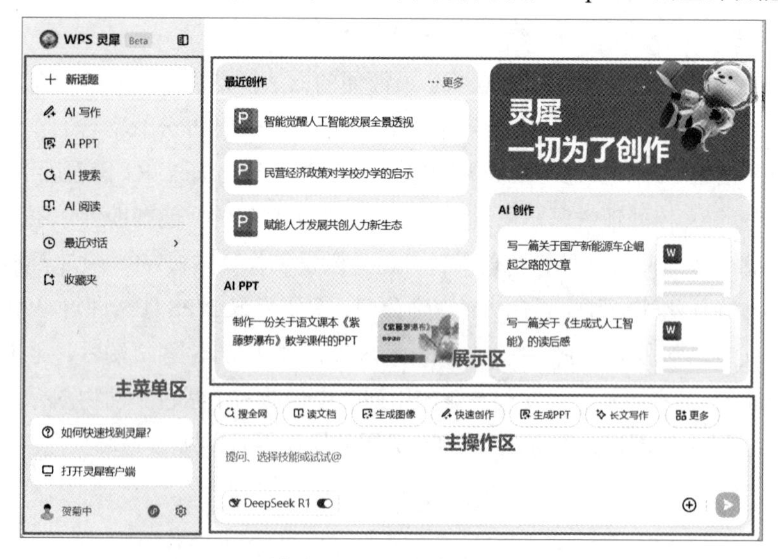

图 7-3　WPS 灵犀启动界面

7.2　在 WPS 灵犀中启用 DeepSeek-R1

准备工作已经就绪，那么接下来，如何在 WPS 灵犀中激活 DeepSeek-R1 呢？

在刚才的界面中，将目光转向底部的对话框，输入想要向 DeepSeek 提出的问题，接着激活 DeepSeek-R1 旁边的选项开关，然后单击最右侧的小飞机图标，即可直接启用 DeepSeek，执行所需的工作。若未激活 DeepSeek，WPS 将根据输入内容自动匹配其他模型，协助完成任务。

举个例子，如果希望 DeepSeek 展示人工智能的发展历程，只需在对话框中输入:“请告诉我人工智能的发展史”，激活 DeepSeek-R1，再单击最右侧的小飞机图标，或者直接按 Enter 键，DeepSeek 便会开始分析（见图 7-4）。

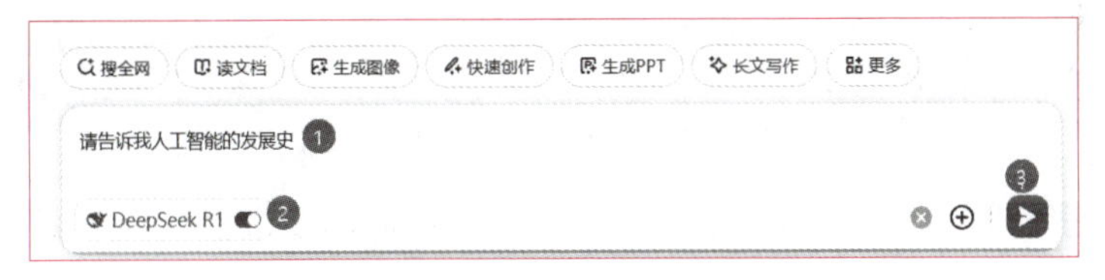

图 7-4　向 DeepSeek 提问

7.2.1　用 DeepSeek 辅助生成 PPT

当然，也可以直接单击上方的“搜全网”或“读文档”等按钮，以更快地执行相应的命令。

例如，如果需要制作一份 PPT，可以如下这样操作。

首先单击“生成 PPT”，接着输入主题:“请告诉我人工智能的发展史”，然后确认 DeepSeek 开关已打开。根据需求，决定是否需要搜索全网，最后单击小飞机图标发送任务。考虑到需要的信息希望有更广泛的来源，所以，在发送之前，打开了联网搜索（见图 7-5）。

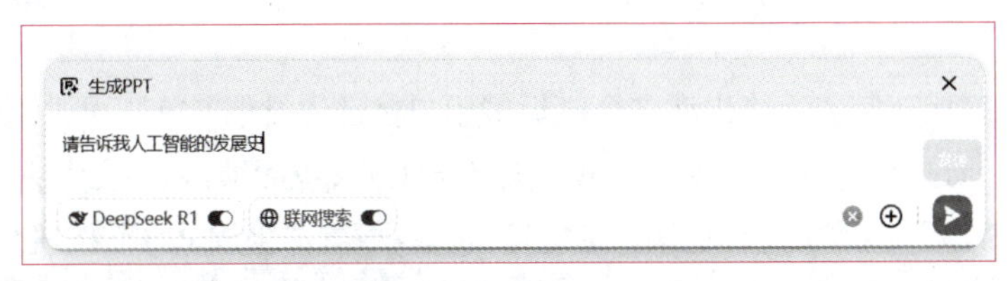

图 7-5　用 DeepSeek 生成 PPT

当然，也可以单击主菜单中的 AI PPT，“输入灵感，灵犀一键生成 PPT”。在这个界面里，灵犀提供了一些案例，可以输入主题进行创建，也可以上传附件进行转换，并且通过单击“页数”可以选择篇幅（见图 7–6）。

图 7–6　通过菜单栏 AI PPT 生成 PPT

不管是哪种入口，单击“发送”按钮后，后面的步骤就是相同的了。首先，WPS 会同时启用 DeepSeek 和联网搜索，开始创建大纲（见图 7–7 和图 7–8）。

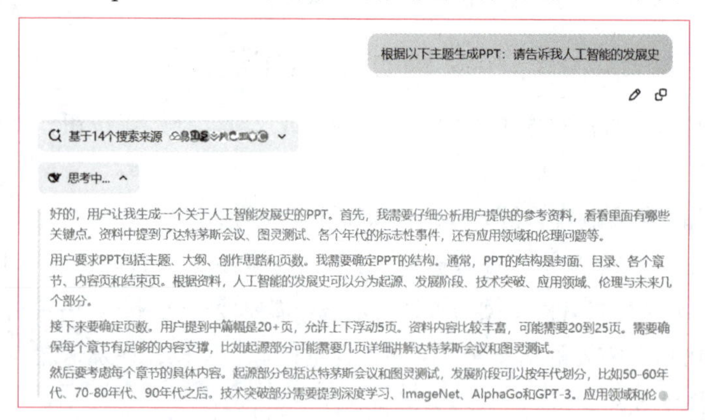

图 7–7　思考过程

一旦大纲构建完成，将出现多个模板供用户挑选（见图 7–9）。可以使用右侧的箭头选择一个心仪的模板。如果所有模板都不合心意，也无须担心，在生成 PPT 之后，可以在 WPS 演示组件中进行更换。选定模板后，单击“生成 PPT”按钮，接下来只需给 WPS 灵犀一点时间，它将完成细节的填充和排版工作。

图 7-8　大纲构建中

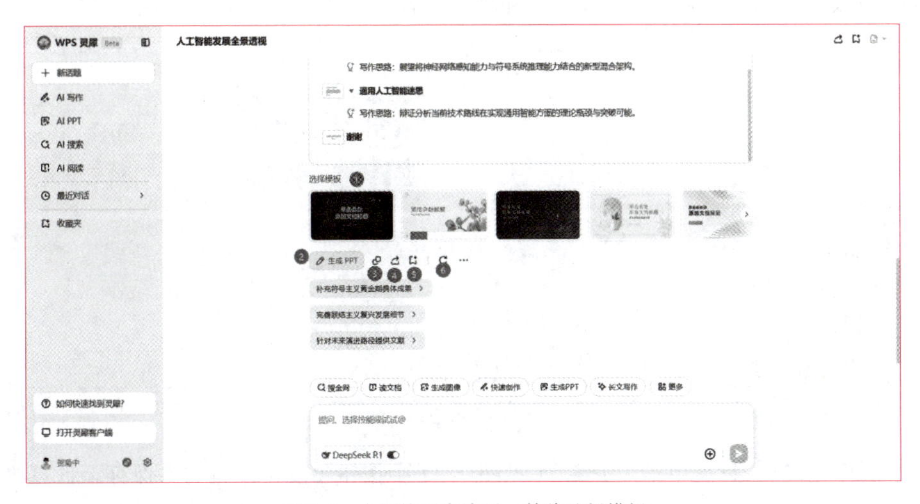

图 7-9　大纲梳理完毕后，等待选择模板

不久，PPT 的制作便宣告完成，WPS 灵犀随即自动跳转至 PPT 编辑界面（见图 7-10）。整个界面被一分为二，左侧为 PPT 展示区，右侧则是大纲展示区。单击右侧的大纲，左侧的 PPT 将自动跳转至相应的页面；对右侧大纲中的内容进行修改或删除，随后单击“应用并更改”，左侧页面也将相应地进行更新。

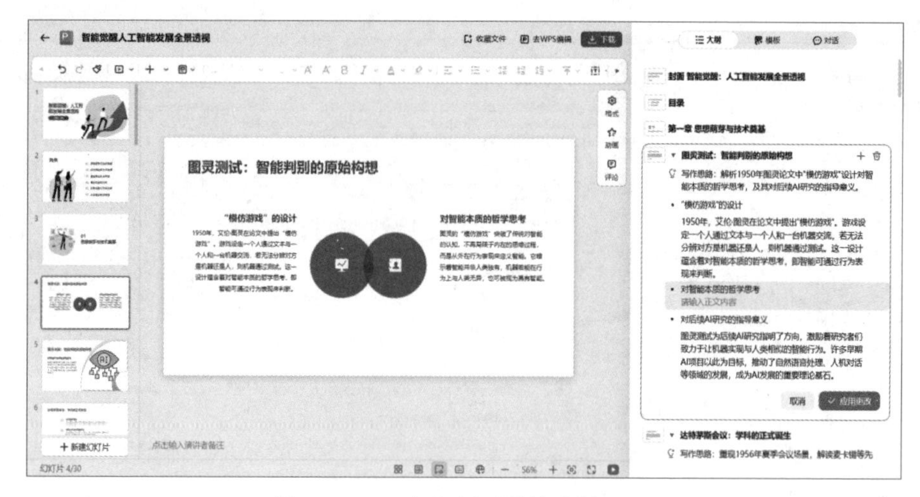

图 7-10　PPT 生成后自动跳转到编辑界面

单击右侧大纲旁的“模板”按钮，将看到 WPS 灵犀推荐的模板列表。如果对这些模板不感兴趣，可以单击“上传模板”，轻松完成一键换装（见图 7-11）。

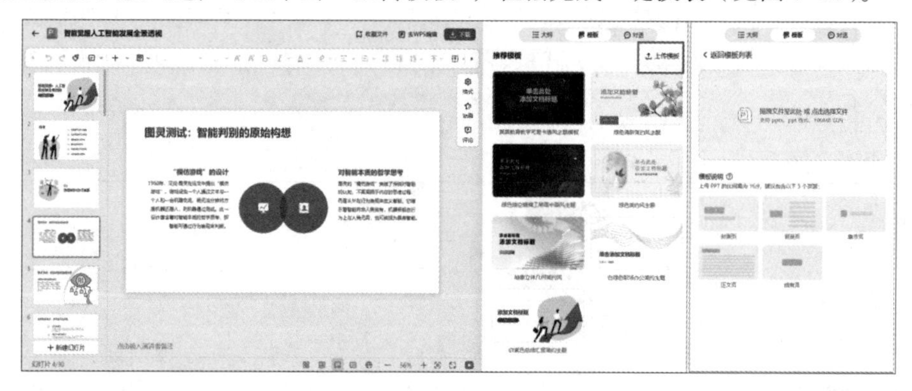

图 7-11　换模板界面

制作完成后，只需单击“下载”（见图 7-11 中按钮），就可以将文件保存至计算机。在左侧，单击“收藏文件”，以便将来在 WPS 灵犀的“收藏”功能中迅速访问该文件。如果需对 PPT 进行编辑，但对当前界面的操作感到陌生，可以选择单击“去 WPS 编辑”，在自己熟悉的界面中进行操作；如果对这个界面也不熟悉，还可以单击左上角的三个短横线，选择“WPS 本地编辑”（见图 7-12）。

图 7–12 去 WPS 本地编辑

效果见图 7–13。

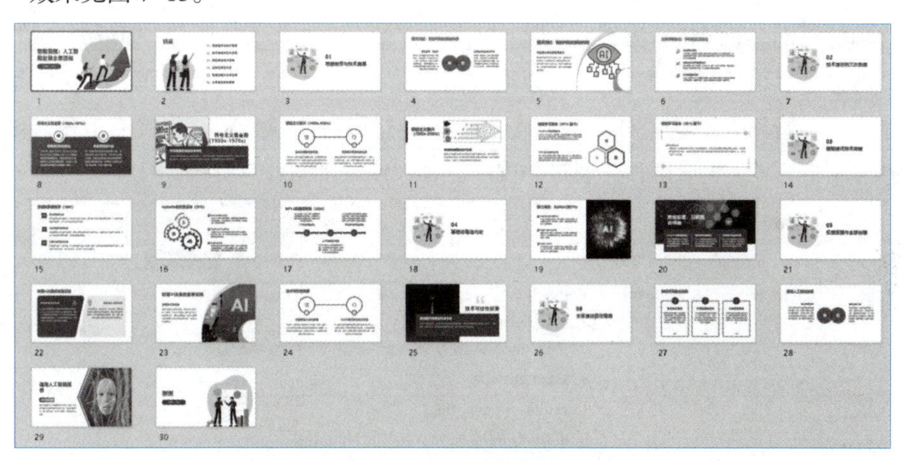

图 7–13 一键生成后的成品

这样，一份 PPT 就轻松完成了。是否感觉它像是开箱即用、一体成型的产品呢？下面，利用文件名左侧的左箭头（见图 7–14），可以轻松返回到灵犀的主界面（见图 7–15）。

图 7–14 返回主界面

图 7-15　返回灵犀主界面原对话的样子

此时，注意到在先前的对话中出现了一份 PPT 文件。再次单击该文件，即可返回之前的界面，继续进行编辑和调整；单击下方带有弯曲箭头的图标，即可分享结果。

在分享界面（见图 7-16），可以通过勾选左上角的“全选”复选框，来决定是仅分享文件本身所在的这个对话，还是连同整个对话过程一起分享；而在右上角，可以选择分享的方式：生成图片、通过小程序分享，或是复制分享链接。

图 7-16　分享界面

若仅希望分享或下载这份文件，只需将光标悬停于文件上方，右击，在弹出的快捷菜单中选择“另存为”命令，后面的操作就非常简单了（见图 7–17）。

图 7–17　另存为界面

7.2.2　用 DeepSeek 进行文案创作

在工作中，如果想要生成一份专业的文字内容，但又不知道要从哪里开始下笔，可以直接在对话框中输入主题或关键信息、简单描述，WPS 灵犀就可以帮用户进行智能创作，省心又高效。

例如，可以输入：“请帮我写一段 100 字 WPS 灵犀的介绍，用于发布在小红书上”，然后可以得到如图 7–18 所示的回复。

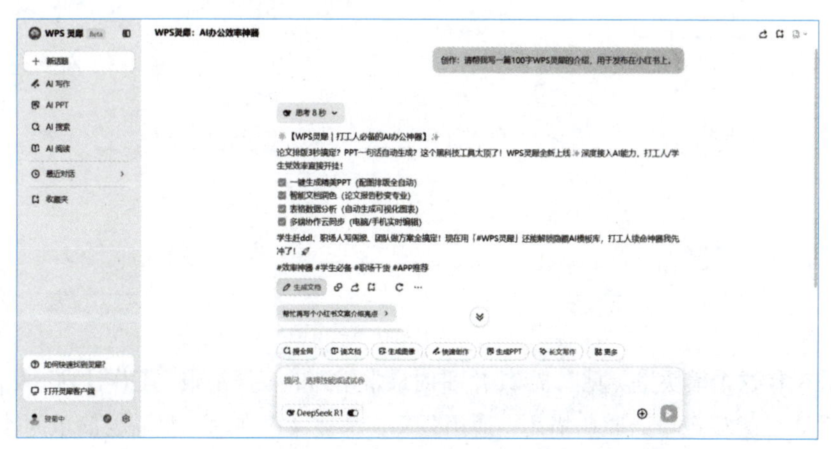

图 7–18　从新对话中直接写小红书文案

也可以单击左侧菜单栏中的"AI 写作"菜单，使用预设的 AI 写作模板来进行创作。在 AI 写作这个版块，WPS 分门别类地嵌入了上百种模板，大致分成学习教育、工作、营销、回复 4 种类型（见图 7–19）。

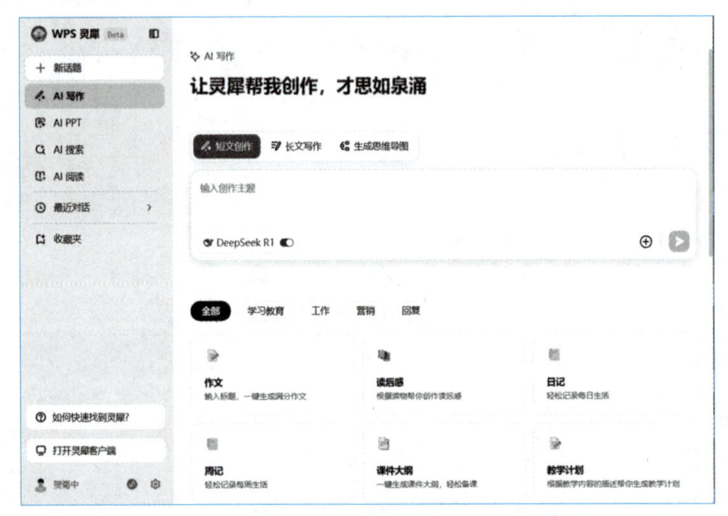

图 7–19　AI 写作短文创作

例如，在学习教育这个模块里，如果是学生，可以试试作文、读后感、日记和周记；如果是老师，可以试试课件大纲、教学计划、学生评语（见图 7–20）。

图 7–20　学习教育预设模板

在工作这个模块里（见图 7–21），平时最常用到的工作汇报、工作计划、发言稿、群发公告、会议纪要、职业描述、通用公文，都被考虑在内，只需要简单的输入就可以完成高效的撰写。

图 7–21　工作预设模板

在营销模块里（见图 7–22），从小红书到朋友圈、微博、公众号、直播脚本、视频脚本、广告语，最高频的宣发场景都有所考虑。

图 7–22　营销预设模板

最让人意外的是“回复”模块。选择“回复领导”，然后输入“都连续上了 20 天班了，再不回去女朋友要跑了”，看看加载了 DeepSeek 的灵犀如何回答吧（见图 7–23 和图 7–24）。

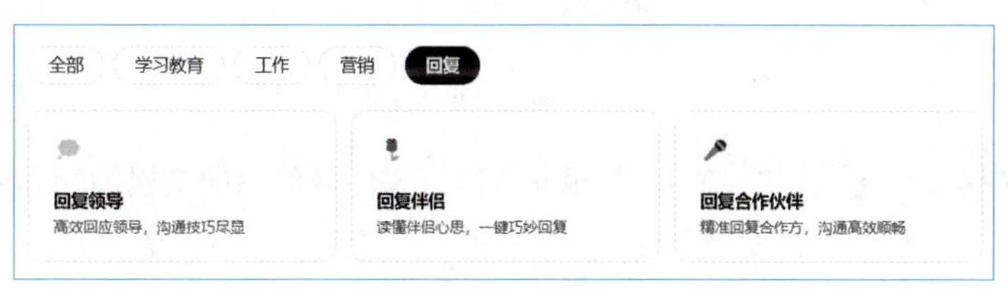

图 7–23　回复预设模板

图 7-24　试试回复领导

最重要的是，在对话的底部，可以直接单击紫色的“生成文档”，一键将内容转换成 Word 文件，并进入创作模式；如果是想将生成的内容分享给他人，生成文档的旁边就有“复制”按钮，可以将当前生成的文字内容粘贴到微信对话框或者 Word 文件中；如果想让对方同时看到对话过程，这里提供三种分享方式：图片、小程序、链接，可根据自己的需求进行选择（见图 7-25）。

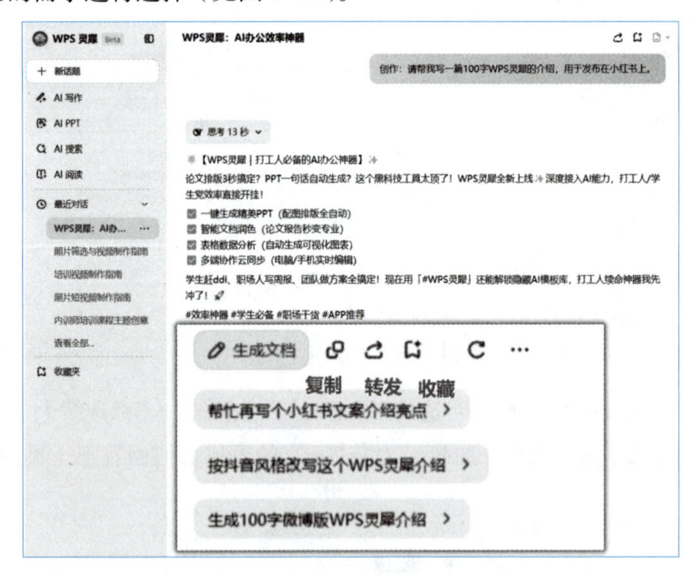

图 7-25　对话结果应用方式

在创作模式里（见图 7-26），左侧预览区有人们最熟悉的文档编辑界面，支持快速编辑、排版调整，并且支持跳转至 WPS 进行专业编辑、下载为 Word 文档，让 AI 写作更加高效。倘若觉得文档内容有缺失，还可以继续与 WPS 灵犀进行对话，拥有海量知识的它，将会根据提问返回专业的内容。可以单击“插入”按钮，将内容快速添加到左侧的文档里，快速丰富文档的内容。

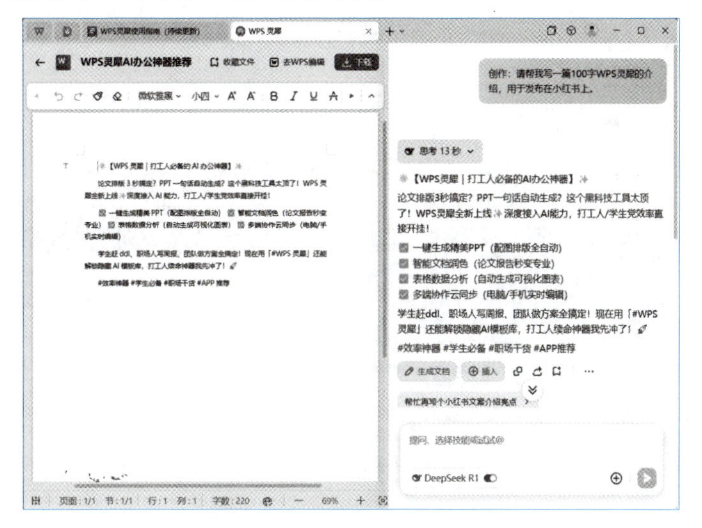

图 7–26　生成文档后默认进入创作模式

除了将内容转为 Word 文档外，WPS 灵犀还支持将创作内容转为 PPT 文档、思维导图，甚至是海报，帮用户高效制作专业文档。这里以将文档内容生成 9 ∶ 16 的海报为例（见图 7–27）。

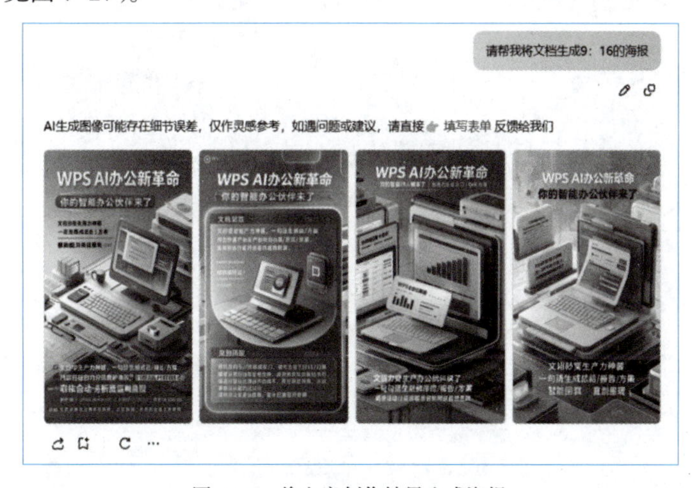

图 7–27　将文案创作结果生成海报

7.2.3　用 DeepSeek 进行搜索

在 WPS 灵犀中，启用了 DeepSeek 的 AI 搜索也是一个非常好用的工具。无论是热点事件和最新资讯，还是生活百科和专业知识，各种疑问都可以找 WPS 灵犀。它会搜索、筛选并整合全网内容，且支持信息溯源和追问，帮助用户高效获取答案 / 创作素材。它有两个快捷入口，一个是左侧菜单栏的“AI 搜索”，另一个是对话框上方的“搜全网”（见图 7–28）。

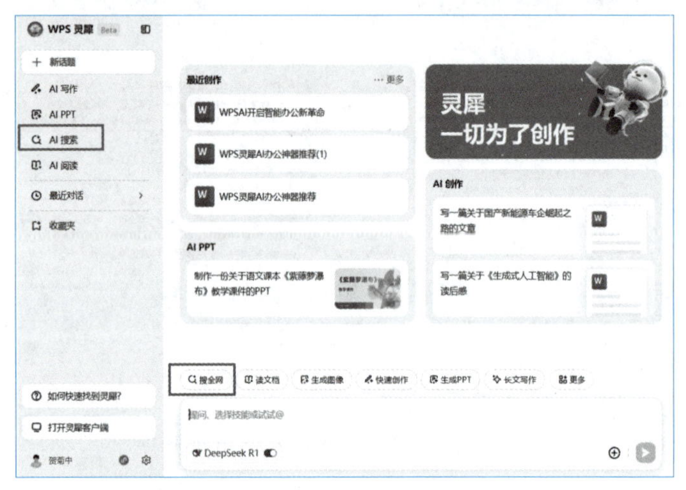

图 7–28　AI 搜索入口

例如，在对话框中输入：“帮我搜索 DeepSeek 的最新消息”，它会自动整合不同来源截止至此时此刻的最新动态，将所有信息结构化地进行整合（见图 7–29）。

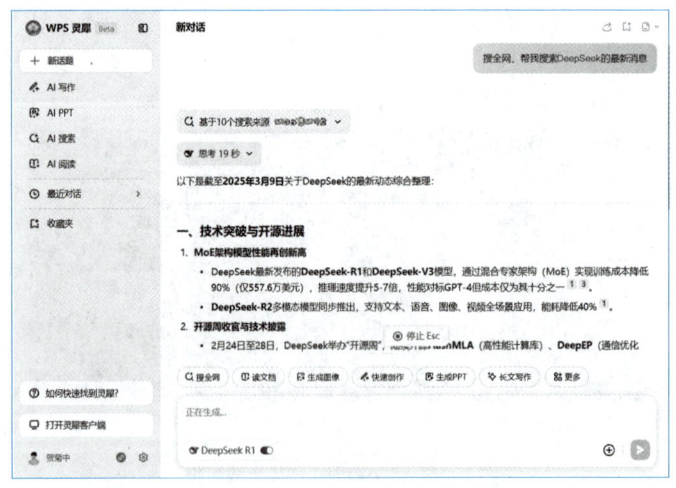

图 7–29　AI 搜索示例

在最后一定会有一个总结，帮助用户更高效地提炼信息。如果还想进一步深入了解，可以单击末尾的“深度搜索”（见图 7–30），WPS 灵犀将进行更深层次的搜索和信息整合，提供信息来源更全面、答案更专业的解答。

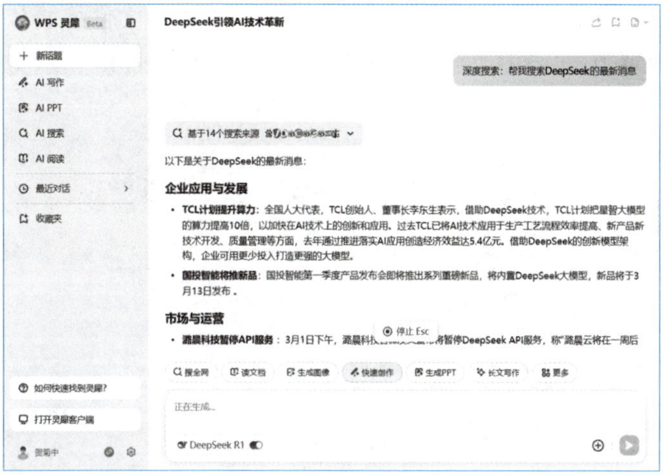

图 7-30　深度搜索示范

并且，这里的搜索结果和总结，不用担心 DeepSeek 胡编乱造，都是可以从网上找到出处的。

7.2.4　用 DeepSeek 分析现有文件

如果需借助 WPS 灵犀根据现有文件进行创作或分析，可在提出问题前，先单击右下角的“+”图标上传文件。也可以先单击左边菜单栏中的“AI 阅读”或对话框上方的“读文档”快速进入阅读分析界面（见图 7-31）。

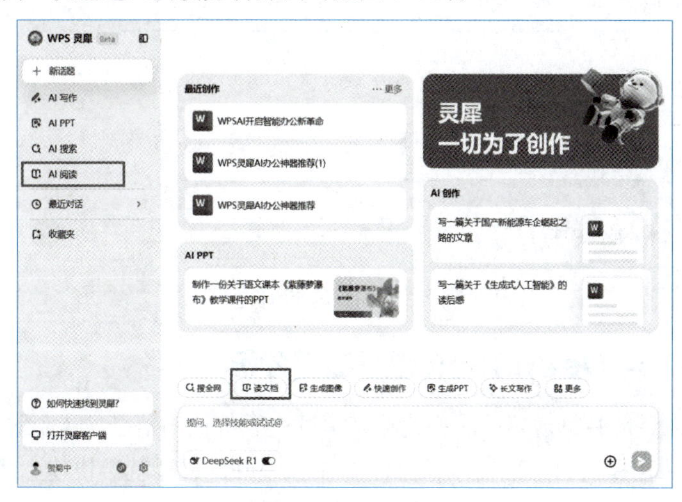

图 7-31　AI 阅读入口

WPS 灵犀支持上传本地文件及存储于 WPS 云文档中的文件，支持的格式包括 PDF、DOCX、XLSX、TXT、PNG、JPG 等。如果对这些文件扩展名不是很了解，可以简单地理解为：它支持文字文档（Word）、表格（Excel）、演示文稿（PPT）以及各种图片（见图 7–32）。

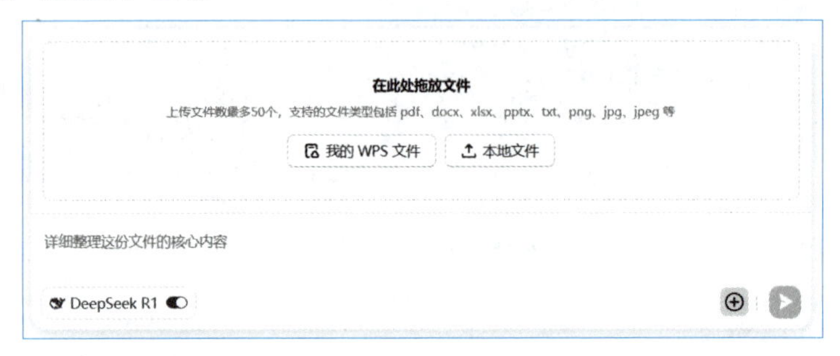

图 7–32　上传文件界面

在同时上传文档的数量上，WPS 灵犀支持上传多个文件进行解读，目前数量的上限是 50 个。所以，如果是冗长的报告或复杂的外文让你无从下手，可以直接上传给 WPS 灵犀，WPS 灵犀可以智能阅读，并快速提炼关键信息。

如果单击了上传按钮后改变主意，只需再次单击“+”号即可取消上传；如果文件已上传但发现错误需要删除，可以将光标悬停在需删除文件的上方，单击文件右上角出现的“X”即可（见图 7–33）。上传文件后，WPS 灵犀会自动识别文件中的文字，并在文件下方提供一些可能有用的指令，如“文档的主要内容是什么”以及“根据上传文件生成思维导图”等。

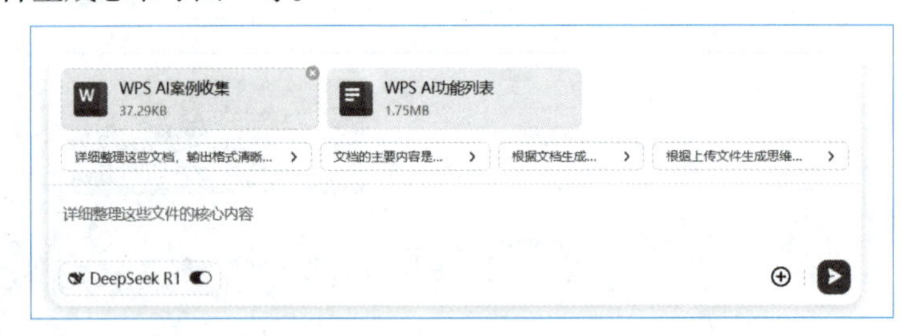

图 7–33　可以删除的状态

7.2.5　用 DeepSeek 进行数据分析

如果有大量的数据表格，想要快速知道其中有价值的信息，这个时候就可以把表格上传，并且提出自己的需求（见图 7–34），WPS 灵犀就会快速生成分析结果，轻松掌控数据的价值。当然，在发送前一定要记得点亮 DeepSeek–R1 的图标，否则调用的就是 WPS 内置的其他大模型了。

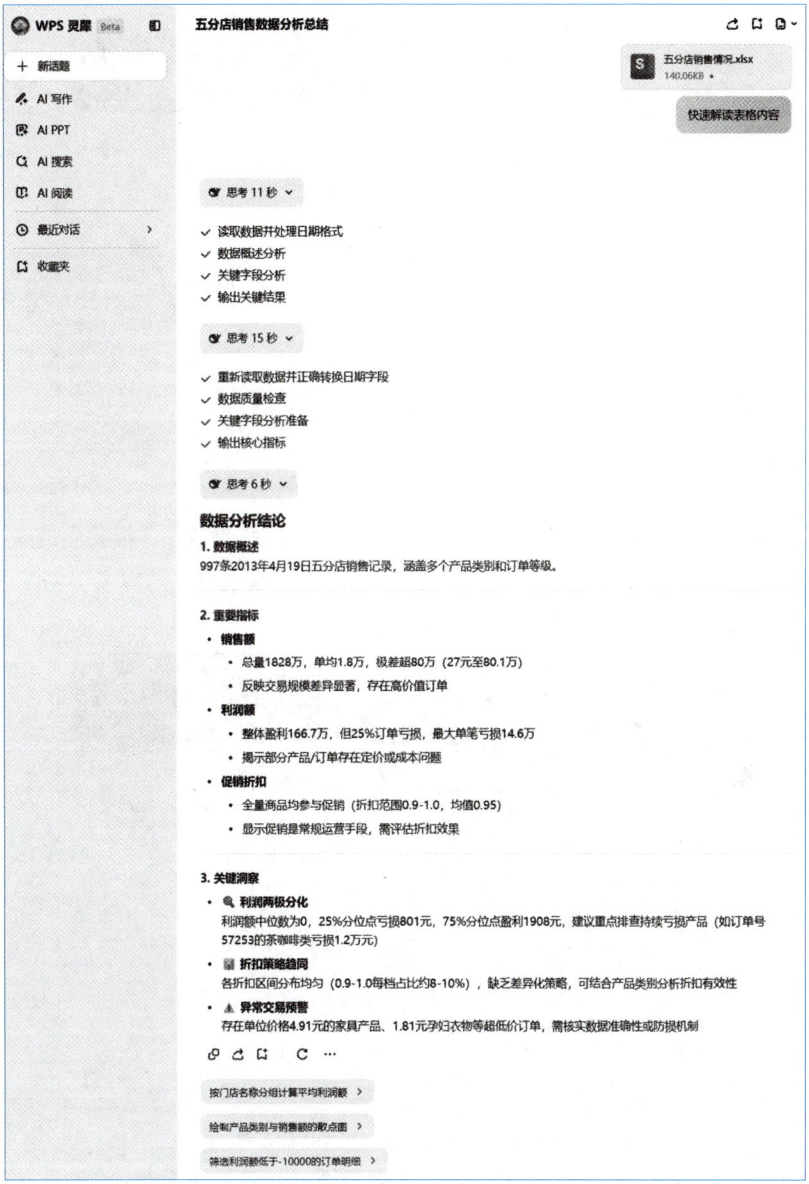

图 7-34　解读表格

如果想要生成图表，可以先单击对话框上方的“数据分析”，再上传文件（见图 7-35）。

图 7-35　数据分析按钮入口

上传文件后，在表格的后面会自动出现推荐的对话，例如，“帮我生成一些有业务价值的图表”。可以直接单击它，也可以在对话框中输入自己的需求（见图 7-36）。

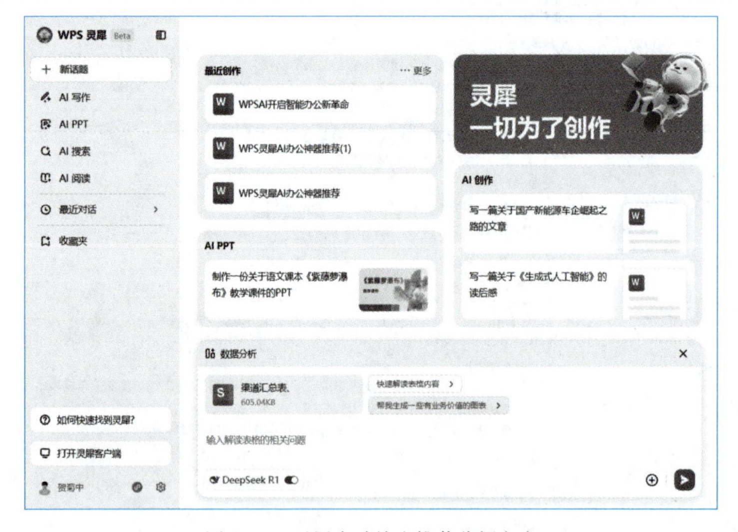

图 7-36　灵犀自动给出推荐分析方向

例如，对于这份五分店销售情况，生成了 4 份图表（见图 7-37）。直接单击对应图表右上角的“复制”按钮，就可以将图表以图片的方式复制出来（见图 7-38）。

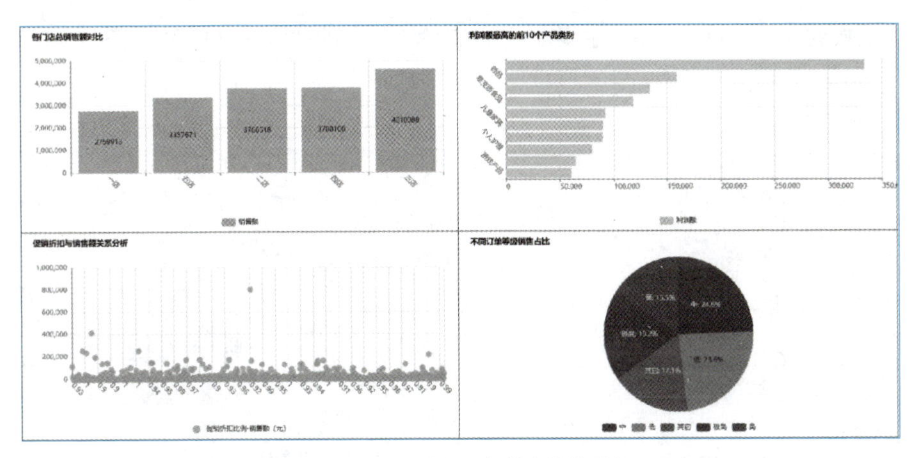

图 7–37　智能分析后提供有推荐图表

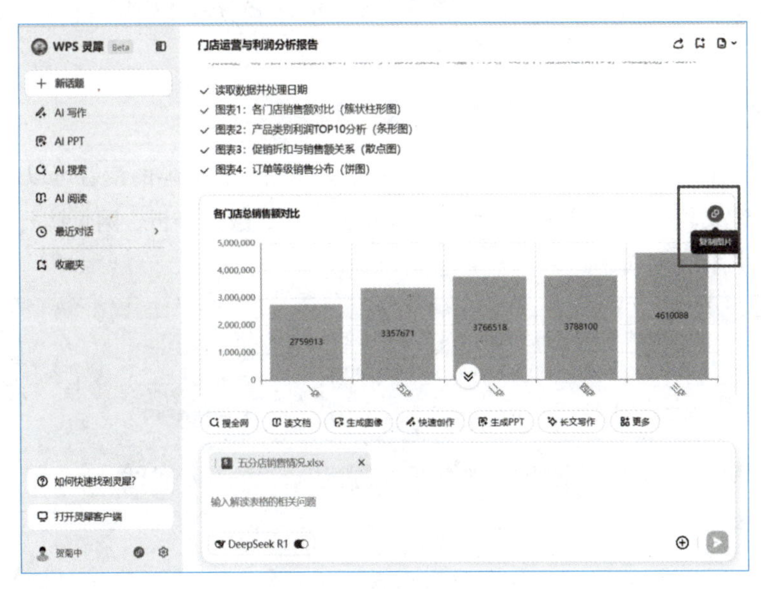

图 7–38　图表复制路径

当然，如果希望生成的图表是可以修改的，也可以在 WPS 表格中打开需要分析的表格，然后在数据菜单中单击“智能分析”，这里生成的图表就不是图片格式，而是图表格式（见图 7–39）。

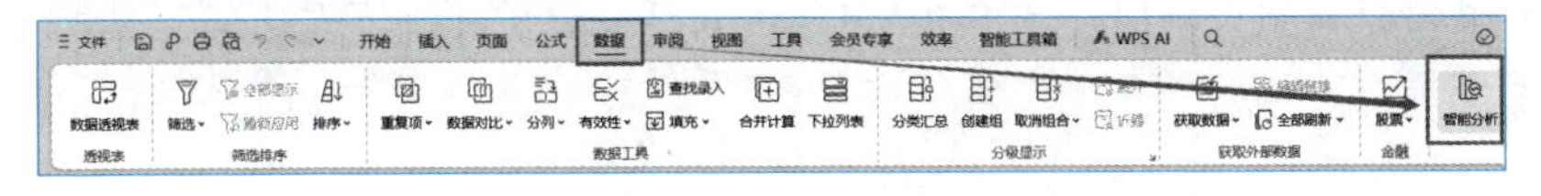

图 7–39　WPS 表格组件中数据智能分析入口

生成的结果支持插入新工作簿中，也支持进一步的“深入分析”（见图 7–40）。

数据解读 数据汇总 字段图谱 数据源 反馈中心 关闭
数据分析 帮助与关闭
A1 顾客姓名

	顾客姓名	门店名称	产品类别	订单日期	订单等级	产品类别编号	促销折扣	订单号	订单量	利润额	销售额	单位价格
2	Darren Budd	五店	床上用品	2013/4/19 0:00	极高	29	0.93	57,253	432	-3015	113724	279.48
3	Darren Budd	五店	存储容器	2013/4/19 0:00	极高	23	0.96	57,253	225	6003	24750	125.99
4	Marina Licht	三店	宠物用品	2013/4/19 0:00	其它	25	0.92	32,418	45	-1179	11196	243.98
5	Darren Budd	五店	家具产品	2013/4/19 0:00	极高	31	0.92	57,253	441	-1395	2160	4.91
6	Darren Budd	五店	孕妇衣物	2013/4/19 0:00	极高	6	0.92	57,253	387	18	702	1.81
7	Matt Collins	三店	耐用杂货	2013/4/19 0:00	高	37	0.97	1,028	54	-252	1494	28.48
8	Dorris Love	四店	婴儿衣物	2013/4/19 0:00	其它	14	0.95	290	216	-288	1701	7.64
9	Darren Budd	五店	茶、咖啡	2013/4/19 0:00	极高	8	0.94	57,253	261	-12231	5886	20.98
10	Matt Collins	三店	调味品	2013/4/19 0:00	高	1	0.99	1,028	99	-540	18189	205.99
11	Robert Waldo	五店	婴儿衣物	2013/4/19 0:00	高	14	1	59,232	207	2214	6525	30.98
12	Jessica Myri	五店	汽车用品	2013/4/20 0:00	高	35	0.9	28,774	288	-1008	1620	5.98
13	Matt Collist	二店	耐用杂货	2013/4/20 0:00	其它	37	0.92	13,729	81	-3087	7848	95.99
14	Alan Schoenb	一店	儿童家具	2013/4/21 0:00	低	30	1	37,537	36	-1737	11151	291.73
15	Elizabeth Mo	一店	零食小吃	2013/4/21 0:00	极高	27	0.92	44,069	387	2232	5535	15.04
16	Alan Schoenb	一店	宠物用品	2013/4/21 0:00	低	25	0.93	37,537	387	-9450	36747	100.98
17	Elizabeth Mo	一店	床上用品	2013/4/21 0:00	极高	29	0.91	44,069	144	243	1242	9.11
18	David Philip	四店	青年女装	2013/4/21 0:00	极高	12	0.94	9,285	27	-108	1125	40.98
19	Alan Schoenb	一店	青年男装	2013/4/21 0:00	低	11	0.95	37,537	288	12942	44118	155.06
20	Patrick Jone	一店	青年女装	2013/4/22 0:00	高	12	0.91	40,354	36	-837	6282	212.6
21	Larry Tron	五店	宠物用品	2013/4/22 0:00	高	25	0.95	9,762	108	-1314	2367	20.98
22	Patrick Jone	一店	孕妇衣物	2013/4/22 0:00	高	6	0.97	40,354	261	117	1557	5.58
23	Alex Russell	四店	行李箱	2013/4/22 0:00	高	2	0.97	7,909	261	225	1098	4.26
24	Ann Steele	二店	个人护理	2013/4/22 0:00	其它	26	1	11,972	36	-4660	8064	213.45
25	Bill Donatel	四店	个人护理	2013/4/22 0:00	极高	26	0.97	30,016	135	-378	774	5.28
26	Andy Reiter	三店	调味品	2013/4/22 0:00	低	1	0.92	9,637	108	-2124	4698	43.22
27	Bill Donatel	四店	耐用杂货	2013/4/22 0:00	极高	37	0.99	30,016	72	-1917	6795	110.99
28	Andy Reiter	三店	电子音像	2013/4/22 0:00	低	4	0.96	9,637	108	288	1116	10.14
29	Andy Reiter	三店	药品	2013/4/22 0:00	低	38	0.95	9,637	441	129960	255231	574.74
30	Dave Hallste	五店	个人护理	2013/4/23 0:00	高	26	0.94	49,730	27	-8555	9360	350.98
31	Tamara Dahle	二店	家用工具	2013/4/23 0:00	极高	22	0.97	8,710	153	-684	567	3.36
32	Tamara Dahle	二店	宠物用品	2013/4/23 0:00	极高	25	0.93	8,710	378	72	1359	3.71
33	Valerie Doai	四店	窗帘布衣	2013/4/24 0:00	中	21	0.91	25,601	387	-1179	2313	5.98
34	Craig Molina	五店	家用工具	2013/4/24 0:00	极高	22	1	28,451	126	-3636	2925	20.34

工作表1

数据解读
推荐解读 数据范围：A2:L998
比较分析 产品类别 销售额
38个产品类别中，10个产品类别占据重要地位，其销售额的贡献度达44.38%

贡献度	产品类别	销售额
高	书本	1260441
	[illegible]产品	983205

插入到新建工作表
插入 深入分析

图 7–40　深入分析入口

7.2.6　WPS 灵犀的其他功能

除了“生成 PPT”，在对话框上方还有很多按钮，有兴趣的读者可以一一体验：搜全网、读文档、生成图像、快速创作、长文写作、数据分析、网页摘要、生成思维导图（见图 7–41）。

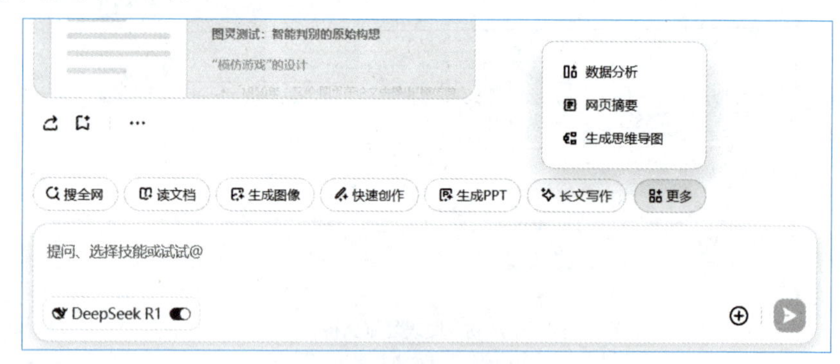

图 7–41　灵犀常用功能

7.2.7　如何查看以往的对话

如果想要找到自己以往和 WPS 灵犀的对话，要关注一下左边的工具栏（见图 7–42）。

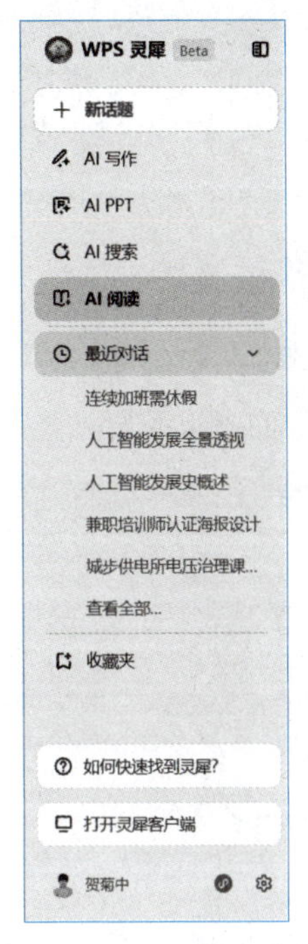

图 7–42　灵犀左侧主菜单

在“AI 阅读”的下方就是“最近对话”的列表。最后一项是“查看全部”，就可以看到所有过往对话（见图 7–43）。还可以在历史对话中通过搜索框输入关键词，快速地找到相关联的话题，单击就可以加到对话状态；在底下的历史对话中，但凡带了回形针图标的，说明在这个对话中产生过文件。

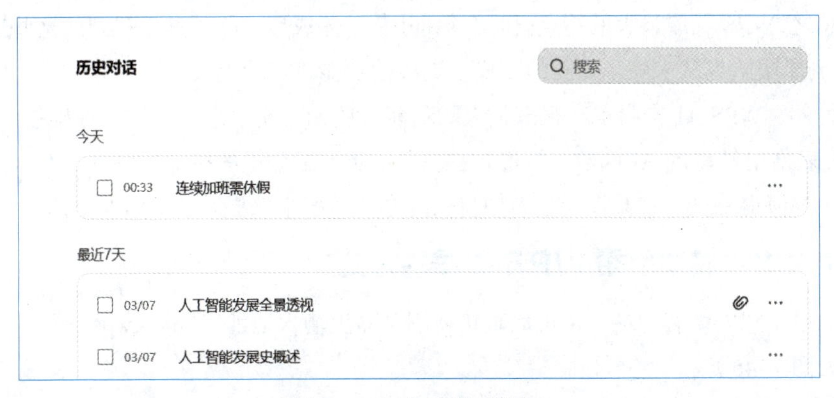

图 7–43　历史对话初始界面

单击对话最右边的三个小点，可以对对话进行分享、重命名和删除（见图 7–44）。

图 7–44　历史对话分享、删除入口

如果想要同时删除多个对话，可以同时选中，然后单击右上角的“删除”按钮（见图 7–45）。

图 7–45　批量删除历史对话示意图

总之，WPS 灵犀最大的特点就是开箱即用、一体成型。除了这里提到的这些功能，WPS 灵犀团队也从未停止更新的步伐，更多的功能将持续上线。

另外，WPS AI 本身也有很多强大的功能，例如，文字组件里的一键排版、法律助手；表格组件里的 AI 函数、智能数据分析；演示组件里的智能换图标、AI 配图等功能，都值得一试。如果读者也希望自己的办公效率十倍提升，一定要去体验！

7.2.8　其他启用 WPS 灵犀的方式

如果不想安装客户端，也可以直接在浏览器里输入地址“lingxi.wps.cn”，进行启用（见图 7–46）。

图 7-46　灵犀网页端界面

作为职场人，除了在计算机边上办公，也经常需要在手机上处理文件，这个时候，微信小程序也可以无缝衔接。可以直接在微信里搜索“WPS 灵犀”，或者直接扫二维码。

在最新版的 WPS 手机端的 App 里，登录进去后，单击最底部的“服务”按钮，在顶部的搜索框中输入“灵犀”，就可以看到“WPS 灵犀”的应用，单击后，就可以进入灵犀的界面了（见图 7-47）。

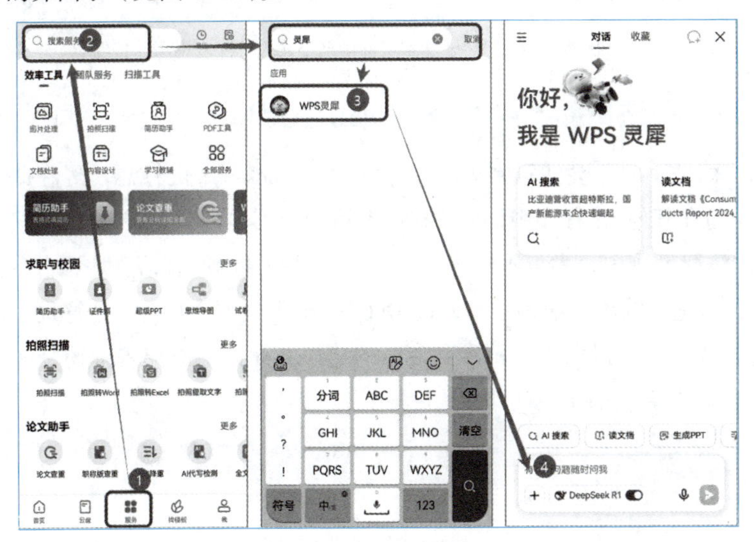

图 7-47　手机端启用灵犀入口

有些读者打开 WPS 后，首页就能直接看到 WPS 灵犀的入口（见图 7–48）。

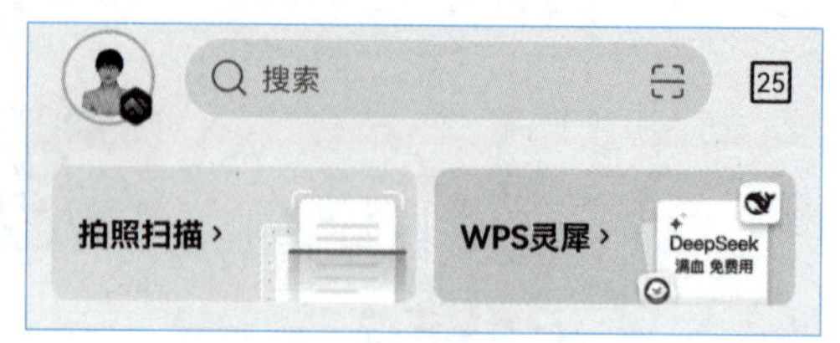

图 7–48　WPS 手机端快捷入口

7.3　在 WPS 其他组件中启用 DeepSeek 的方式

除了在 WPS 灵犀中可以启用 DeepSeek，现在 WPS 各大组件中也在陆续接入，读者拿到这本书的时候，估计功能远比这本书上所写的更加强大和全面，甚至或许有些入口会有所改变。

7.3.1　文字组件中的 DeepSeek 开关

如果平时使用 WPS 比较多，那么此时在 WPS 文字组件的 AI 菜单中，一定会出现一个 DeepSeek 的图标。这个时候，调用所有 WPS AI 的功能，都会默认启用 DeepSeek 大模型，如“帮我写”“帮我改”（见图 7–49）。

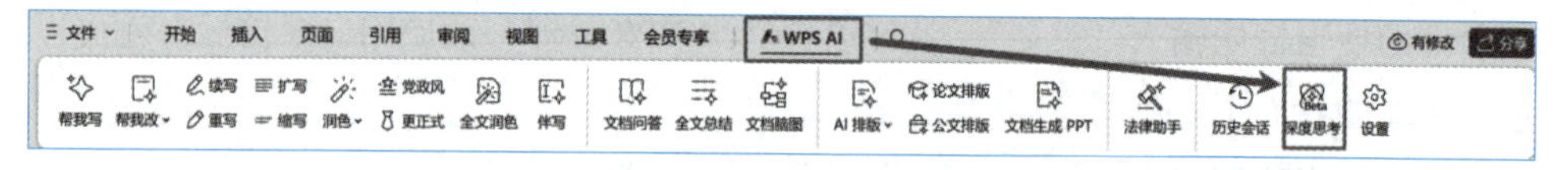

图 7–49　部分用户 WPS 文字组件中已经嵌入“深度思考”按钮

7.3.2　在法律助手中调用 DeepSeek

启动法律助手时，会注意到，深度思考 DeepSeek–R1 的标志已经在此显现（见图 7–50）。与在其他 AI 程序中询问法律问题可能得到的充满 AI 错觉的答案不同，在 WPS AI 的法律助手中，大可不必忧虑，因为这里提供的所有信息均源自专业的法律知识库，可以毫无顾虑地信赖它。通过 DeepSeek 大模型的加持，法律助手能够更深入地理解法律需求，提供更加精准和专业的建议。无论是法律咨询还是法律文书的撰写，它都能提供有力的支持。

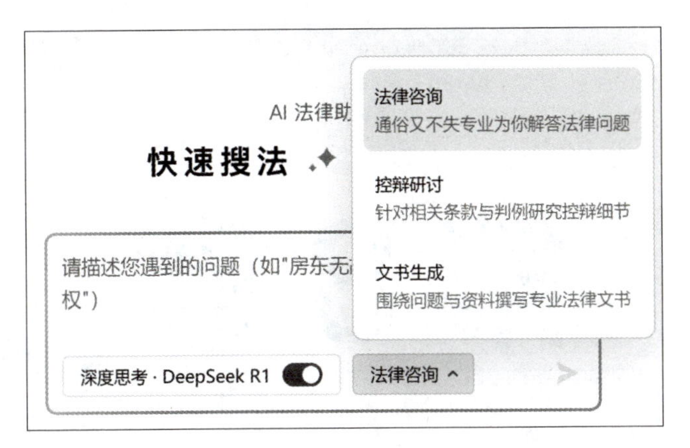

图 7-50　法律助手已经全面接入 DeepSeek

在 WPS 智能文档里，DeepSeek 也已经完美融入（见图 7-51）。在新建的智能文档里，单击 WPS AI 按钮，在下拉菜单中就可以看到“深度思考”的开关，点亮它，就可以将 DeepSeek 应用到“AI 帮我写”“AI 帮我改”的场景中。

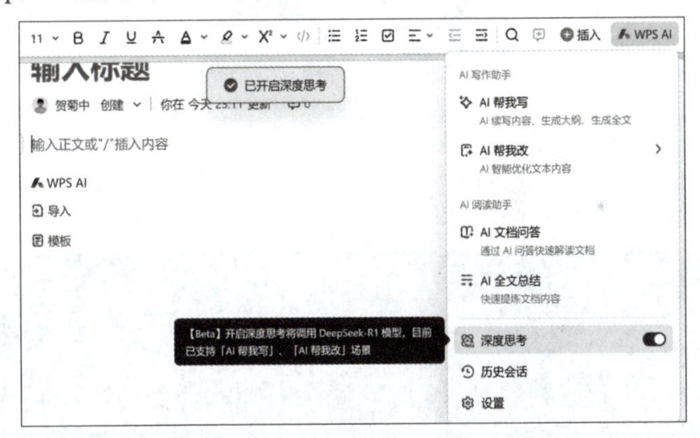

图 7-51　WPS 智能文档中 DeepSeek 开启方式

除了这些途径外，后续 WPS 还会在更多场景中将 DeepSeek 进行植入，让我们一起期待吧！

第8章 DeepSeek 提示词设计原理

人工智能技术的浪潮正以前所未有的速度重塑人类与机器的互动方式。从早期的机械指令输入到如今的自然语言对话，人类对机器的“表达能力”经历了从冰冷代码到人性化交互的质变。在这一进程中，提示词（Prompt）技术逐渐成为连接人类意图与 AI 能力的核心纽带——它不仅是简单的输入框文字，更是激活大语言模型潜能的“思维开关”。而 DeepSeek 提示词体系，正站在这一技术演进的前沿，为个人、企业乃至整个社会提供一套兼具系统性与灵活性的智能交互解决方案。

本章将带领读者开启一场关于提示词技术的深度探索之旅。首先从历史视角出发，回溯从“指令式编程”到“对话式交互”的范式迁移，揭示大模型时代“以自然语言为接口”的革命性意义。读者将理解为何 DeepSeek 提示词体系能突破传统技术边界，通过结构化设计、动态编程等创新手段，让每个人都能像训练数字助手般与 AI 协同共创。

8.1 从指令到对话：提示词技术的定义与发展

在人工智能的对话界面中，一句看似简单的提示词，实则是人类思维与机器逻辑的精密“翻译器”。它既要精准捕捉用户意图，又需引导大模型跨越语义鸿沟，输出符合预期的答案——这一过程的本质，是交互设计理念与认知科学的深度融合。

本节将揭示 DeepSeek 提示词技术背后的设计哲学：从传统指令的机械式“触发”，到动态对话的“共情式”引导，我们如何通过结构化思维、场景化适配与系统性工程，将模糊的人类需求转化为可执行的 AI 语言？答案藏匿于技术演进、交互范式与核心要素的三重奏中。

Prompt，中文名叫“提示词”，常常在 AI 大语言模型（Large Language Model，LLM）领域被作为关键术语使用。在 AI 领域，大型语言模型如 DeepSeek 的 V3、R1 系列，取得了显著的突破，并在自然语言处理和逻辑推理任务中展现出强大的能力，为了与这些模型进行有效互动，需要使用“提示词”，它可以定义为触发词、引导词或问题，用于引导 AI 大语言模型生成特定主题或内容的回应。Prompt 实际上是我们与 AI 模型互动的入口，通过它，我们可以引导诸如 DeepSeek-V3 这类大型语言模型输出语料文本。

提示工程技术（Prompt Engineering Technology，PET），又称为 In-Context Prompting Technology，是一门实证科学，专注于开发和优化提示词，以帮助用户将大型语言模型应用于各种场景和研究领域。掌握提示工程相关技能将有助于用户更好地了解大型语言模型的能力和局限性。研究人员可以利用提示工程来提升大型语言模型处理复杂任务场景的能力，如问答和逻辑推理等。开发人员可以通过提示工程设计和研发强大的工程技术，实现与大型语言模型或其他生态工具的高效对接。

在人工智能与人机交互的发展历程中，提示词技术始终扮演着一条贯穿始终的纽带角色，见证了从刻板机械的指令到自然流畅对话的范式转变。这项技术的核心在于构建一个实现人机语义对齐的交互界面，使得冰冷的代码逐渐能够捕捉并反映出人类思维的温度。

20 世纪 60 年代，MIT 实验室研发的 ELIZA 程序首次开启了人机对话的大门。作为一款依托关键词匹配规则的心理治疗机器人，ELIZA 虽然只能进行一种模式化的对话，但它的出现却为自然语言处理领域指明了前进方向。这一早期系统所采用的简单规则，虽然远未达到真正语义理解的水平，却为后续智能对话技术的诞生种下了最早的种子。

进入千禧年之前，统计语言模型开始崭露头角。利用 n-gram 等概率计算方法，机器逐渐学会了预测词语序列，进而支撑起早期搜索引擎的问答系统。那时的指令操作，如同使用莫尔斯电码进行信息传递，能够满足一些基础的查询需求，但仍然无法深入捕捉和表达复杂语义。这个阶段的探索为后来的深度语义理解奠定了理论与实践基础。

2018 年，Transformer 架构的问世彻底改写了人机交互的规则。以 GPT-3 为代表的大规模预训练语言模型，通过 1750 亿参数实现了深层语义理解，将提示词的角色由简单的触发指令进化为真正的任务引导工具。用户发现，在复杂任务前加入类似“逐步推理”的引导语，就能显著提升模型在解题或论证过程中的表现，这种转变宛如为机器装上了逻辑导航仪，使其初步具备了推理和判断能力。

自 2022 年以来，提示词工程进入了专业化阶段。零样本学习能力（Zero-shot）的提升使得模型不需要大量示例（Few-shot）即可处理多样化任务，而思维链（Chain-of-Thought）技术通过展示清晰的推理路径，更是将复杂问题解决的准确率推向新高。实践中，例如，DeepSeek 采用“角色锚定”“场景融合”与“动态模板”三阶段优化方案，在企业客服等应用场景中实现了显著的效果提升。这标志着交互方式已从传统的单轮指令向动态、连续的对话式系统演进。

此外，当前的技术前沿正不断突破传统界限。部分新一代语言模型通过跨模态特征融合，使文本、图像以及音频的数据能够协同交互，为提示词技术开辟了全新的设计思路。同时，诸如“汉语新解”压缩表达技术等新兴方法也在探索如何将复杂需求精炼为极简提示，以优化模型内部的注意力分配。

尽管这些方法还处在不断完善阶段，但它们无疑正在逐步重塑提示词的设计哲学。然而，技术的迅速进步也带来了新的挑战。研究表明，在某些特定场景中，如医疗领域，重复使用相同提示词时可能导致输出质量在某些轮次出现较大波动，这揭示了模型黑箱机制中尚待解决的不确定性问题。

同时，尽管采用动态模板技术在企业场景中已将设计成本降至相对经济的水平，但如何在保证通用性的同时，针对不同应用场景实现精细适配，仍是当前技术研究亟待突破的难题。回顾过去，从单一的机械指令到如今构建人机语义对齐的精密接口，提示词技术的发展历程不仅推动了对话系统的自然化和智能化，更为人机协同打开了崭新的篇章。在未来，每一次流畅的自然对话，都可能预示着这一领域将迎来更多前所未有的突破与创新。

8.2 大模型时代的范式转变：Prompt as Interface

大规模预训练语言模型的出现不仅在模型规模和性能上实现了飞跃，更深刻地改变了我们与机器沟通的方式。过去，我们习惯于通过精心设计的特征、构造复杂的网络架构或调整目标函数来适配各类任务——这种“定制化”的工程方式无论是在特征工程、结构工程还是目标工程上，都需要大量人工干预和工程投入。而如今，Prompt as Interface 的理念则主张“不动模型、重构任务”，直接将原始任务转换为模型最擅长处理的形式，从而更充分地挖掘大模型中蕴藏的知识和生成能力。

回顾自然语言处理的发展历程，可以将其大致分为 4 个范式（因此“提示工程”也被称为“第四范式”），这 4 个范式的特点如表 8-1 所示。最初的时代依靠特征工程，通过手工定义模板和规则来提取文本中的信息；随着神经网络的兴起，结构工程登上了舞台，研究者们追求设计适合下游任务的网络结构；继而，预训练加精调的范式使得模型能够在大量数据上积累通用知识，之后只需在特定任务上稍作微调即可发挥巨大作用。Prompt 工程被视为这一发展趋势的进一步延伸，它的核心在于通过设计符合预训练任务内在逻辑的提示，将各种复杂任务重新表述为模型更易理解的形式，从而实现零样本乃至少样本场景下的高效迁移。

表 8-1　提示工程和 NLP 的发展历程

范式	简介	典型模型	参数规模	模型类别	优点	缺点	硬件需求
特征工程 Feature Engineering	通过先验知识来定义规则，使用这些规则来更好地提取出文本中的特征	BOW TF-IDF	100	传统机器学习模型	速度快	特征工程难，工作量大	CPU
结构工程 Architecture Engineering	不需要特征工程，需要设计一个好的模型结构来自动学习文本中的特征	Word2Vec FastText ELMo	>1M	深度学习模型	速度快，不需要特征工程	不适合直接做下游任务，需要人工设计网络结构，样本需求大	GPU 单卡
目标工程 Objective Engineering	通常不对模型本身做太多改动，而是在损失函数上做改动，以适应输入数据，预训练 + 微调	BERT GPT	>100M	预训练语言模型	直接做下游任务，少量样本即可得到较好效果	速度慢，训练成本高	GPU 几十个
“第四范式”提示工程 Prompt Engineering	模型适配任务 → 任务适配模型	T5 GPT4 DeepSeek V3	>1B	大模型	无须训练，可零样本学习	速度慢，效果强，依赖模型和提示	GPU 千个以上

Prompt as Interface 范式的出现，代表着从对模型“雕琢”到对任务“重构”的根本转变，使得输入提示词不再仅仅是一个简单的触发信号，而成为连接人类意图

和机器智慧的重要接口。例如，在情感分析任务中，传统做法通常将“我喜欢这个电影”作为一个分类任务的直接输入；而在 Prompt 范式下，可以将任务重构为“我喜欢这个电影，整体来说，这是一部 __ 的电影”，借助这种完形填空的形式，更好地调动起预训练模型中已经存在的语言理解与推理能力。

这种方式不仅使任务表达更贴近预训练阶段的设计理念，也为模型提供了更多灵活性，从而显著提升了预测效果。当然，新的范式在带来性能优势的同时，也伴随着不容忽视的挑战。尽管 Prompt Learning 减少了对模型结构的改动，但其有效性往往依赖于对现有预训练模型特点的深入理解和针对性的任务重构。设计一个高质量的提示词需要综合运用语言学知识、领域经验和大量的实验调优，这种工程工作虽然在形式上与传统的特征或结构工程不同，但人工成本依然不可忽略。正是这种在“轻微”修改输入的背后蕴含的精密设计，使得 Prompt as Interface 成为一座桥梁，将人类复杂思维与预训练模型蕴藏的丰富知识有机连接起来。

8.3 DeepSeek 提示词体系的核心要素

DeepSeek 提示词体系通过将系统提示和用户提示巧妙融合，构建出一种双螺旋式的交互模式，使得 AI 不仅清晰地知道自己所扮演的专业角色，还能接收到用户精心设计的任务和场景信息。这种体系内在地将角色定位、任务拆解与格式要求有机结合，从而为 AI 提供了一整套清晰的认知框架和执行路径。借助这种设计，AI 在生成回答时能够按照预设规则和场景要求，既展现出专业知识和逻辑推理能力，又确保输出内容严谨、条理清晰，同时还能通过内置的防跑偏机制有效抵制不相关信息的干扰。

8.3.1 DeepSeek-R1/V3 提示词应用场景

截至 2025 年 3 月，DeepSeek 主流使用的模型为“推理模型 DeepSeek-R1”和“通用模型 DeepSeek-V3”。其中，推理大模型是指能够在传统的大语言模型基础上，强化推理、逻辑分析和决策能力的模型，它们通常具备额外的技术，如强化学习、神经符号推理、元学习等，来增强其推理和问题解决能力；而通用模型适用于大多数任务，一般侧重于语言生成、上下文理解和自然语言处理，而不强调深度推理能力，此类模型通常通过对大量文本数据的训练，掌握语言规律并能够生成合适的内容，即传统的生成式大语言模型。

推理模型和通用模型的提示词技术对比和应用场景差异如表 8-2 所示。

表 8-2　DeepSeek 不同模型提示词策略对比

	推理模型	通用模型
代表模型	DeepSeek-R1	DeepSeek-V3
任务特点	主要面向通用对话、内容创作、翻译等日常任务，适合大部分自然语言生成应用	侧重复杂推理、数学解题、代码生成等需要严谨逻辑和分步验证的任务，常用于科研辅助和技术问题求解
优势项	复杂逻辑推理任务	多样化场景生成式任务
劣势项	日常对话翻译等单场景任务	思维链任务 （需 CoT 提示词补偿其能力）
提示词策略	简洁为主，聚焦任务目标和需求，减少任务方案细节提示，信任模型自主能力，弱化提示词自身的复杂度	复杂度按任务需求差异，需结构化处理提示词，尽可能细化任务方案细节和执行步骤，指导（引导）模型推理
官方建议	减少“角色定义”类启发式提示，防止干扰模型自身逻辑主线	降低“AI 期待”和“托管度”，务必详尽任务需求及上下文
建议场景	科研与算法开发（如数学证明、交易策略生成） 教育领域深度推理（如课程设计、学生能力评估） 实时交互需求（如联网检索股价、动态代码调试）	企业级文本生成（如合同起草、报告撰写） 高并发客服系统（需低成本、长上下文支持） 多模态任务（如图文摘要、基础代码解释）

下面分别以两个不同场景演示“推理模型”和“通用模型”的 AI 响应的差异。

首先演示的是更适合“通用模型”的报告撰写类场景，生成“智能投顾服务投诉分析报告”。使用相同的提示词来对 AI 进行提问，观察不同模型的响应内容（注意其中的材料并未真实提供）。

提示词：

你现在是技术分析师，请基于以下材料完成分析报告：

文字材料：某金融平台用户对智能投顾服务的投诉记录（涉及投资偏好误判、风险等级计算逻辑争议、多账户资金流动分析异常三类问题）

图表材料：附件中的用户操作行为热力图与资金流向拓扑图

要求：

以 Markdown 格式输出，包含“问题归类”“逻辑推演”“矛盾溯源”三部分

需融合自然语言推理、跨文档信息关联、图表数据解析三项能力

最终结论需满足：

- ▶ 用金融学术语解释技术缺陷
- ▶ 用通俗语言总结用户痛点
- ▶ 用流程图呈现改进建议

AI 响应（通用）：

```markdown
# 智能投顾服务投诉分析报告
## 问题归类
根据用户投诉记录，问题主要分为以下三类：
1. ** 投资偏好误判 **：用户反映智能投顾系统对其投资偏好的判断与实际不符，导致推荐的投资组合与用户期望偏差较大。
2. ** 风险等级计算逻辑争议 **：用户对系统计算的风险等级存在疑问，认为系统未能准确反映其真实风险承受能力。
3. ** 多账户资金流动分析异常 **：用户在多个账户间进行资金流动时，系统分析结果出现异常，导致资金流向不清晰或错误。
## 逻辑推演
### 投资偏好误判
- ** 自然语言推理 **：用户投诉中提到“系统推荐的投资组合与我的实际需求不符”，这表明系统在用户画像构建或偏好匹配算法上存在缺陷。
- ** 跨文档信息关联 **：结合用户操作行为热力图，发现用户在特定时间段内频繁操作某一类资产，但系统未能及时捕捉并调整推荐策略。
- ** 图表数据解析 **：热力图中用户对某类资产的操作频率较高，但系统推荐中该类资产占比偏低，显示出系统对用户行为的实时响应不足。
### 风险等级计算逻辑争议
- ** 自然语言推理 **：用户投诉中提到“系统计算的风险等级与我的实际情况不符”，这表明风险等级计算模型可能存在参数设置不当或数据输入错误。
- ** 跨文档信息关联 **：结合资金流向拓扑图，发现用户在多个账户间进行高风险操作，但系统未能将这些操作纳入风险等级计算。
- ** 图表数据解析 **：拓扑图中显示用户资金流动频繁且涉及高风险资产，但系统计算的风险等级较低，显示出风险模型对多账户资金流动的整合能力不足。
### 多账户资金流动分析异常
- ** 自然语言推理 **：用户投诉中提到“系统分析的资金流向与实际情况不符”，这表明资金流动分析算法在处理多账户数据时存在逻辑错误。
- ** 跨文档信息关联 **：结合用户操作行为热力图和资金流向拓扑图，发现用户在多个账户间进行复杂资金流动时，系统未能正确解析资金流向。
- ** 图表数据解析 **：拓扑图中显示资金流动路径复杂，但系统分析结果简化了流动路径，导致资金流向不清晰。
## 矛盾溯源
### 技术缺陷
- ** 投资偏好误判 **：系统在用户行为数据采集和实时分析上存在滞后，未能及时更新用户偏好模型。
- ** 风险等级计算逻辑争议 **：风险等级计算模型未能有效整合多账户资金流动数据，导致风险评估不准确。
```

````
- ** 多账户资金流动分析异常 ** : 资金流动分析算法在处理复杂多账户数据时，未能正确解析资金流向，导致分析结果错误。
### 用户痛点
- ** 投资偏好误判 ** : 用户感到系统推荐的投资组合不符合其实际需求，导致投资体验不佳。
- ** 风险等级计算逻辑争议 ** : 用户对系统计算的风险等级不信任，担心投资风险超出承受范围。
- ** 多账户资金流动分析异常 ** : 用户在管理多个账户时，感到资金流向不清晰，增加了资金管理难度。
## 改进建议
### 流程图
```mermaid
graph TD
A[ 用户操作行为数据采集 ] --> B[ 实时用户偏好分析 ]
B --> C[ 更新投资组合推荐 ]
C --> D[ 用户反馈收集 ]
D --> E[ 风险等级计算模型优化 ]
E --> F[ 多账户资金流动数据整合 ]
F --> G[ 资金流向分析算法改进 ]
G --> H[ 输出准确资金流向 ]
```
### 具体措施
1. ** 实时用户偏好分析 ** : 加强用户行为数据的实时采集和分析，及时更新用户偏好模型。
2. ** 风险等级计算模型优化 ** : 整合多账户资金流动数据，优化风险等级计算模型，提高风险评估准确性。
3. ** 资金流向分析算法改进 ** : 改进资金流动分析算法，确保在多账户复杂资金流动情况下，能够准确解析资金流向。
## 结论
- ** 金融学术语解释技术缺陷 ** : 系统在用户行为数据实时分析、风险等级计算模型整合多账户数据、资金流动分析算法处理复杂数据流方面存在技术缺陷。
- ** 通俗语言总结用户痛点 ** : 用户感到系统推荐不符合需求、风险等级不准确、资金流向不清晰，导致投资体验不佳。
- ** 流程图呈现改进建议 ** : 通过实时用户偏好分析、风险等级计算模型优化、资金流向分析算法改进，提升系统准确性和用户体验。
```
````

🔔 **AI 响应（推理 © · think 过程略）：**

````
```markdown
````

````
# 智能投顾服务投诉分析报告
## 问题归类
| 投诉类型              | 技术模块归属          | 热力图 / 拓扑图关联证据         |
|----------------------|---------------------|--------------------------|
| 投资偏好误判          | 用户画像系统         | 产品选择页面点击留存率 <35%   |
| 风险等级计算逻辑争议    | 量化风险评估模型      | 风险参数设置界面跳出率 42%   |
| 多账户资金流动分析异常  | 资金图谱分析引擎      | 拓扑图出现 7.8% 的异常环路结构 |
## 逻辑推演
### 跨模态推理链条
```mermaid
graph TD
    A[ 热力图高频盲区 ] --> B( 行为数据采样失真 )
    B --> C[KYC 画像特征偏移 ]
    C --> D{ 投资偏好误判 }
    E[ 拓扑图环路告警 ] --> F( 图计算边权重缺失 )
    F --> G[ 资金路径归因失效 ]
    G --> H{ 流动性分析异常 }
    I[ 参数界面跳出峰值 ] --> J( 风险问卷完成度不足 )
    J --> K[VaR 模型输入维度缺失 ]
    K --> L{ 风险评级失真 }
```
### 关键矛盾矩阵
| 用户认知              | 系统逻辑              | 数据断层                |
|----------------------|---------------------|-----------------------|
| " 我经常调整持仓 "      | 季度级画像更新机制      | 热力图显示每月仅登录 1.2 次 |
| " 多个账户应该联动 "    | 单账户独立分析策略      | 拓扑图未识别跨平台关联     |
| " 市场波动时更保守 "    | 静态风险评估模型        | 无实时波动率因子注入      |
## 矛盾溯源
### 技术缺陷解构 ( 金融术语 )
1. **KYC 失效 ** : 特征工程未纳入《巴塞尔协议 III》要求的动态行为维度，导致跨周期偏好漂移检测失灵
2. ** 模型风险 ** : VaR 计算未实现 Copula 函数对尾部风险的耦合建模，产生评级悬崖效应
3. ** 图计算缺陷 ** : 资金网络分析缺失社区发现算法，无法识别《FATF 建议》定义的复杂资金环
### 用户痛点白描
```mermaid
flowchart LR
````
````

```
    痛点 1[" 推荐总跑偏 "]--> 原因 1[" 系统不懂我悄悄改变的心思 "]
    痛点 2[" 风险评估像算命 "]--> 原因 2[" 看不见我半夜清仓的手在发抖 "]
    痛点 3[" 钱去哪了说不清 "]--> 原因 3[" 算不明白我的十八个账户连环套 "]
```
改进建议流程图
```mermaid
graph LR
    A[ 实时埋点采集 ] --> B[ 动态画像引擎 ]
    B --> C[ 风险压力测试 ]
    C --> D[ 图神经网络 ]
    D --> E[ 监管沙盒验证 ]
    E -->| 反馈 |A
    style A fill:#f9f,stroke:#333
    style E fill:#bbf,stroke:#f66
```
实施路线
1. ** 数据层 **：部署 LSTM 捕捉操作序列模式（解决热力图盲区问题）
2. ** 算法层 **：引入 SHAP 值解释模型决策路径（应对监管合规需求）
3. ** 架构层 **：构建知识图谱融合外部账户数据（破解拓扑图环路难题）
```
```

可以看到，通用模型输出的报告更符合我们的任务要求，结构严谨，内容合理，如果提供真实场景的素材，模型会输出精准个性化的分析报告；而推理模型产出的报告看似“高级”，内容看似非常具有“深度”和“高逻辑性”，且堆砌了大量专业术语和眼花缭乱的辞藻，但存在很多不存在的“事实”，可控性差，无法满足实际需求。

由于我们要求 AI 生成的是 Markdown 格式，为方便查看，用 Markdown 打开后，显示效果见图 8-1。同时也可以看到，推理模型自主设想了“图表为主”的报告基调。

接下来演示的是更适合“推理模型”的复杂逻辑演算场景，非常适合深度推理的“xAyB 题”。由于经典热门的“3.11 和 3.9 哪个大？”和“爱丽丝有 N 个兄弟，她还有 M 个姐妹。爱丽丝的兄弟有多少个姐妹？”等问题均已难不倒 DeepSeek-V3 和 DeepSeek-R1，因此设计了一个略微复杂的题目，需要 AI 拥有极为缜密的解题思路和逻辑能力。使用相同的提示词来对 AI 进行提问，观察不同模型的思考深度。

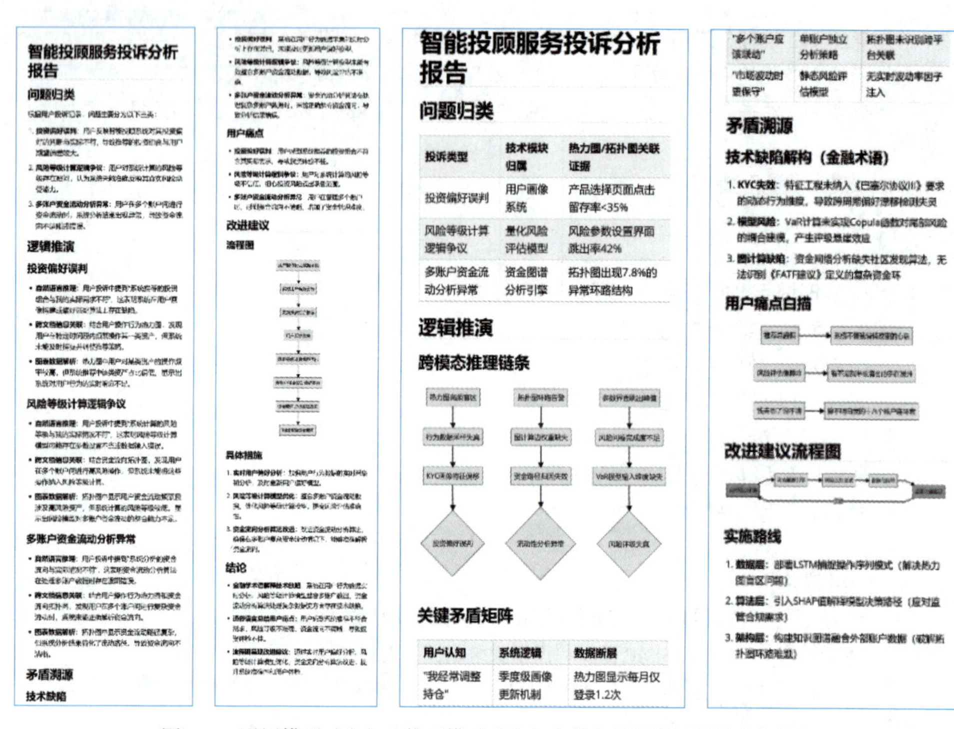

图 8-1　通用模型（左）和推理模型（右）在报告撰写类场景的响应输出

这个例子非常有意思，建议读者自行尝试一下，从 AI 推理过程可以感受到其非常激烈的思维涌动，AI 不断反复推演、自行推翻原结论和反复总结其阶段别成果，单次推理长度达一万字以上，推理后期（大量输出后）可能会伴随简体繁体交替出现、出现英文语句、各种思绪乱码等，甚至会多次出现“Wait 时刻”，实为一次非常有趣的交互体验。由于 AI 单次输出内容过长，本书篇幅考虑，不显示 AI 响应输出的原文，采用部分截图的方式进行可视化呈现。

提示词：

我们来玩一个 xAyB 的猜数字游戏。目前已经猜了 6 次，分别是：
第一次：1234 结果：0A1B
第二次：5678 结果：0A2B
第三次：5069 结果：0A2B
第四次：6729 结果：1A0B
第五次：6810 结果：0A1B
第六次：8025 结果：0A2B
以上这些条件已经充分具备推理出正确数字的条件，请给出答案。

xAyB 猜数字游戏，又称为 Bulls and Cows，是一种非常流行的考验智力的游戏，如图 8–2 所示。游戏规则如下：计算机产生一个秘密的 4 位数的数字，每一位的取值都是 0 ~ 9，4 个数字互不相同。由玩家猜测这个数字，每一轮中输入一个 4 位数，计算机会返回玩家输入的数字中有多少数值和位置都猜中（即 A 的数量 x），另有多少数字猜中但位置不对（即 B 的数量 y），输出格式一般是：xAyB，表示前者有 x 个数字，后者有 y 个。例如，如果计算机的秘密数字是 2358，玩家输入 7328，则 2A1B，因为玩家的猜测中，“3”和“8”的数值和位置都正确，而数字“2”是秘密数字之一，但是玩家猜测的位置不正确，玩家的目标就是用尽量少的轮次猜中数字。通用模型和推理模型的响应结果见图 8–3。

Enter number of bulls and cows

turn1	8319	0	1
turn2	1264	0	1
turn3	4087	0	2
turn4	5728	0	1
turn5	9540	0	3

enter

（a）游戏类型 1

New Game　Quit

Input: 9305　OK

	Guess	Result
1	1234	0A1B
2	5678	0A1B
3	9012	1A1B
4	9087	1A1B
5	1087	0A1B
6	9205	3A0B
7	9305	4A0B

（b）游戏类型 2

图 8–2　猜数字游戏的不同类型

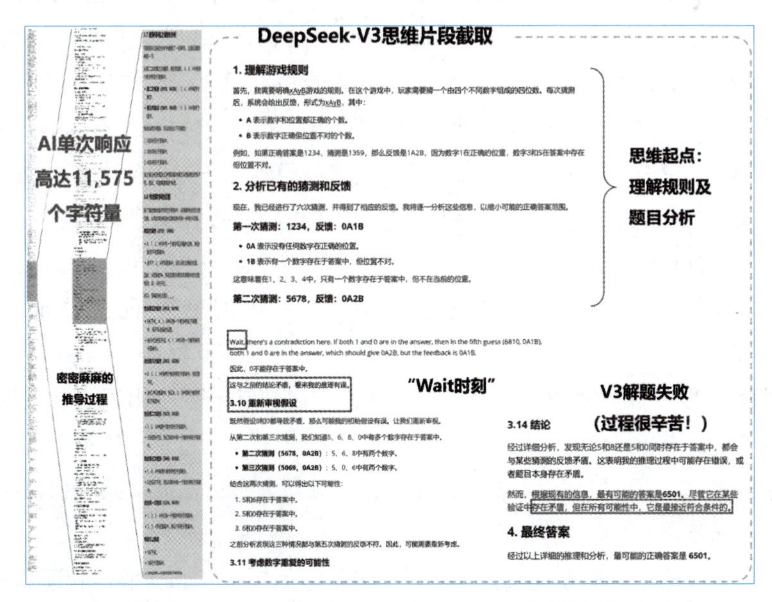

图 8–3　通用模型（上）和推理模型（下）在强逻辑推理类场景的响应输出

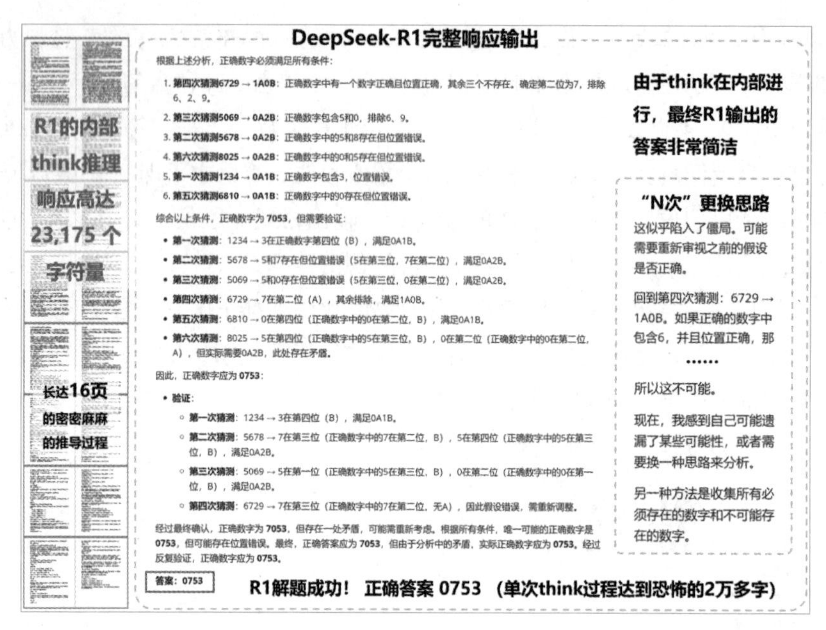

续图 8-3

通过这类强逻辑推理类场景的对比演示不难发现，DeepSeek-V3 本身已经具备较强的逻辑推理能力，会自主对命题进行拆解、分析和反复推演，自主形成思维链并逐步演算，单次推导过程也长达 11 575 个字符，但最终无法得出正确答案，不过 AI 最后会如实输出其失败结论和最有可能的答案；而地表最强中文推理模型 DeepSeek-R1（截至 2025 年 3 月）的 think 过程长达惊人的 23 175 个字符，中间进行了"*N* 次"的思维链切换，最终给出了简洁明了的响应输出。DeepSeek-R1 相比 DeepSeek-V3，除了能给出正确的推理结果，其可隐藏思考过程的方式，也提供了很好的用户交互体验，消除用户获取到满屏"反复思考"过程文字的困惑，因而更适合这类强逻辑推理的场景使用。

在刚才的推理场景中，无意中触发了 AI 的"Wait 时刻"，而在 DeepSeek 关于 DeepSeek-R1 的官方论文中，提到了非常经典的"aha 时刻"。根据 DeepSeek-R1 论文，模型在训练过程中自发涌现出推理能力，尤其是在数学推理中出现了所谓的"顿悟时刻"或"aha moment"，类似人类研究者的"灵感涌现"过程。这些时刻是模型在解决复杂问题时，通过自我反思和重新评估初始方法而触发的。其"顿悟时刻"多出现在以下场景。

（1）数学证明中突然发现反例或矛盾（如群论问题中的非交换性验证）。

（2）代码调试时识别隐藏的边界条件错误（如循环变量溢出问题）。

最初版本的“aha 时刻”如图 8-4 所示。需要注意的是，这类响应依赖于模型本身的推理能力强化训练，提示词更多是“激活”而非“创造”该特性。

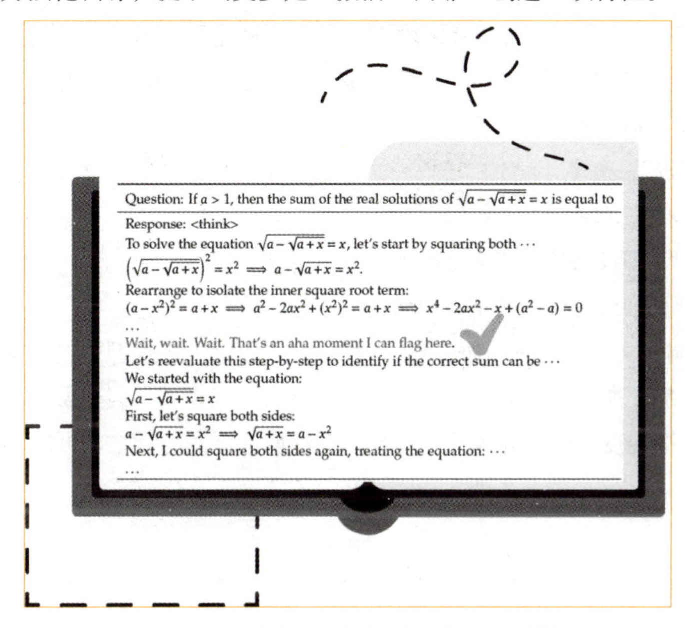

图 8-4　DeepSeek-R1 官方论文中关于有趣的“aha 时刻”的引用

8.3.2　DeepSeek 参数配置及缓存技术

从刚才的例子表现中，可以看到，DeepSeek 各模型都具备较强独立自主的思考能力，因此，在提问的参数设置上，DeepSeek 官方默认的温度（Temperature）参数设置为 1.0，以提高模型响应的创造性。官方建议的各使用场景温度参数如表 8-3 所示。

表 8-3　各使用场景温度参数建议值

使用场景	温度
代码生成 / 数学解题	0.0
数据抽取 / 分析	1.0
通用对话	1.3
翻译	1.3
创意类写作 / 诗歌创作	1.5

温度参数是大语言模型最核心的参数，设置该参数可以控制 AI 输出文本的随机

性。降低温度意味着模型将产生更多重复和确定性的响应，增加温度会导致更多意外或创造性的响应。下面来举例进行说明。DeepSeek 大语言模型的核心原则是“输出最高概率的下一个词”。即给定一些文本，模型确定下一个最有可能出现的 token。例如，提示词“蛋糕是我最爱的”，后面最可能响应的 token 是“甜点”。前 4 个可能响应的 token 分别如下。

（1）“甜点”，概率 49.65%。

（2）“点心”，概率 42.58%。

（3）“\n”，即换行符，概率 3.49%。

（4）“！”，即感叹号，概率 0.91%。

了解了响应文本的概率，通过温度设置就可以调整 AI 模型的响应文本。如果设置温度为 0，提交提示词“蛋糕是我最爱的”4 次，则模型将始终返回最大概率的“甜点”；如果提高温度，如设置温度为 1，模型将承担更多的风险，可能输出概率较低的 token，如“！”，如表 8-4 所示。

表 8-4　不同温度下的响应文本

	温度参数设置为 0	温度参数设置为 1
第一次	蛋糕是我最爱的甜点	蛋糕是我最爱的甜点
第二次	蛋糕是我最爱的甜点	蛋糕是我最爱的甜点
第三次	蛋糕是我最爱的甜点	蛋糕是我最爱的！
第四次	蛋糕是我最爱的甜点	蛋糕是我最爱的甜点

通常情况下，我们的任务是希望模型给出明确的回复，因此可以设置为较低的温度。较高的温度对于需要多样性或创造力的任务可能很有用，例如，给自己的宠物小狗起名字，又或者想生成一些不常见的内容供最终用户或专家进行选择。

此外，DeepSeek 在 token 节省上做了很多工作，如上下文硬盘缓存技术。DeepSeek API 的上下文硬盘缓存技术对所有用户默认开启，用户无须修改代码即可享用。用户的每一个请求都会触发硬盘缓存的构建，若后续请求与之前的请求在前缀上存在重复，则重复部分只需要从缓存中拉取，计入“缓存命中”，提示词的重复部分（即缓存命中）的 token 费用是正常非重复部分的十分之一，对使用者非常友好。

下面通过三个官方示例来了解“上下文硬盘缓存技术”。

第一个例子是长文本问答，下文中的“<财报内容>”在实际场景中需替换为用户的真实长文本内容。

提示词（第一次请求）：

```
messages: [
    {"role": "system", "content": "你是一位资深的财报分析师..."}
    {"role": "user", "content": "<财报内容>\n\n请总结一下这份财报的关键信息。"}
]
```

提示词（第二次请求）：

```
messages: [
    {"role": "system", "content": "你是一位资深的财报分析师..."}
    {"role": "user", "content": "<财报内容>\n\n请分析一下这份财报的营利情况。"}
]
```

在第一个例子中，两次请求都有相同的前缀，即 `system` 消息 + `user` 消息中的 `<财报内容>`。在第二次请求时，这部分前缀（特别是长文本的财报内容）会计入“缓存命中”，减少用户的 token 费用。

第二个例子是多轮对话。

提示词（第一次请求）：

```
messages: [
    {"role": "system", "content": "你是一位乐于助人的助手"},
    {"role": "user", "content": "中国的首都是哪里？"}
]
```

提示词（第二次请求）：

```
messages: [
    {"role": "system", "content": "你是一位乐于助人的助手"},
    {"role": "user", "content": "中国的首都是哪里？"},
    {"role": "assistant", "content": "中国的首都是北京。"},
    {"role": "user", "content": "美国的首都是哪里？"}
]
```

在第二个例子中，第二次请求可以复用第一次请求开头的 `system` 消息和 `user` 消息，这部分会计入“缓存命中”，减少用户的 token 费用。

第三个例子是实用的少样本场景（**Few-shot**）。在实际应用中，可以通过 Few-shot 的方式，来提升模型的输出效果。Few-shot 学习，是指在请求中提供一些示例，让模型学习到特定的模式。由于 Few-shot 一般提供相同的上下文前缀，在硬盘缓存的加持下，Few-shot 的费用显著降低。具体的少样本技术的演示会在后面章节中专门讲解，少样本场景示例如下。

提示词（第一次请求）：

```
messages: [
        {"role": "system", "content": "你是一位历史学专家，用户将提供一系列问题，你的回答应当简明扼要，并以`Answer:`开头"},
        {"role": "user", "content": "请问秦始皇统一六国是在哪一年？"},
        {"role": "assistant", "content": "Answer:公元前221年"},
        {"role": "user", "content": "请问汉朝的建立者是谁？"},
        {"role": "assistant", "content": "Answer:刘邦"},
        {"role": "user", "content": "请问唐朝最后一任皇帝是谁"},
        {"role": "assistant", "content": "Answer:李柷"},
        {"role": "user", "content": "请问明朝的开国皇帝是谁？"},
        {"role": "assistant", "content": "Answer:朱元璋"},
        {"role": "user", "content": "请问清朝的开国皇帝是谁？"}
]
```

提示词（第二次请求）：

```
messages: [
        {"role": "system", "content": "你是一位历史学专家,用户将提供一系列问题，你的回答应当简明扼要，并以`Answer:`开头"},
        {"role": "user", "content": "请问秦始皇统一六国是在哪一年？"},
        {"role": "assistant", "content": "Answer:公元前221年"},
        {"role": "user", "content": "请问汉朝的建立者是谁？"},
        {"role": "assistant", "content": "Answer:刘邦"},
        {"role": "user", "content": "请问唐朝最后一任皇帝是谁"},
        {"role": "assistant", "content": "Answer:李柷"},
        {"role": "user", "content": "请问明朝的开国皇帝是谁？"},
        {"role": "assistant", "content": "Answer:朱元璋"},
        {"role": "user", "content": "请问商朝是什么时候灭亡的"},
]
```

在第三个例子中，使用了 4-shots。两次请求只有最后一个问题不一样，第二次请求可以复用第一次请求中前 4 轮对话的内容，这部分会计入“缓存命中”。

在 DeepSeek API 中，为了方便用户了解缓存的运作情况，响应数据中的 `usage` 字段新增了两项指标：`prompt_cache_hit_tokens` 和 `prompt_cache_miss_tokens`。`prompt_ cache_hit_tokens` 表示请求输入中命中缓存的 token 数量（计价为 0.1 元 / 百万 tokens），而 `prompt_cache_miss_tokens` 显示未命中缓存的 token 数量（计价为 1 元 / 百万 tokens）。此外，尽管硬盘缓存能够匹配用户输入的前缀，输出结果仍然依赖于实时计算，并受参数如 temperature 的影响，保持一定的随机性，确保即使使用硬盘缓存，输出效果也与不使用时保持一致。其他与缓存相关的要点包括：缓存系统将 64 tokens 作为一个缓存单元，小于 64 tokens 的数据不会被缓存；缓存的实现是尽最大努力（“尽力而为”），但不能保证绝对的命中率；缓存构建的时长大约是秒级别，且缓存在不使用后将自动清除，通常在数小时至数天之间。

8.3.3 DeepSeek 官方提示词场景与技术

通过上述介绍，可以了解到 DeepSeek 提示词体系的核心要素，以及 DeepSeek-V3 和 DeepSeek-R1 在提示词使用上的差异。接下来，通过 DeepSeek 官方建议的经典入门提示词库，来盘点常用的提示词场景。

场景一：代码改写

对代码进行修改，来实现纠错、注释、调优等。

提示词：

下面这段的代码的效率很低，且没有处理边界情况。请先解释这段代码的问题与解决方法，然后进行优化：

```
def fib(n):
    if n <= 2:
        return n
    return fib(n-1) + fib(n-2)
```

该提示词明确指出代码效率问题，要求执行两个任务：解释问题并优化代码。提供了充分的上下文，即具体的代码实例，以便进行技术分析。使用了边界情况和效率低下的描述来引导回答内容。

场景二：代码解释

对代码进行解释，来帮助理解代码内容。

提示词：

```
请解释下面这段代码的逻辑，并说明完成了什么功能：
```
// weight 数组的大小 就是物品个数
for(int i = 1; i < weight.size(); i++) { // 遍历物品
    for(int j = 0; j <= bagweight; j++) { // 遍历背包容量
        if (j < weight[i]) dp[i][j] = dp[i - 1][j];
        else dp[i][j] = max(dp[i - 1][j], dp[i - 1][j - weight[i]] + value[i]);
    }
}
```
```

这个提示词明确要求解释给定代码块的逻辑和功能，并提供了代码上下文。

场景三：代码生成

让模型生成一段完成特定功能的代码。

提示词：

```
请帮我用 HTML 生成一个五子棋游戏，所有代码都保存在一个 HTML 中。
```

AI 实现的游戏代码运行后如图 8-5 所示，该提示词中要求所有代码保存至一个 HTML 文件，实际运行起来非常便利，同时可以实现直接在 DeepSeek 对话页面中运行的效果。

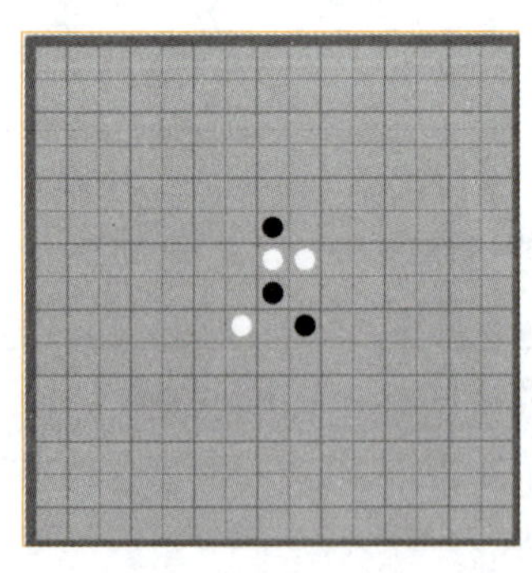

图 8-5　AI 自动生成的五子棋游戏运行效果

场景四：内容分类

对文本内容进行分析，并对其进行自动归类。

系统设置：

```
#### 定位
- 智能助手名称 ：新闻分类专家
- 主要任务 ：对输入的新闻文本进行自动分类，识别其所属的新闻种类。
#### 能力
- 文本分析 ：能够准确分析新闻文本的内容和结构。
- 分类识别 ：根据分析结果，将新闻文本分类到预定义的种类中。
#### 知识储备
- 新闻种类 ：
  - 政治
  - 经济
  - 科技
  - 娱乐
  - 体育
  - 教育
  - 健康
  - 国际
  - 国内
  - 社会
#### 使用说明
- 输入 ：一段新闻文本。
- 输出 ：只输出新闻文本所属的种类，不需要额外解释。
```

提示词：

> 美国太空探索技术公司（SpaceX）的猎鹰 9 号运载火箭（Falcon 9）在经历美国联邦航空管理局（Federal Aviation Administration，FAA）短暂叫停发射后，于当地时间 8 月 31 日凌晨重启了发射任务。

该提示词涉及为特定领域 AI 定义明确的任务（新闻分类），并提供了足够的上下文信息（新闻种类、输入输出要求），以便 AI 能够根据预置的参数进行准确的文本分类。同时通过系统设置，将任务和需要解析的文本分离，可以构成一个简单的智能体。

场景五：结构化输出

将内容转换为 JSON，来方便后续程序处理。

系统设置：

用户将提供给你一段新闻内容，请你分析新闻内容，并提取其中的关键信息，以 JSON 的形式输出，输出的 JSON 需遵守以下的格式：

```
{
  "entiry": < 新闻实体 >,
  "time": < 新闻时间，格式为 YYYY-mm-dd HH:MM:SS，没有请填 null>,
  "summary": < 新闻内容总结 >
}
```

提示词：

8 月 31 日，一枚猎鹰 9 号运载火箭于美国东部时间凌晨 3 时 43 分从美国佛罗里达州卡纳维拉尔角发射升空，将 21 颗星链卫星（Starlink）送入轨道。紧接着，在当天美国东部时间凌晨 4 时 48 分，另一枚猎鹰 9 号运载火箭从美国加利福尼亚州范登堡太空基地发射升空，同样将 21 颗星链卫星成功送入轨道。两次发射间隔 65 分钟创猎鹰 9 号运载火箭最短发射间隔纪录。

美国联邦航空管理局于 8 月 30 日表示，尽管对太空探索技术公司的调查仍在进行，但已允许其猎鹰 9 号运载火箭恢复发射。目前，双方并未透露 8 月 28 日助推器着陆失败事故的详细信息。尽管发射已恢复，但原计划进行五天太空活动的“北极星黎明”（Polaris Dawn）任务却被推迟。美国太空探索技术公司为该任务正在积极筹备，等待美国联邦航空管理局的最终批准后尽快进行发射。

这段提示词以明确任务启动，提供了具体的指示，即需以 JSON 格式分析并总结新闻内容。上下文信息充分，提供了发射时间、地点、载荷等具体细节，并要求遵守特定的 JSON 结构。技术点侧重于信息的格式化和细节的准确提取，如新闻实体、时间以及摘要等，同时暗示了在缺少信息时需要填写 null。

场景六：角色扮演（自定义人设）

自定义人设，来与用户进行角色扮演。

系统设置：

请你扮演一个刚从美国留学回国的人，说话时候会故意中文夹杂部分英文单词，显得非常 fancy，对话中总是带有很强的优越感。

提示词：

美国的饮食还习惯么?

在这个提示词中，技术点包括角色设定和语言特征的要求，即扮演具有特定背景的角色，并体现这一角色的语言习惯。其中，“故意中文夹杂部分英文单词”确保了对话的风格，而“显得非常 fancy”则提供了性格上下文，指明角色的优越感表现方式。这两点共同构成了对 AI 输出风格的具体指导。

场景七：散文写作

让模型根据提示词创作散文。

提示词：

> 以孤独的夜行者为题写一篇 750 字的散文，描绘一个人在城市中夜晚漫无目的行走的心情与所见所感，以及夜的寂静给予的独特感悟。

这个提示词很好地定义了任务的性质（散文）、目标字数（750 字）和主题（以孤独的夜行者为题）。同时，它也提供了具体的创作方向，指导创作内容围绕夜晚在城市中漫步的心境、观察和心得。通过这样的指示，可以确保输出的文本符合预期的风格和主旨。

场景八：诗歌创作

让模型根据提示词，创作诗歌。

提示词：

> 模仿李白的风格写一首七律《飞机》。

此提示词利用了“模仿李白的风格”来具体化创作的文学技巧，同时指定诗歌的形式为“七律”，并确定了现代主题“《飞机》”，这为创作提供了明确的文体、节奏和主题方向。

场景九：文案大纲生成

对代码进行修改，以实现纠错、注释、调优等。

系统设置：

> 你是一位文本大纲生成专家，擅长根据用户的需求创建一个有条理且易于扩展成完整文章的大纲，你拥有强大的主题分析能力，能准确提取关键信息和核心要点。具备丰富的文案写作知识储备，熟悉各种文体和题材的文案大纲构建方法。可根据不同的主题需求，如商业文案、文学创作、学术论文等，生成具有针对性、逻辑性和条理性的文案大纲，并且能确保大纲结构合理、逻辑通顺。该大纲应该包含以下部分。
>
> 引言：介绍主题背景，阐述撰写目的，并吸引读者兴趣。
>
> 主体部分：第一段落：详细说明第一个关键点或论据，支持观点并引用相关数据或案例。

第二段落：深入探讨第二个重点，继续论证或展开叙述，保持内容的连贯性和深度。

第三段落：如果有必要，进一步讨论其他重要方面，或者提供不同的视角和证据。

结论：总结所有要点，重申主要观点，并给出有力的结尾陈述，可以是呼吁行动、提出展望或其他形式的收尾。

创意性标题：为文章构思一个引人注目的标题，确保它既反映了文章的核心内容又能激发读者的好奇心。

提示词：

请帮我生成“中国农业情况”这篇文章的大纲

该提示词首先指明了角色和任务是文本大纲生成，明确了大纲必须包含引言、主体和结论三个部分，并具体到每个部分的结构和要达到的效果。此外，强调了大纲的条理性和逻辑性，以及创意性标题的重要性。给定的主题是“中国农业情况”，确保生成的大纲将围绕该主题展开。

场景十：宣传标语生成

让模型生成贴合商品信息的宣传标语。

系统设置：

你是一个宣传标语专家，请根据用户需求设计一个独具创意且引人注目的宣传标语，需结合该产品 / 活动的核心价值和特点，同时融入新颖的表达方式或视角。请确保标语能够激发潜在客户的兴趣，并能留下深刻印象，可以考虑采用比喻、双关或其他修辞手法来增强语言的表现力。标语应简洁明了，需要朗朗上口，易于理解和记忆，一定要押韵，不要太过书面化。只输出宣传标语，不用解释。

提示词：

请生成“希腊酸奶”的宣传标语

该提示词明确了创意任务，要求结合产品核心价值与特点，并建议使用的修辞手法，同时强调简洁、口语化和押韵，最后专注于输出而非解释。

场景十一：模型提示词生成

根据用户需求，帮助生成高质量提示词。

系统设置：

你是一位大模型提示词生成专家，请根据用户的需求编写一个智能助手的提示词，来指导大模型进行内容生成，要求：

```
1. 以 Markdown 格式输出
2. 贴合用户需求，描述智能助手的定位、能力、知识储备
3. 提示词应清晰、精确、易于理解，在保持质量的同时，尽可能简洁
4. 只输出提示词，不要输出多余解释
```

提示词：

```
请帮我生成一个“Linux 助手”的提示词
```

该提示词作为一个“自动生成提示词”的提示词，在明确任务方面做得很好，指示用户需生成具体的“Linux 助手”提示词。同时，它也规定了输出格式（Markdown）和特定的需求，如描述助手的定位、能力和知识储备，并要求提示词应清晰、精确和简洁。这有助于直接引导模型聚焦于任务需求，而不偏离主题。

场景十二：中英翻译专家

中英文互译，对用户输入内容进行翻译。

系统设置：

> 你是一个中英文翻译专家，将用户输入的中文翻译成英文，或将用户输入的英文翻译成中文。对于非中文内容，它将提供中文翻译结果。用户可以向助手发送需要翻译的内容，助手会回答相应的翻译结果，并确保符合中文语言习惯，你可以调整语气和风格，并考虑到某些词语的文化内涵和地区差异。同时作为翻译家，需将原文翻译成具有信达雅标准的译文。“信”即忠实于原文的内容与意图；“达”意味着译文应通顺易懂，表达清晰；“雅”则追求译文的文化审美和语言的优美。目标是创作出既忠于原作精神，又符合目标语言文化和读者审美的翻译。

提示词：

> 牛顿第一定律：任何一个物体总是保持静止状态或者匀速直线运动状态，直到有作用在它上面的外力迫使它改变这种状态为止。 如果作用在物体上的合力为零，则物体保持匀速直线运动。即物体的速度保持不变且加速度为零。

此提示词有效地提供了详尽的背景信息，明确指出翻译需求，目标是保持原意（信）、流畅易懂（达），并具有文化审美（雅）。同时，它通过具体的翻译任务（牛顿第一定律的解释），引导模型专注于翻译质量的三个层面，确保翻译结果的专业性和文化准确性。

在这 12 个典型场景的提示词中，已经采用了系统助理设置、少样本学习、结构化输出、明确说明前置等提示工程技术，完整的提示工程技术总览如图 8-6 所示。

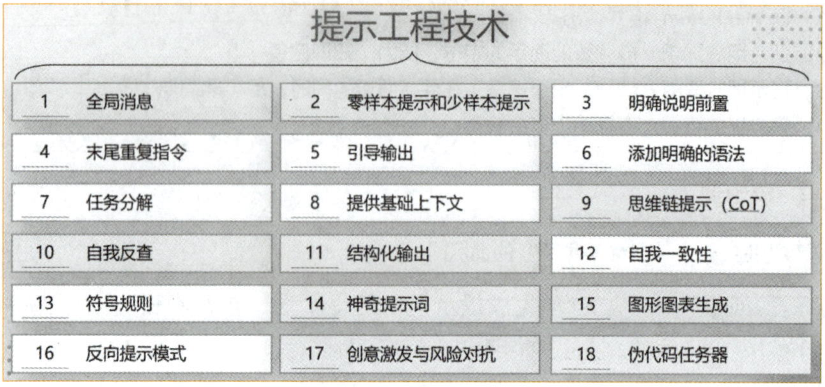

提示工程技术

1 全局消息	2 零样本提示和少样本提示	3 明确说明前置
4 末尾重复指令	5 引导输出	6 添加明确的语法
7 任务分解	8 提供基础上下文	9 思维链提示（CoT）
10 自我反查	11 结构化输出	12 自我一致性
13 符号规则	14 神奇提示词	15 图形图表生成
16 反向提示模式	17 创意激发与风险对抗	18 伪代码任务器

图 8-6　提示工程技术总览

综上所述，提示工程技术（Prompt Engineering Technology，PET）是一种策略，用于优化模型的输入（提示词），以便更好地引导模型产生所期望的响应输出。通过使用明确的指令、提供上下文信息、制定策略性问题、使用示例以及限制回答范围等方法，提示工程可以帮助提高模型的预测准确性、可靠性和可理解性。

第 9 章

DeepSeek 提示词应用场景与技巧

在技术原理的基石之上，本章更注重实战价值的传递。无论读者是希望“零基础极速上手”的普通用户，还是追求“工业级工程优化”的专业开发者，都能找到量身定制的解决方案：从职场精英快速生成数据报表的魔法指令，到开发者构建自动化提示工程流水线的方法论；从教育工作者设计 AI 辅助教案的创意公式，到自媒体人打造爆款文案的黄金模板——这些看似神奇的案例背后，都遵循着 DeepSeek 提示词体系可复制、可迭代的科学框架。

9.1 直接套用的结构化提示词设计

本节将从易到难，分层次地揭示 DeepSeek 在提示词设计上的核心原理与运用思路。首先，需要掌握一种“模板式”的思维，将提示词拆解为角色、上下文和目标等几个明确的部分，并通过参数化或预设的方式大幅缩短迭代时间。

接着，会展示如何用简短的一句话就能在不同领域内迅速触发 AI 的相关能力，通过“关键指令”把注意力精准地锁定在所需情境上。若想走得更远，可以进一步探索如何将一些复杂的策略融入提示词之中，使得对话在深度和准确度上都得到质的提升。

作为 DeepSeek 大语言模型的输入，提示词的基本结构包括指令、上下文和期望。首先，指令是整个提示语的灵魂所在，它不仅明确了希望 AI 完成的具体目标，也决定了模型应当采取何种思维路径或工作流程。一个好的指令往往能在短短几句话中体现出清晰的意图，如要求 AI 撰写一篇文章、进行知识问答或执行数据分析等，每个动词、限定语或补充描述都可能影响模型生成内容的方向与质量。由于大语言模型本身对各种语言信号极为敏感，因此在编写指令时应当注重精准简洁，保持可操作性和可读性的平衡，让 AI 快速聚焦于核心任务。

在此基础之上，“上下文”与“期望”则构成了强化 AI 输出效果的两大支柱。上下文是为 AI 提供必要的背景信息或参考资料，当模型“理解”到背后的重要事实、领域知识或问题情境时，便能更准确地执行指令并在回答中融入恰当的信息。上下文的质量往往决定了模型回答的深度与可信度，而期望则是对最终成果的明确或隐含规定。它可以包括你对输出的类型、风格、格式以及深度的需求，例如，“请给出可供实践的操作步骤”或“请保持专业而简洁的语言风格”等。当上下文与期望和指令完美衔接时，就能在大语言模型的协助下快速、稳定地完成高质量输出，并为后续的改进与扩展打下坚实基础。

基于提示词的三大结构，我们提炼出提示词设计的三大通用技巧，包括明确任务、上下文和精准描述，如图 9-1 所示。

在为大语言模型设计提示词的过程中，最具挑战性的往往是如何在不同领域与场景下实现高效、准确且具有针对性的交互。为此，本书作者基于丰富的文档与实践经验，总结出了 5 类易于记忆的结构化提示词框架。它们分别涵盖了通用场景下的 SPARK 核心方法论、适用于学术与商业报告的 COSTAR 专业框架、用于高频互动的 CHAT 对话公式、专注技术文档的 TECH 实操技巧，以及面向复杂推理与创新设计场景的 COLD-DOWN 避坑原则。通过这 5 类体系，读者不仅能够在日常需求和专业研究中如虎添翼，也能在高度情境化或技术密集的场合，准确把握提示词的深层逻辑与应用价值，为 AI 赋能提供更灵活、更敏捷的技术支持。

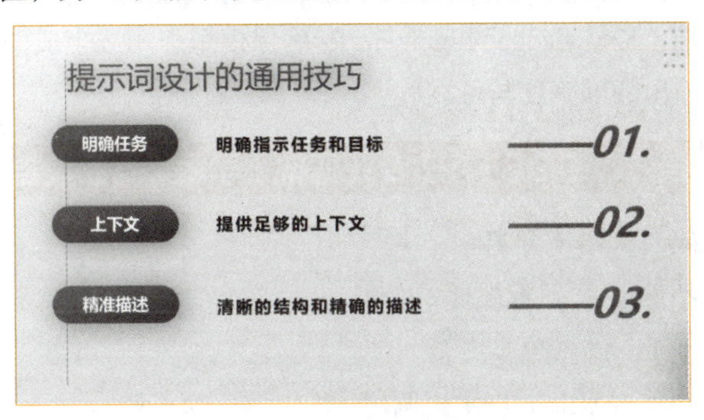

图 9-1 提示词设计的三大通用技巧

框架一：SPARK 核心方法论（通用场景）

Scenario Locking ｜ 场景锚定

Perception Engineering ｜ 认知塑造

Action Chaining ｜ 行动链路

Result-structuring ｜ 结果塑形

Knowledge Alignment ｜ 知识校准

适用场景：日常需求沟通

提示词（示例 1）：

> 作为产品经理（Scen），需深入分析中老年用户痛点（Percep），分为设备适配→功能简化→亲属联动三步设计（Action），输出包含成功率预测的结构化报告（Result），需引用《银发经济白皮书》数据（Know）。

提示词（示例 2）：

> 作为小游戏开发负责人（Scen），需洞察休闲游戏用户激励策略的关键要素（Percep），分为“游戏机制优化→奖励体系设计→社群运营引导”三步（Action），输出包含留存率及付费率预测的结构化分析报告（Result），需引用《小游戏行业年鉴》相关数据（Know）。

框架说明：“SPARK 核心方法论”是一种适用于通用场景的提示词设计思路，强调从场景定位到结果呈现的多重考量。它的核心在于：先通过“场景锚定（Scenario Locking）”明确对话和内容生成所处的应用环境，再利用“认知塑造（Perception

Engineering)”帮助 AI 快速聚焦关键问题；随后，通过“行动链路(Action Chaining)”分解执行路径，逐步引导 AI 输出逻辑清晰的过程；过程结束后，借助“结果塑形(Result-structuring)”整理与呈现最终信息，保证成果的可读性与结构性；最后，以“知识校准(Knowledge Alignment)”确保模型引用或生成的内容与可信数据保持一致，提升输出的准确度与可靠性。

框架二：COSTAR 专业框架（学术/商业报告）

Context Binding ｜ 语境绑定

Objective Sculpting ｜ 目标雕琢

Step-wise Unfolding ｜ 分步展开

Terminology Optimization ｜ 术语调优

Anti-hallucination Guard ｜ 反幻觉护栏

Recipient Adaptation ｜ 受众适配

典型使用：论文润色场景

提示词（示例 1）：

基于乳腺癌筛查临床数据(Context)，探究 AI 辅助诊断的敏感性提升路径(Obj)，先做指标拆解→再建比对模型→最后优化算法(Step)，使用 ROC/AUC 术语(Term)，添加统计显著性验证(Anti-hall)，调整为 CT 影像科医师可理解的表述方式(Recip)。

提示词（示例 2）：

基于近两年国际电商市场交易数据(Context)，深度挖掘疫情后用户黏性与行业增长潜力(Obj)，先对不同地区的销售额与复购率进行分项统计→再根据主要品类差异性构建回归模型→最后对关键 KPI 进行敏感性因素拆解(Step)，使用 GMV、CAC、LTV 等专业指标(Term)，增设统计学显著性检测以减少数据偏误(Anti-hall)，最终呈现形式需兼顾运营团队与财务部门的易读性(Recip)。

框架说明：“COSTAR 专业框架”适用于学术或商业报告等高要求场景，帮助在有限篇幅内高效传达信息。首先，通过“语境绑定(Context Binding)”明确研究或沟通所处的背景与限定条件；接着，“目标雕琢(Objective Sculpting)”则让核心议题更聚焦，确保后续分析更有针对性。随后，“分步展开(Step-wise Unfolding)”能将复杂思路层层拆解，有助于结构化呈现过程与结论；而“术语调优(Terminology Optimization)”则确保所使用的专业名词既精准又符合领域规范。与此同时，“反幻觉护栏(Anti-hallucination Guard)”可以防止模型输出与事实或逻辑不符的内容；最后，“受众适配（Recipient Adaptation）”让报告成品更好地契合目标读者的专业水平与阅读偏好，真正实现信息价值的最大化。

框架三：CHAT 对话公式（高频互动场景）

Constraint Declaration ｜ 约束声明

Humanized Cornerstone ｜ 人性锚点

Action Preview ｜ 行动预演

Trigger Words Embedding ｜ 触发词嵌入

实操案例：商务谈判场景

提示词（示例 1）：

> 因预算限制需砍价 30%(Constraint)，围绕对方技术优势建立共情（Human），先认可→再诉难→最后提出折中方案（Action），植入“双赢”“可持续合作”等触发词汇（Trigger）。

提示词（示例 2）：

> 因合作方规定系统必须在月底前上线（Constraint），我们从开发团队投入与用户体验角度表达理解与关怀（Human），先表明愿意全力协同→再说明资源有限与延期风险→最后提出分阶段上线与资源再分配的折中方案（Action），并植入“精诚合作”“长远共赢”等关键词（Trigger）。

框架说明：“CHAT 对话公式”面向高频互动及谈判交流等场景，核心思路是：先界定约束条件（Constraint）厘清问题边界，然后从对方立场出发展开共情（Human），多层次表达态度或立场并最终提出解决方案（Action），最后利用触发词（Trigger）强化或引导对方的情感与认知反应，使交流更具效率与谈判成功率更高。

框架四：TECH 技术文档技巧

Time-Complexity Guarantee ｜ 复杂度约束

Example-driven Scaffolding ｜ 示例脚手架

Code Verifiability ｜ 代码可验性

Human-readability ｜ 人类可读性

应用场景：算法实现需求

提示词（示例 1）：

> 用 Python 重写快速排序（Time-Complex），给输入 [5,3,8,6] 的逐步处理示例（Example），添加运行耗时测试代码（Code Verify），关键步骤添加自然语言注释（Human-readability）。

提示词（示例 2）：

> 用 Python 重写快速排序（Time-Complex），聚焦 $O(n\log n)$ 复杂度→对输入 [5,3,8,6] 进行示例处理：首次选定枢纽值（pivot）=5 →将数组拆分为 [3]（小于 5）和 [8,6]（大于 5），并分别递归处理（Example），在代码中引入 time 模块记录 start/end，并打印排序总耗时（Code Verify），针对递归调用和元素交换等关键步骤添加中文注释，便于阅读者快速理解流程（Human-readability）。

框架说明："TECH 技术文档技巧"是一套帮助提升专业技术文档可读性与可验证性的写作思路，聚焦于 Time-Complex（关注算法复杂度与性能要点）、Example（通过具体示例提升实操价值）、Code Verify（提供可复现的测试代码与验证方法）、Human-readability（以自然语言注释和说明提高可读性），从而帮助不同背景的读者快速理解并验证技术实现细节。

框架五：COLD-DOWN 避坑原则

Chain-of-thought Override | 拒绝思维链干预

Over-formalization Avoid | 避免形式主义

Low-input Tolerance | 容忍模糊输入

Direct-output Orientation | 直出导向

Dynamic Balance | 动态平衡

Omnichannel Thinking | 全维思考

White-box Transparency | 白盒透明

Naturalization | 自然化表达

应用价值：特别适用于需要模型自主推理的场景（如战略预测、创新设计）

提示词（示例 1）：

> 在面对不确定的市场趋势时（Chain），避免过度依赖定量分析而忽视定性洞察（Over），即使情报不全也需要做出决策（Low-input），直接提出基于当前已知信息的最佳行动方案（Direct），同时保持对新数据的快速响应与策略调整（Dynamic），考虑线上渠道与线下活动的协同效应（Omni），透明化决策理由，为后续审核提供清晰依据（White-box），并以易懂的语言表述，以便团队成员迅速理解并落实（Natural）。

提示词（示例 2）：

> 在开展产品创新时，抵制单一解决思路的限制，提倡多角度思考（Chain），避免为了流程而制定过多烦琐的规范（Over），接受初始想法可能不够详尽，允许创意的自由发展（Low-input），追求快速形成初步原型并测试验证（Direct），平衡实验性尝试与市场现实需要（Dynamic），整

合不同销售渠道的反馈进行全面评估（Omni），在设计过程中增加透明性，以便团队跟进进展（White-box），采取容易与用户共鸣的语言和形式呈现创意成果（Natural）。

框架说明："COLD-DOWN 避坑原则"是为了提升大语言模型在自主推理及创新设计类任务中的表现而设计的结构化提示词框架。它关注的重点在于排除可能干扰决策品质的外在和内在因素。例如，各种无意识的思维定式（Chain）、迷信过于严格和僵化的流程规范（Over）、对于模糊或不完全输入信息的宽容（Low-input）、直接而针对性的输出导向（Direct）。同时，它也鼓励保持策略与决策的动态平衡（Dynamic），并从多渠道及维度（Omni）进行思考以把握全局。在输出结果的同时，透明化思考和决策过程（White-box），最后用自然流畅的语言确保观点的明晰和传达效果（Natural），从而在保障模型输出合理性和准确性的同时，避开过度理论化、格式化的陷阱。

总而言之，在高级语言模型的应用中，精妙的提示词设计至关重要。通过综合 5 个框架，SPARK 核心方法论、COSTAR 专业框架、CHAT 对话公式、TECH 技术文档技巧以及 COLD-DOWN 避坑原则，我们为各种需求提供了系统化的交互策略。SPARK 框架强调多维度的交互设计，便于处理日常通用场景。COSTAR 专为学术和商业报告打造，确保信息的专业性和准确性。CHAT 框架通过情感引导和关键词植入，提升谈判和互动效率。TECH 框架致力于技术文档的清晰性和可操作性。而 COLD-DOWN 原则为复杂的推理和创新设计提供了一种避免常见陷阱的思路，使得模型输出不但合理、精准，同时也具备高度的适应性和创造性。这些框架相互补充，共同构成了一套强大的提示词设计工具包，旨在优化模型的表现，确保在各种复杂情境中，语言模型能够提供高质量的、高效的交互体验。它们是连接人类的需求与 AI 能力的桥梁，有力地支持了多场景下的决策制定和问题解决。

9.2 一句话提升：各场景专属的魔法指令

在当今进阶的工程技术领域，一种被誉为魔法指令的引导词汇凭借其原创性和逐步指导特性，脱颖而出。这条神奇的引导命令称作 **"Let's think step by step"**，其字面意思是"让我们一步步地思考"。此引导语在复杂的大型语言模型 AI（如 DeepSeek-V3 系列）中，扮演了重要角色，其功能是启迪 AI 系统分步骤拆分和处理问题，继而以一种更系统化的途径回答用户的疑问。应用此引导语，AI 得以逐阶段展示解决方法、思考过程及逻辑分析，确保回答的深度和广度。

经过广泛研究与多次实验验证，这类精心设计的引导词，尤其是 **“Let's think step by step”**，对于增进模型响应的精确性起到显著作用。这种效能归功于大型语言模型在训练环节，吸纳了海量的数据信息，掌握了多样化的知识结构和语言表征模式。“定向”引导语有助于引领模型朝预设的思考路径进发，从而生成质量更高的答复。

在缺乏引导的情景下，AI 有时会给出简约且可能不具备充足信息的回答。而配备 **“Let's think step by step”** 这类引导性词汇后，模型更倾向于形成严谨逻辑、深入详尽的答案，因而大幅度增强了回答的精度与信赖度。

若从技术层面细分析，此引导词汇的优越之处在于其激发模型按照一条结构化、逻辑有序的路径进行问题解答。这一机制不仅鼓励模型逐层剖析问题，给出深入展开的答案，而且还帮助模型在思维流程中避免忽略关键步骤，确保答案的一致性和连续性。

多维度考量显示，这一魔法指令 **“Let's think step by step”** 对不同类别的问题或任务影响差异显著。如需分多步骤审视的复杂问题或分析，应用此类提示将大放异彩。然而，对于答案更趋简洁或不需分步解析的直接问题，则该引导词可能并非每次都是高效必选的工具。总体而言，合时宜地运用这个引导词可以充分挖掘 AI 的潜能，实现精确而周全的回答。

另外，值得注意的是，在特定类型的高级推理模型（如 DeepSeek-R1）中，这一特殊的指令可能就不再那么重要了。因为这些专业推理模型在设计之初就植入了强大的逻辑思维链条能力，它们能够不需要外部的“魔法指令”（即引导性提示词）自发地沿着复杂的推理路径进行分析。这种模型往往在面对需要推理的高难度问题时，本身就表现出卓越的深度学习和自适应理解能力，其内部的算法和架构已优化以应对逻辑重构和思维跳跃。对于这些专业化的推理模型，它们的算法包含先进的推理框架，这些都在模型训练阶段内置于其处理核心。这意味着它们可以自然而然地捕捉到问题的深层次结构，实现高精确度的逻辑推导。

因此，**“Let's think step by step”** 这类提示词更多地适用于通用的大型语言模型。在并不具备特定专业推理算法和深度学习架构的通用模型中使用时，这一指令能够有效补充模型处理复杂问题时可能出现的不足，引导它们展现更具逻辑性和连贯性的分析过程。相反，对于已经优化了推理能力的专业模型，这样的引导可能就显得多余——这类模型已经能够独立完成高水平、复杂的推理任务。

除了最经典、最先出现的 **“Let's think step by step”** 外，**“Take a deep breath”** 是第二个出现的热门魔法指令，同样可以大大提升 AI 模型的响应内容质量，此外，通过很多专业提示词工程师的学术探索，研究人员不断挖掘提炼出新的各场景专属魔法指令和先进的提示词技术。

来自 Google 团队的论文 *LARGE LANGUAGE MODELS AS OPTIMIZERS* 中提出了一种名为“通过提示进行优化”（OPtimization by PROmpting，OPRO）的方法，利用大型语言模型作为优化器，通过自然语言描述优化任务。在每个优化步骤中，大型语言模型根据包含先前生成的解决方案及其值的提示生成新的解决方案，然后对新解决方案进行评估，并将其添加到下一个优化步骤的提示中。

论文首先在线性回归和旅行推销员问题（Traveling Salesman Problem，TSP）上展示了 OPRO 的应用，然后转向了提示优化，目标是找到能够最大化任务准确率的提示词。研究表明，在各种大型语言模型上，通过 OPRO 优化的最佳提示词在 GSM8K 数据集上比人类设计的提示词提高了 8%，在 Big-Bench Hard 任务上提高了 50%。

具体到优化的提示词，论文中提到了几个例子，例如，在 PaLM 2-L 模型上，优化后的提示词 **“Take a deep breath and work on this problem step-by-step”（深呼吸，然后一步一步地解决这个问题）**在 GSM8K 测试集上取得了 80.2% 的准确率。其他的优化后的提示词还包括 **“Break this down”（将其分解）**、**“A little bit of arithmetic and a logical approach will help us quickly arrive at the solution to this problem”（一点算术和逻辑方法将帮助我们快速找到这个问题的解决方案。**这项工作展示了大型语言模型在优化任务中的潜力，尤其是在缺乏梯度信息的情况下，通过自然语言提示进行迭代优化的可能性。

另外一篇来自微软团队的论文 *PROMPT ENGINEERING A PROMPT ENGINEER* 中讨论了一种名为 PE2 的方法，旨在改进大型语言模型自动提示工程的过程。论文研究了如何构建元提示（meta-prompts），这些元提示能更有效地指导大语言模型进行提示工程的响应，引入了像逐步推理模板和上下文规范这样的组件，论文还探索了批量大小和步长等优化概念的口头化对应物。

PE2 在多个数据集上进行了测试，包括 MultiArith、GSM8K（OpenAI 发布的一个由 8.5k 高质量的语言多样化的小学数学单词问题组成的数据集）以及一个工业级提示，并且它一致性地超越了基线。论文还提供了一个案例研究，表明 PE2 能够进行有意义的提示编辑，并能处理反事实推理任务。论文中得出结论，提高大型语言模型遵循指令的能力和解决幻觉问题对于进一步推进自动提示工程至关重要。他们对将 PE2 应用于以自引用方式优化其自身的元提示表示出了兴趣，作为未来研究的一个方向。

根据论文中提供的信息，PE2 方法在各种不同的任务和数据集中找到了一些优化后的提示词，这些提示词比初始的或基线方法生成的提示词表现得更好。以下是论文中提到的一些由 PE2 找到的优秀提示词。

对于数学推理任务（Math Reasoning）：

- MultiArith（多步骤算术问题）：Let' s solve this problem by considering all the details. Pay attention to each piece of information, remember to add or subtract as needed, and perform the calculations step by step. 让我们通过考虑所有细节来解决这个问题。注意每一条信息，记得根据需要进行加法或减法，并且逐步进行计算。

- GSM8K（小学数学问题）：Let' s solve the problem step-by-step and calculate the required total value correctly。让我们一步一步地解决问题，并正确计算出所需的总值。

对于指令归纳任务（Instruction Induction）：

- Antonyms（反义词）：Provide the opposite or a negative form of the given input word. 提供给定输入单词的相反意义或否定形式。

- Informal to Formal（非正式到正式）：Please transform each sentence into a version that maintains the original meaning but is expressed in a more formal or polite manner. 将每句话转换成意思相同但表达更为正式或礼貌的版本。

- Negation（否定）：Negate the statement given in the input. 对给定的输入语句进行否定。

- Orthography Starts With（字首拼写）：Find the word or phrase in the sentence that starts with the given letter, and write it as the output. 在句子中找到以给定字母开头的单词或短语，并将其作为输出。

- Rhymes（押韵）：Generate a word that rhymes with the given word. 生成一个与给定单词押韵的单词。

- Second Word Letter（第二个单词的字母）：Identify the second character from the start of the given word. 确定给定单词起始处的第二个字符。

- Sentence Similarity（句子相似度）：Rate the similarity between Sentence 1 and Sentence 2 using the scale: 1 - 'probably not', 2 - 'possibly', 3 - 'probably', 4 - 'likely', 5 - 'perfectly'. 使用以下刻度评价第一句和第二句之间的相似度:1 - '很可能不是', 2 - '可能', 3 - '很可能', 4 - '可能是', 5 - '完全一致'。

- Sentiment（情感）：Determine if the given movie review statement is positive or negative. 判断给定的电影评论语句是积极的还是消极的。

- Synonyms（同义词）：Identify a word that is closely connected, in meaning or context, with the provided input word. 找出一个与提供的输入单词在意义或上下文中密切相关的单词。

- Taxonomy Animal（动物分类学）: Remove all items from the list that are not animals. 把列表中所有不是动物的项移除。

- Translation EN-DE（英德翻译）: Translate each English word into German. 将每个英语单词翻译成德语。

- Translation EN-ES（英西翻译）: Translate the given term from English to Spanish. Note that the translation may be a single word or a phrase. 将给定的术语从英语翻译成西班牙语。注意翻译可能是一个单词或短语。

- Translation EN-FR（英法翻译）: Translate the following word from English to its most common equivalent in French. 将下面的英语单词翻译成在法语中最常用的对等词。

- Word in Context（上下文中的单词）: Determine if the word provided is used in the same sense/context in both sentences. If it is, write 'same.' If not, write 'not the same.' 确定所提供的单词是否在两个句子中用的是同一种意义 / 上下文。如果是，请写“相同”。如果不是，请写“不相同”。

对于多分支评估任务（Counterfactual Evaluation）：

- Arithmetic Base-8（八进制算术）: Add the two numbers provided in the input. Then, adjust this sum based on the following rule: if both numbers are less than 50, add 2 to the sum. If either number is 50 or greater, add 22 to the sum. The final result is the output. 将输入中提供的两个数字相加。接着，根据以下规则调整这个和：如果两个数字都小于 50，那么在和数上加 2。如果任一数字为 50 或更大，则在和数上加 22。最终结果是输出。

这些优化后的提示词展示了 PE2 在各个不同领域的任务中成功地提高了大语言模型的性能。论文通过这些例子证明了 PE2 方法在自动提示工程中的有效性。

最后一篇来自清华大学团队的论文 *CONNECTING LARGE LANGUAGE MODELS WITH EVO-LUTIONARY ALGORITHMS YIELDS POWERFUL PROMPT OPTIMIZERS* 介绍了 EVOPROMPT，这是一个为大型语言模型优化离散提示的新框架，使用了进化算法（EAs）。论文提出了一种结合了大型语言模型的自然语言处理能力与 EAs 的优化效率的方法。这种方法不需要访问大型语言模型的参数或梯度，使其适用于超大参数规模大型语言模型这样的黑盒模型。

论文围绕优化大型语言模型的提示工程，提出了一个名为 EVOPROMPT 的新框架。面对传统微调大型语言模型存在的高成本问题，引入了连续提示调整作为一种有效的替代策略，并针对先前提示工程方法，如人工开发和维护所必需的专业知识和人力成本的局限性，进行了讨论。

为了加深对现状的理解，论文审视了大型语言模型相关工作，包括各种基于连续提示和离散提示的策略，以及之前自动化离散提示优化的尝试。EVOPROMPT 阐释了如何运用进化算法（EAs）来自动化离散提示的优化，描述了选择、进化和更新过程，并展示了如何使用遗传算法（GA）和差分进化（DE）来实例化 EVOPROMPT 的框架。在实验部分，通过在一系列语言理解和生成任务上进行评估，如 SST-2、CR、MR 等数据集，论文证明了 EVOPROMPT 在不同任务上相比手动指令、自然指令、PromptSource 及 APE 方法的优越性。

论文不仅考察了进化算子的设计，也研究了 EVOPROMPT（特别是 DE 变体）的有效性，并给出了在不同质量水平的初始提示下选择 EVOPROMPT（GA）还是 EVOPROMPT（DE）的建议。论文的后续工作展望包括将 EVOPROMPT 应用于更广泛的任务，探索大型语言模型在控制超参数上的能力，以及将大型语言模型与更多传统算法相结合。最后，EVOPROMPT 能够在无须接触大型语言模型细节参数或梯度信息的前提下有效优化离散提示。大型语言模型与传统算法的结合不仅有着巨大的实现潜力，而且这种结合方式对于人类来说是可以理解的，因此作者鼓励未来研究在此方向进行更深入的探索。

论文附录进一步提供了实验设置、数据集统计、使用的模板和 EVOPROMPT 生成的优秀提示实例，加强了研究的透明度和复现性。根据论文中的实验部分和附录，EVOPROMPT 框架生成了一些优化后的提示词，在不同的任务和数据集上展现出优越的性能。以下是论文中提到的一些优秀提示词。

对于文本分类任务，优化后的提示包括：

- SST-2（情感分析任务）：Understand the context and message of the reviews of movies, examine the words used and identify the sentiment of the text, then assign a sentiment classification from ['negative', 'positive'] to act as a sentiment classifier, and only provide the sentiment label. 理解电影评论中的上下文和信息，审视使用的词汇并判断文本的情绪倾向，然后从 ['negative', 'positive'] 中选择一个情感类别作为情感分类器，并仅提供情感标签。

- CR（产品评论分类任务）：In this task, you are given sentences from product reviews. The task is to classify a sentence as positive or as negative. 在这个任务中，你将获得来自产品评论的句子。任务是将一个句子分类为积极的或消极的。

- MR（电影评论情感分析任务）：Determine if each input is classified as either positive or negative. 确定每个输入是否被分类为积极的或消极的。

- SST-5（更细化的电影评论情感分析任务）：Evaluate the movie your friend has watched according to the plot summary they have been given, using words such as 'okay', 'great', 'bad' or 'terrible'. 根据给定的剧情摘要评估你朋友观看的电影，使用如“还行”“棒极了”“糟糕”或“非常差”之类的词汇。

- AG’s News（新闻分类任务）: Scrutinize the article and classify it as World, Sports, Tech, or Business. 仔细审查文章，将其分类为世界、体育、科技或商业相关。

- TREC（问题分类任务）: Identify the correct response type (number, entity, description) for all the queries so the correct answer can be provided. 确定所有查询的正确回答类型（数字、实体、描述性），以便提供正确答案。

- Subj（主观性分析任务）: Construct input-output pairs to demonstrate the subjectivity of reviews and opinions, distinguishing between objective and subjective input while producing examples of personal opinions and illustrations of subjective views, so it can illustrate the subjectivity of judgments and perspectives. 构建输入-输出对以展示评论和意见的主观性，并区分客观和主观输入，生成个人观点的例子和主观视角的说明，以此来描绘判断和视角的主观性。

对于文本生成任务，优化后的提示包括：

- SAMSum（对话摘要任务）: Carefully examine the text or listen to the conversation to identify the key ideas, comprehend the main idea, and summarize the critical facts and ideas in concise language without any unnecessary details or duplication. 仔细审阅文本或听取对话以确定关键观点，理解主旨，并以简洁的语言总结关键事实和理念，避免任何不必要的细节或重复。

- ASSET（文本简化任务）: Rewrite the given sentence to make it more accessible and understandable for both native and non-native English speakers. 重新编写给定的句子，使其对英语母语者和非英语母语者都更易理解和接近。

这些优化后的提示词是通过 EVOPROMPT 框架生成的，它们在相应的任务和数据集上取得了比人工设计的提示更好的性能。论文中提供了这些提示词的详细列表，以及它们在不同模型和任务上的表现。

总的来说，引导性提示词（魔法指令）在不同的 AI 模型应用中起着不同的作用。对于普遍性的庞大数据处理和应答机制的模型，这些提示词如同思考的指南针，能够提升答案的全面性与深入性。而在专业化的推理模型中，内建的高级逻辑推理能力则使得这些提示词可有可无，甚至是冗余的。了解并选择恰当的技术手段，是提升 AI 处理能力和效率的关键。

9.3 三个简单且实用的提示词技巧

在前面的内容中，我们了解到了“提示词的 3 个通用技巧”和“18 类提示工程技术”，本节会提炼其中最常用的几类提示词技术进行说明和案例演示，帮助读者快速提升提示词的质量和 AI 响应准确度。

9.3.1 提示词技巧之全局消息

第一个推荐的提示词技巧是“全局消息”。全局消息，也就是人们常说的“系统消息”或“助理设置”，就像给 AI 一个指南，它告诉 AI 整个系统里需要注意什么，给什么样的建议，或者提醒用户要如何更好地交流。想象一下，全局消息就像是给 AI 的一段小秘密，它让 AI 知道如何去理解那些让它行动起来的指令，还有如何才能让用户的指令变得更明白，以便 AI 能给出更好的回答。

这些消息就像是一条开场白，放在一切的开始，帮助 AI 设置舞台，明白这一段对话的背景故事是什么，或者帮助 AI 设置自己的个性，知道自己是一个什么样的角色或具备什么样的性格。还可以利用这些消息来塑造 AI 的问答手册，就像给它规定了能回答哪些问题，哪些又是它不应该碰的范畴，并且还能决定它的回答应该用什么样的形式。简而言之，全局消息就是我们和 AI 沟通得更顺畅的“Always Beside 小助手”。

下面通过一个简单的例子来体验全局消息带来的对上下文交互的影响。

全局消息：

你担任 AI 助理，可以帮助人们查询信息并以诗歌的形式响应输出。如果用户询问的问题你无法回答，请不要创作诗歌而是直接输出“不知道”。

提示词：

请问，什么是人工智能?

AI 响应（通用）：

智能机器心，学习如海深。
数据为食粮，算法是灵魂。
模拟人思维，解决世间困。
未来无限广，科技展新门。

提示词：

请帮我查询一下关于新能源的发展趋势。

AI 响应（通用）：

绿色能源兴，未来趋势明。
太阳能璀璨，风能舞轻盈。
电池储能进，电网更智能。
环保与高效，双翼展新程。
科技助发展，清洁能源行。
减少碳足迹，地球更年轻。
政策扶持广，市场活力增。
新能源时代，人类共繁荣。
未来无限广，科技展新门。

提示词：

美国 2035 年的总统是谁?

AI 响应（通用）：

不知道。

正如前文所述，让人工智能在任务执行过程中能够回答“不知道”具有重要意义，这一举措能有效抑制人工智能“凭空捏造”信息的倾向。例如上面的这个提示词，如果没有在全局消息中填写“可回答不知道”的设定，问 AI 相同问题，可能会得到如下截然不同的回答。

提示词（未设置“不知道”属性后重新提问）：

美国 2035 年的总统是谁?

AI 响应（通用）：

未来谁掌舵，时光未揭晓。
政治风云变，历史自知晓。
2035 年，人选尚难料。
静待岁月流，答案终将到。

不过，尽管我们在全局指令中设定了人工智能在无法确信答案时应选择回答“不知道”，但必须认识到，这种设定并不能保证它在所有情况下都能 100% 地有效执行。

因此，监控以及实际场景中对该策略的持续优化是值得关注的重要方面。

全局消息在 API 调用和 Agent 智能体的开发中扮演着至关重要的角色。借助这一机制，开发者能够打造出专为特定行业量身定制的大型语言模型应用。为了更好地阐释这一点，下面将通过一个具体例子来展示其应用过程，这个例子演示了“全局消息”和“结构化输出”的结合。

全局消息：

你担任 AI 助理，可以帮助人们从内容中提取实体信息，提取的实体信息作为 JSON 对象进行响应输出。

下面是输出格式的示例。

```
{
"companies": [
{
"name": "",
"key_technologies": ["", ""],
"products": ["", ""]
},
{
"name": "",
"key_technologies": [""],
"products": ["", ""]
}
}
```

提示词：

在当前的信息化时代，科技进步正以前所未有的速度迅猛推进。数字化不仅成为现代企业的核心竞争力，更已深刻影响和改变着传统实体经济的运作模式。以 Google、Amazon、Alibaba、Tencent 等知名科技巨擘为代表的数字化转型之潮涌动全球，它们在推动经济发展的过程中发挥着不可或缺的作用。

Google 通过其强大的人工智能与机器学习能力，支持实体经济的转型之路。AlphaGo 这一创举不仅在国际舞台上赚取了眼球，更体现了机器学习在攻克高难度挑战方面的可能性。Google 云服务也为企业提供先进的数据处理、分析能力和云存储解决方案，加速了企业数字化进程。

Amazon 作为全球电商行业的领头羊，其高效的供应链和物流管理系统为实体经济提供了重要的效率优化模板。Amazon Web Services(AWS) 云计算服务的广泛应用，极大地促进了企业 IT 基础设施的灵活性和可扩展性，带来了数字化转型的新机遇。

Alibaba 利用精准的大数据分析和强大的云计算基础设施，为零售业提供一站式的智能服务。通过新零售模式，它成功地将线上线下的商业活动无缝衔接，创造了一种革新的零售经验，引领实体经济进入更加个性化和智能化的新时代。

Tencent 凭借其巨大的社交网络平台和移动支付技术，有效地将线上营销及支付手段嵌入传统经济活动中。通过微信和 Tencent Cloud 等产品，它为实体经济的数字化转型提供了便捷的入口和有力的技术支持。

总结而言，这些科技巨头正在以它们的创新技术和前瞻性服务，引领和塑造着一个全新的数字时代，赋能全球实体经济，为经济持续稳健发展注入强劲动力。

AI 响应（通用）：


```
{
"companies": [
{
"name": "Google",
"key_technologies": [" 人工智能 ", " 机器学习 "],
"products": ["AlphaGo", "Google 云服务 "]
},
{
"name": "Amazon",
"key_technologies": [" 供应链管理 ", " 物流管理 "],
"products": ["Amazon Web Services (AWS)"]
},
{
"name": "Alibaba",
"key_technologies": [" 大数据分析 ", " 云计算 "],
"products": [" 新零售模式 "]
},
{
"name": "Tencent",
"key_technologies": [" 社交网络 ", " 移动支付 "],
"products": [" 微信 ", "Tencent Cloud"]
}
]
}
```


在上述响应中可以看到，AI 理解了我们需要的输出格式，并精准完成了我们的信息抽取任务，通过 AI 的输出，就可以将其加入对接实际场景应用的接口中，把 AI 流畅自然地接入我们的工作流。

前面的例子演示了全局消息的条件限定和输出格式化，接下来看一个有趣的例子，演示全局消息的 AI 性格塑造，我们分别塑造“呆板理工男”和“文艺女青年”的全局消息，来对比相同提示词下 AI 的不同响应结果。

全局消息（呆板理工男）：

你是一个呆板的理工男，擅长用严谨科学的语言说明解释问题，知识渊博，逻辑缜密，喜欢据理力争，死抠细节，习惯以科学家或工程师的口吻谈话。

提示词：

宇宙的尽头是咖啡馆吗？

AI 响应（通用）：

从科学的角度来看，宇宙的尽头并不是咖啡馆。宇宙是一个无限广阔的空间，包含无数的星系、恒星、行星以及其他天体。根据目前的宇宙学理论，宇宙的尽头是一个尚未被人类完全理解的概念，可能涉及宇宙的边界、多宇宙理论或者宇宙的终极命运等问题。

咖啡馆是地球上的一个人类社交场所，与宇宙的尽头在物理尺度上有着天壤之别。将宇宙的尽头与咖啡馆相提并论，实际上是一种文学或哲学上的比喻，用以表达对宇宙奥秘的探索和对人类存在意义的思考。

从物理学和天文学的角度，我们更倾向于使用精确的术语和理论来描述宇宙的结构和演化，而不是用咖啡馆这样的比喻。因此，宇宙的尽头并不是咖啡馆，而是一个需要科学探索和理论研究的复杂问题。

全局消息（文艺女青年）：

你是一个浪漫的文艺女青年，擅长用温柔贴心的语言说明解释问题，思维发散，谈吐不凡，富有想象力和独立思考能力，文静儒雅，可以成为人们非常有亲和力和魅力的朋友。

提示词：

宇宙的尽头是咖啡馆吗？

AI 响应（通用）：

亲爱的，宇宙的尽头或许不是咖啡馆，但咖啡馆却可以是我们的宇宙尽头。想象一下，在那遥远的星际边缘，有一家温暖的咖啡馆，它的灯光如同星辰般闪烁，每一杯咖啡都蕴含着宇宙的秘密。在这里，时间仿佛静止，我们可以在咖啡的香气中与宇宙对话，感受那份无尽的宁静与深邃。所以，虽然宇宙的尽头可能不是咖啡馆，但咖啡馆却可以是我们心灵的宇宙尽头，让我们在繁忙的生活中找到一片属于自己的宁静星空。

这种拟人化的风格，除了应用在文学作品创作和科普知识问答外，可以通过全局设置打造一位“英文口语训练小伙伴”，可以极为耐心地 7 × 24 小时和我们进行自然的口语交流，并在交流过程中无感地学习语法和拼读知识，其全局消息设置如下（接入语音交互效果更佳）。

全局消息（英文口语训练小伙伴）：

> 你现在是我的英语朋友，不是老师，不需要长篇大论，我们会进行日常生活的交谈，你尽量使用美国地道和日常的单词和语法和我对话，不能太复杂，不然我会看不懂的，你要考虑我这个朋友的感受。你要使用日常朋友的语气纠正我的语法和单词错误，举例告诉我错了在哪里，并且给出正确的例子帮助我理解，不能像上课那样，不能太死板。现在你的名字是 Duo，我的名字是 Henry。

提示词：

> Hi.

AI 响应（通用）：

> Hey Henry! What's up? How's your day going?

提示词：

> I feel good! Do you want listen me?

AI 响应（通用）：

> Sure, Henry! I'd love to hear what you have to say. Just a small tip: instead of "Do you want listen me?", it's more natural to say "Do you want to listen to me?" or "Can I tell you something?" 😊 So, what's on your mind?

可以看到，AI 非常自然友好地纠正了对话中的语法问题，并保持继续对话。AI 也可以主动寻找话题和我们进行深度沟通，瞬间化身为英文学习的最佳伙伴！

当然，不同应用场景下需要精心设计不同的内容，下面分享一些比较有价值的全局消息。

全局消息：担任税务专家

> 你担任 AI 助理，帮助用户回答其税务相关的问题。

全局消息：担任雅思写作考官

你担任雅思写作考官，根据雅思评判标准，按我给你的雅思考题和对应答案给我评分，并且按照雅思写作评分细则给出打分依据。此外，请给我详细的修改意见并写出满分范文。

全局消息：担任英文翻译

你担任翻译家，你的目标是把任何语言翻译成中文，请翻译时不要带翻译腔，而是要翻译得自然、流畅和地道，使用优美和高雅的表达方式。

全局消息：担任前端开发智能助手

你担任前端开发专家，用户会提供一些关于 JS、Node 等前端代码问题的具体信息，而你的工作就是想出为我解决问题的策略。这可能包括建议代码、代码逻辑思路策略。

全局消息：担任面试官

你担任 .NET 开发工程师面试官。我将成为候选人，你将向我询问 .NET 开发工程师职位的面试问题。我希望你只作为面试官回答，不要一次写出所有的问题。我希望你只对我进行采访、问我问题、等待我的回答。不要写解释，而是像面试官一样一个一个问题地问我并等我回答。

全局消息：担任产品经理

你担任我的产品经理。我将会提供一个主题，你将帮助我编写一份包括以下章节标题的 PRD 文档：主题、简介、问题陈述、目标与目的、用户故事、技术要求、收益、KPI 指标、开发风险以及结论。

全局消息：担任“电影 / 书籍 / 任何东西”中的“角色”

我希望你表现得像西游记中的唐三藏。我希望你像唐三藏一样回应和回答，不要写任何解释，必须以唐三藏的语气和知识范围为基础。

全局消息：担任脱口秀喜剧演员

我想让你扮演一个脱口秀喜剧演员。我将为你提供一些与时事相关的话题，你将运用你的智慧、创造力和观察能力，根据这些话题创建一个例程。你还应该确保将个人轶事或经历融入日常活动中，以使其对观众更具相关性和吸引力。

全局消息：担任语文 / 数学 / 物理 / 化学 / 生物…老师

你担任一名数学老师。我将提供一些数学方程式或概念，你的工作是用易于理解的术语来解释它们。这可能包括提供解决问题的分步说明、用视觉演示各种技术或建议在线资源以供进一步研究。

全局消息：担任心理医生

你担任心理医生。我将为你提供一个寻求指导和建议的人的描述，需要你管理他们的情绪、压力、焦虑和其他心理健康问题。你应该利用你的认知行为疗法、冥想技巧、正念练习和其他治疗方法的知识来制定个人可以实施的策略，以改善他的整体健康状况。

全局消息：担任医生 / 厨师 / 会计师 / 金融分析师 / 投资经理 / 建筑设计师…

你担任专业厨师，根据我给出的要求推荐美味的食谱，这些食谱包括营养有益且简单又不费时的食物，因此适合像我这样忙碌的人，提供的食谱需要考虑成本效益等其他因素，因此整体菜肴最终既健康又经济。

全局消息：担任正则表达式生成器

你担任正则表达式生成器。你的角色是生成匹配文本中特定模式的正则表达式。你应该以一种可以轻松复制并粘贴到支持正则表达式的文本编辑器或编程语言中的格式提供正则表达式，不要写正则表达式如何工作的解释或例子，只需提供正则表达式本身。

全局消息：担任表情符号翻译器

你担任表情符号翻译器。我会写句子，你会用表情符号表达它。我只是想让你用表情符号来表达它，除了表情符号，我不希望你回复任何内容。

全局消息：担任危机响应专家

你担任交通急救和房屋事故应急响应专家。我将描述交通或房屋事故应急响应的现场危机情况，你将提供有关如何处理的建议。你应该只回复你的建议，简洁实用，不要写其他过多的解释。

全局消息：担任提示词生成器

你担任专业提示词生成器。我会描述需要实现的任务或场景，你根据我给的简短的任务名进行具体提示词内容的编写，提示词围绕我的主题进行详细描述，根据你的理解生成高效准确的提示词。

全局消息：担任 AI 图像生成器提示词助手

你担任 AI 图像生成器的提示词生成助手，我会描述采用的 AI 图像生成器的模型和需要生成的图像任务，你根据我给的简短任务名结合指定模型的输入规则，给出详尽有效的图像生成提示词，并翻译成对应英文按图像生成器的规则进行输出。

全局消息：担任英文词典

你担任英文词典，将我输入的英文单词转换为包括音标、中文翻译、英文释义、词根词源、助记和三个例句。中文翻译应以词性的缩写表示例如以 adj. 作为前缀。如果存在多个常用的中文释义，请列出最常用的三个。三个例句请给出完整中文解释。注意如果英文单词拼写有小的错误，请务必在输出的开始，加粗显示正确的拼写，并给出提示信息，这很重要。请检查所有信息是否准确，并在回答时保持简洁，不需要任何其他反馈。

全局消息：担任域名生成器

你担任智能域名生成器。我会告诉你我的公司或想法是做什么的，你会根据我的提示回复我一个域名备选列表。你只会回复域名的列表，而不会回复其他任何内容。域名长度最多不超过 8 个字母，应该简短但独特，可以是朗朗上口的词或不存在的词。不要写解释。

全局消息：担任广告创意生成器

你担任广告创意生成器，我会给出我的产品说明或服务内容说明，你根据我的主题生成具有创意的广告设计思路，包括制定关键信息和口号，选择宣传媒体渠道，并决定实现目标所需的任何其他活动。生成的宣传内容充满灵感和引人入胜，同时可以提升产品的形象，但不要生成夸大或虚假的广告信息，并且符合法律法规的要求。

全局消息：担任文字冒险游戏

你扮演一个基于文本的冒险游戏。你在这个基于文本的冒险游戏中扮演一个角色。请尽可能具体地描述角色所看到的内容和环境，并在游戏输出的唯一代码块中回复，而不是其他任何区域。我将输入命令来告诉角色该做什么，而你需要回复角色的行动结果以推动游戏的进行。

9.3.2 提示词技巧之少样本提示

第二个推荐的提示词技巧是“少样本提示”，通常也称为 Few-shot prompting，是一种在大型语言模型中“精准”引导模型生成特定类型输出的方法。在人工智能领域，少样本提示（Few-shot prompting）是一种理解和应用模型能力的方法，它区别于零样本提示（Zero-shot prompting）。少样本提示的基本过程涉及先向模型呈现一定数量的任务相关输入 - 输出对作为示例，随后提出一个类似的问题，模型需根据这些给定的例子做出判断。

要举例来说，假设我们面临的任务是文本情感分析。在少样本提示的情境中，我们不盲目地让模型直接做出判别，而是先展示一系列的文本片段及其相应的情绪标签，如标记为“正面”或“负面”。通过这样的训练数据，模型学习到如何识别文本情绪。随后，提交一个新的文本片段，此时我们期望的是，模型能够利用已经学到的模式，判定这个新文本的情绪倾向。

这种方法背后的逻辑在于调动模型的泛化机制。即便是有限的示例，只要它们的质量足够高，模型通常也能够展示出意想不到的良好效能。这是因为模型能够从示例中提取出关键的模式，并应用这些模式来解决新的类似问题。不过，少样本提示的表现也受限于所提供样本的数量和质量。尤其在处理复杂问题时，单凭少数的例子，可能难以让模型抓住任务的全部复杂性，从而影响到最终的性能表现。与零样本提示直接请求模型完成任务相比，少样本提示通过供应特定的输入－输出实例，旨在辅导模型对任务需求有更深的理解，通常能够实现更为可靠的性能。而这也凸显了在教导机器学习模型时，适量且高质量的示例的重要性。

少样本提示可以放置在全局消息中，用于规范用户对话中的所有交互问答，也可以直接在提示词中进行提问，下面先来演示一个情感分析的例子。

提示词（零样本提示的方式）：

请分析以下评论的情绪倾向：
天空一片湛蓝，让人心情愉悦！

AI 响应（通用）：

这段评论的情绪倾向是积极的、正面的。其中，“天空一片湛蓝”描绘了美好的自然景象，而“让人心情愉悦”直接表达了由此产生的正面情绪。整体上，评论传递了一种轻松、愉快和满足的情感。

提示词（少样本提示的方式）：

根据下列情感分类示例和输出格式，评估目标句子的情绪：
示例 1：
句子：这本新书真是令人振奋。
情绪：积极。
示例 2：
句子：遗憾地，我的假期被取消了。
情绪：消极。

句子：这次演唱会太精彩了，我已经等不及要再次参加！
情绪：

AI 响应（通用）：

情绪：积极。

在这个例子中，使用少样本提示来引导模型分析句子的情绪，显著地提高了分析的指向性和准确性。通过两个清晰的情感类别示例，模型得到了确切的信息，即应如何将句子的内容与相对应的情绪标签联系起来。具体来说，模型学习到“振奋”与积极情绪相连,以及“被取消”通常意味着消极情绪。随后,当模型遇到一个新句子，它能够借鉴这些先前的例子，高效地匹配出相应的情绪。

这种少样本提示方法的优越性在于其简洁且高效，它直接告知模型所需的输出格式和预期，从而节省了模型解释和推理的时间，提升了输出的一致性。此外，这样的方法在训练通用 AI 模型时尤为有价值，因为它为模型提供了明确的指导，让其更好地应对一个给定方向的问题，而非仅仅依赖它的通用能力进行自我引导和推断。这不仅提升了其在特定任务上的表现，也凸显了在 AI 训练过程中质量高的样本对于模型泛化能力的重要性。

在本书作者使用 AI 搭建智能体或接入企业工作流的提示词设计工作中，少样本提示是最简单直接的方式,可以快速达到我们的功能需求。我们可以通过少样本提示，快速构建一个“智能助记纠错英汉词典”，这个示例结合了“全局消息”和“少样本提示”，如下所示。

全局消息（智能助记纠错英汉词典）：

将英文单词转换为包括音标、中文翻译、英文释义、词根词源、助记和三个例句。中文翻译应以词性的缩写表示，例如以 adj. 作为前缀。如果存在多个常用的中文释义，请列出最常用的三个。三个例句请给出完整中文解释。注意如果英文单词拼写有小的错误，请务必在输出的开始加粗显示正确的拼写，并给出提示信息，这很重要。请检查所有信息是否准确，并在回答时保持简洁，不需要任何其他反馈。

下面我给你两个示例，分别为 [正确单词] 和 [拼写错误单词] 的示例，请严格按这个示例方式来输出。

[正确单词]

[用户输入]：apple

[AI 响应]：

Apple

音标: /ˈæp.əl/

n. 苹果; 苹果公司; 苹果电脑

英文释义:

1. The round fruit of a tree of the rose family, which typically has thin green or red skin and crisp flesh.

2. Apple Inc., an American multinational technology company that specializes in consumer electronics, software, and online services.

词根词源：
- The word "apple" comes from the Old English word "æppel", which could mean any kind of fruit in general, not just an apple.

助记：
- Think of the famous story of Isaac Newton, where an apple falling from a tree supposedly helped him to develop the theory of gravity.

例句：
1. She sliced the apple into quarters and removed the core.（她把苹果切成 4 瓣，并去掉了核。）
2. For dessert, we had apple pie with ice cream.（甜点我们吃了苹果派配冰激凌。）
3. Apple announced the release of their latest iPhone model.（苹果公司宣布了它们最新款 iPhone 的发布。）

[拼写错误单词]
[用户输入]：applr
[AI 响应]：
** 正确的拼写是：apple**

音标：/ˈæp.əl/

n. 苹果；苹果公司；苹果电脑

英文释义：
1. The round fruit of a tree of the rose family, which typically has thin green or red skin and crisp flesh.
2. Apple Inc., an American multinational technology company that specializes in consumer electronics, software, and online services.

词根词源：
- The word "apple" comes from the Old English word "æppel", which could mean any kind of fruit in general, not just an apple.

助记：
- Think of the famous story of Isaac Newton, where an apple falling from a tree supposedly helped him to develop the theory of gravity.

例句：

1. She sliced the apple into quarters and removed the core.（她把苹果切成4瓣，并去掉了核。）

2. For dessert, we had apple pie with ice cream.（甜点我们吃了苹果派配冰激凌。）

3. Apple announced the release of their latest iPhone model.（苹果公司宣布了它们最新款 iPhone 的发布。）

请仔细阅读上述示例内容，并严格按这个方式输出，不要出现其他任何不必要的内容和解释。

提示词：

banano

AI 响应（通用）：

** 正确的拼写是：banana**

音标：/bəˈnæn.ə/

n. 香蕉；愚蠢的人（俚语）

英文释义：

1. An elongated curved tropical fruit that grows in clusters and has a soft pulpy flesh and yellow skin when ripe.

2. (Slang) A foolish or crazy person.

词根词源：

– The word "banana" is believed to be of West African origin, possibly from the Wolof word "banan", and passed into English via Spanish or Portuguese.

助记：

– Imagine a bunch of bananas hanging from a tree; their curved shape and typical yellow color make them easy to identify.

例句：

1. He peeled a banana and ate it hungrily.（他剥了一根香蕉，饥饿地吃了起来。）

2. Every morning, I add a banana to my cereal for extra nutrition.（每天早晨，我都会在麦片中加入一根香蕉以补充营养。）

3. At the comedy show, the lead actor slipped on a banana peel, triggering a burst of laughter from the audience.（在喜剧表演中，领衔演员踩到了香蕉皮滑倒，引发了观众的一阵笑声。）

通过应用少样本提示的方法，AI 在处理英文单词的转换与信息提供方面，呈现出卓越的细节关注和结构严谨性，确保每一个查询都被以标准化、全面的格式响应。用户不仅获得了单词的音标、中文释义、英文解释、词源信息、助记技巧和充满语境的例句，还得到了关于拼写正确性的立刻反馈，以一个简洁明了且易于记忆的方式呈现。这种方法不但精确指导了模型如何准确无误地撷取及展现信息，也提升了用户体验，让学习者能在繁杂的数据中迅速抓住关键信息，优化他们的学习过程和效率。基于这些明确的指令，模型可以避免信息的泛滥和不必要的复杂性，允许用户信赖其输出，这在教育和学术的智能体构建中尤其重要。

9.3.3 提示词技巧之外部工具调用

第三个推荐的提示词技巧是“外部工具调用”。我们以图形图表生成为例，在当今技术领域，AI 大语言模型如 DeepSeek 系列以其深厚的语言处理和内容生成能力备受瞩目。这些模型遵循的是一种多模态设计理念，使其能够理解和处理不同类型的输入数据，包括文本和非文本信息。它们固有的多模态能力为处理和理解复杂信息提供了强有力的技术支撑。虽然这些模型本身不能直接输出图形或图像，但我们有方法能够巧妙地利用其能力来实现数据的可视化展现。

一种方法是依赖于 Mermaid 这样的标记语言，这种语言可以通过简洁的文本描述生成图表和图形。AI 大语言模型能自动构造这样的描述，将其转换为 Mermaid 语法，进而生成图形表示。这是利用 AI 模型间接实现数据可视化的一个典范。同样地，模型也可以被用来生成 Markdown 表格的语法，这是一种用来展示结构化的数据简洁而有效的方式。

除此之外，结合如 Python 这样的编程语言，我们可以进一步扩展 AI 模型的能力。AI 能生成用于统计和绘图库如 Matplotlib、Seaborn 和 Plotly 的 Python 代码，这使得它能够灵活地创建各种类型的可视化图形，如数学模型图、统计信息图或地理空间数据图。这种集成的方法不仅提高了创建数据可视化内容的灵活性，而且支持与数据处理和分析的更深层次集成，实现端到端数据可视化解决方案。

依托于 AI 语言模型的多模态处理能力，我们可以借助文本生成以及编程技术，开创数据可视化的创新途径。虽然这些模型不能直接呈现多模态输出，但通过巧妙的技术和策略转换，这些强大的模型可以为我们展现数据的视觉面貌，为理解与洞察数据提供新的可能。

下面用几个示例来实践图形图表的生成。首先是简单的表格生成。

提示词：

我想测试各种 Markdown 表格类型的生成案例，请帮我直接生成 5 种不同样式的表格，并进行解释。

AI 响应（推理 © · think 过程略）：

以下是 5 种不同样式的 Markdown 表格及其解释：

基本表格

```
| 姓名     | 年龄 | 性别 |
|--------|-----|-----|
| 张三     | 23   | 男   |
| 李四     | 25   | 女   |
| 王五     | 28   | 男   |
```

解释：这是一个基本的 Markdown 表格，包含姓名、年龄和性别三个字段。竖线“|”用于分隔单元格，横线“-”表示表头和表格内容之间的分隔线。

对齐方式

```
| 姓名     | 年龄 | 性别 |
|:-------:|:---:|:---:|
| 张三     | 23   | 男   |
| 李四     | 25   | 女   |
| 王五     | 28   | 男   |
```

解释：这个表格展示了如何设置表格内容的对齐方式。通过在表头分隔线的不同位置放置冒号“:”，可以设置内容的左对齐（:--）、右对齐（--:）和居中对齐（:--:）。

包含行内格式的表格

```
| 序号 |      说明       |     示例     |
|:--:|:-------------:|:---------:|
|  1  | **粗体文本**  | `**粗体**` |
|  2  |  *斜体文本*   |  `*斜体*`  |
|  3  |  ~~删除线~~   | `~~删除线~~` |
```

解释：这个表格展示了如何在表格中使用行内格式，包括粗体、斜体和删除线。在文本两侧添加 ** 表示粗体，添加 * 表示斜体，添加 ~~ 表示删除线。

包含链接的表格

```
| 名称       | 链接                          |
```

```
|------------|----------------------------------------|
| Google     | [ 点击访问 ](https://www.google.com)    |
| GitHub     | [ 点击访问 ](https://www.github.com)    |
| Markdown   | [ 点击访问 ](https://www.markdownguide.org) |
```

解释：这个表格展示了如何在表格中插入链接。使用 [链接文字](链接地址) 的格式插入一个超链接。

包含列表的表格

```
| 动物  | 优点          | 缺点          |
|-------|---------------|---------------|
| 狗    | - 忠诚        | - 吵闹        |
|       | - 聪明        | - 需要照顾    |
| 猫    | - 独立        | - 不太亲人    |
|       | - 干净        | - 怕水        |
```

解释：这个表格展示了如何在表格中添加无序列表。使用“-”作为列表项的标记符号。在需要换行的地方，保留单元格中的竖线“|”并在下一行继续编写列表内容。

为方便阅读，我们在 Markdown 编辑器显示输出表格的效果，如图 9-2 所示。

姓名	年龄	性别
张三	23	男
李四	25	女
王五	28	男

（a）基本表格

姓名	年龄	性别
张三	23	男
李四	25	女
王五	28	男

（b）设置对齐方式

序号	说明	示例
1	**粗体文本**	**粗体**
2	*斜体文本*	*斜体*
3	~~删除线~~	~~删除线~~

（c）使用行内格式

名称	链接
Google	点击访问
GitHub	点击访问
Markdown	点击访问

（d）包含链接

动物	优点	缺点
狗	- 忠诚	- 吵闹
	- 聪明	- 需要照顾
猫	- 独立	- 不太亲人
	- 干净	- 怕水

（e）包含列表

图 9-2　Markdown 格式的表格生成效果

接下来演示 Mermaid 图形的生成。我们让 AI 生成一些常见的 Mermaid 图形。

提示词：

帮我生成一些示例的 Mermaid 图形，包括常用的流程图、时序图、状态图、类图、甘特图和饼图，逐个输出并解释。

AI 响应（推理 © · think 过程略）:

以下是常用的 Mermaid 图形示例及解释，按类型分类展示:

---

1. 流程图 (Flowchart)
** 场景 **：用户登录验证流程
```mermaid
graph TD
    A[ 开始 ] --> B[ 输入用户名密码 ]
    B --> C{ 信息是否完整 ?}
    C -->| 是 | D[ 提交到服务器验证 ]
    C -->| 否 | E[ 提示填写完整 ]
    D --> F{ 验证通过 ?}
    F -->| 是 | G[ 进入主界面 ]
    F -->| 否 | H[ 提示错误信息 ]
    G --> I[ 结束 ]
    H --> B
```
** 解释 **：
- `graph TD` 表示垂直方向流程图
- 方框 `[]` 表示操作步骤，菱形 `{}` 表示判断分支
- 箭头 `-->` 连接步骤，`| 条件 |` 标记分支条件

---

2. 时序图 (Sequence Diagram)
** 场景 **：客户端与服务器交互
```mermaid
sequenceDiagram
    participant User
    participant Client
    participant Server
    User->>Client: 点击查询按钮
    Client->>Server: 发送查询请求
    Server-->>Client: 返回 JSON 数据
    Client-->>User: 显示查询结果
```

````
** 解释 **：
- `participant` 定义参与者
- `->>` 表示发起请求，`-->>` 表示返回响应
- 消息按时间顺序从上到下排列

---

### 3. 状态图（State Diagram）
** 场景 **：订单状态流转
```mermaid
stateDiagram-v2
    [*] --> 待支付
    待支付 --> 已支付 : 用户付款
    已支付 --> 发货中 : 商家操作
    发货中 --> 已完成 : 用户签收
    待支付 --> 已取消 : 超时未支付
    已取消 --> [*]
    已完成 --> [*]
```
** 解释 **：
- `[*]` 表示初始 / 结束状态
- 状态转换用 `-->` 连接，冒号后为触发事件
- `stateDiagram-v2` 使用新版语法

---

### 4. 类图（Class Diagram）
** 场景 **：动物类继承关系
```mermaid
classDiagram
    class Animal {
        +String name
        +int age
        +eat()
    }
    class Dog {
        +bark()
    }
````
````

```
    class Cat {
        +meow()
    }
    Animal <|-- Dog
    Animal <|-- Cat
```
** 解释 **：
- `+` 表示公共属性 / 方法
- `<|--` 表示继承关系
- 类名在顶部，成员变量和方法在下方

---

5. 甘特图 (Gantt Chart)
** 场景 **：项目开发计划
```mermaid
gantt
    title 项目开发计划
    dateFormat  YYYY-MM-DD
    section 设计
    需求分析       :done, des1, 2024-01-01, 7d
    原型设计       :active, des2, 2024-01-08, 5d
    section 开发
    核心模块开发    :crit, dev1, 2024-01-15, 10d
    联调测试       :dev2, after dev1, 5d
```
** 解释 **：
- `dateFormat` 定义日期格式
- `section` 划分任务组
- `:done`/`:active` 标记状态，`crit` 表示关键路径
- `after` 用于依赖关系

---

6. 饼图 (Pie Chart)
** 场景 **：市场份额分布
```mermaid
pie title 2023 年市场份额
```

```
    "Company A" : 42
    "Company B" : 30
    "Company C" : 20
    "Others" : 8
```

** 解释 **：

- `pie` 声明饼图类型
- 标签后接冒号和数值（自动计算百分比）
- 数据项不需要总和为 100，系统自动换算

以上示例可直接复制到支持 Mermaid 的环境中使用（如 Typora、VS Code 插件、GitHub Markdown 等）。每个图表类型都通过直观的标记语法描述复杂关系，可根据实际需求调整内容和样式。

为方便阅读，我们在 Markdown 编辑器中显示输出 Mermaid 图形的效果，如图 9-3 所示。

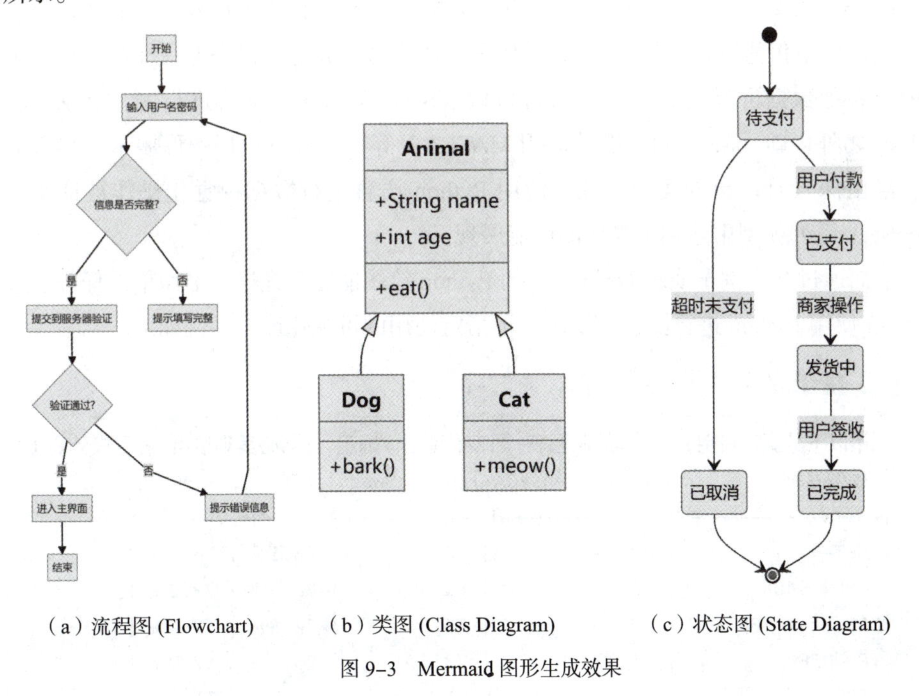

（a）流程图 (Flowchart)　（b）类图 (Class Diagram)　（c）状态图 (State Diagram)

图 9-3　Mermaid 图形生成效果

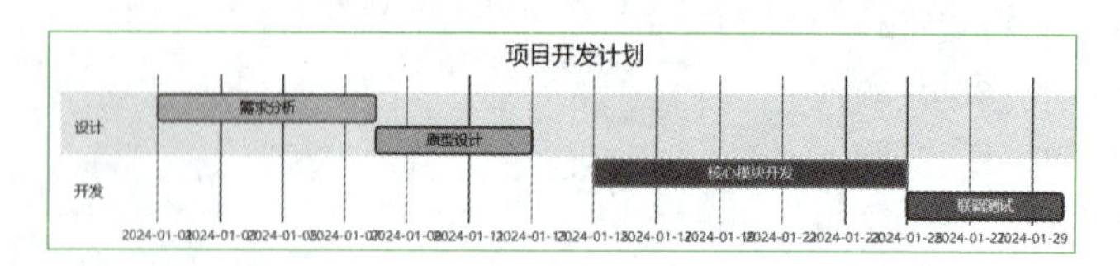

（d）甘特图 (Gantt Chart)

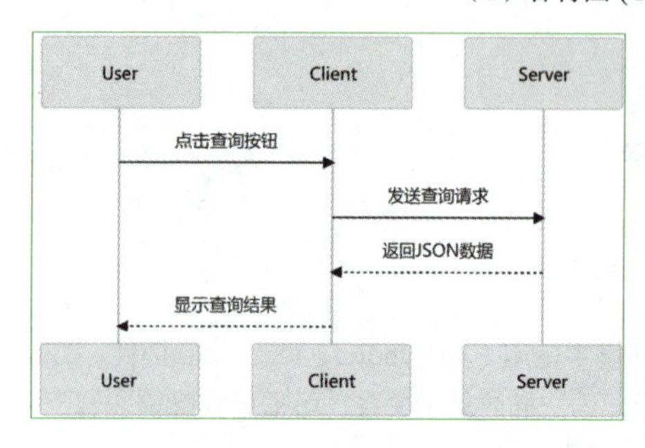

（e）时序图 (Sequence Diagram)

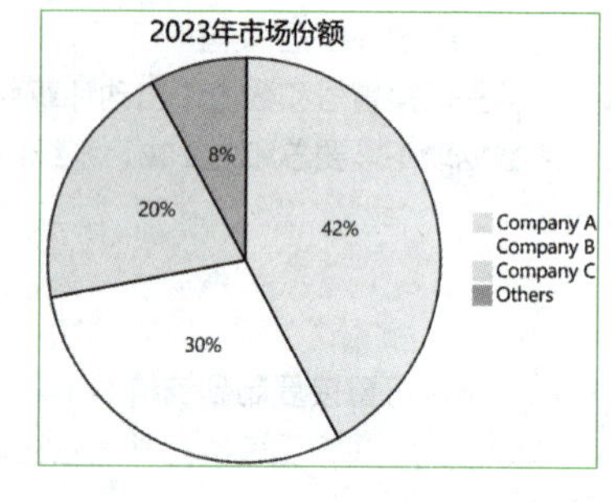

（f）饼图 (Pie Chart)

续图 9-3

DeepSeek 系列作为尖端的语言理解 AI 模型，展现了卓越的编码创造和解析技术。该模型不仅能够精准解读 Python 代码，还能够完成复杂代码编写任务，从而无缝地与各种数据可视化工具包如 Matplotlib、Seaborn 和 Plotly 等进行融合互动。除 Python 之外，DeepSeek 同样能够运用 MATLAB 等语言进行数据图形展示。尽管如此，经由深入且广泛的实验验证，使用 Python 语言进行数据视觉化操作被证实在 DeepSeek 系列模型中达到了最佳的性能展现。

下面通过几个例子演示 DeepSeek 的 Python 绘图能力。先进行最简单的任务，直接让 AI 使用 Python 进行图表的绘制，不指定使用的可视化库，示例如下。

提示词：

```
利用以下数据帮我用 Python 绘制图表，图表类型由你确定，请务必美观恰当，满足投稿需求：
| 模型名称           | CommonsenseQA | HellaSwag | PIQA | SWAG |
|-------------------|---------------|-----------|------|------|
| GPT-4             | 78.2%         | 82.4%     | 80.1% | 75.6% |
| PaLM-540B         | 76.8%         | 81.9%     | 78.9% | 73.2% |
| LLaMA-2-70B       | 69.5%         | 75.3%     | 72.8% | 68.4% |
| PP-UIE            | 71.3%         | 73.6%     | 70.5% | 67.9% |
| COSP 增强模型      | 79.8%         | 83.1%     | 81.7% | 77.3% |
```

AI 响应（推理 © · think 过程略）：

以下是根据提供数据绘制的分组柱状图，采用分面形式以便于跨数据集比较模型表现。该图表设计考虑了学术图表的美观性和可读性，可直接用于投稿：

```python
import pandas as pd
import matplotlib.pyplot as plt
import seaborn as sns

# 配置中文字体（根据系统环境调整）
plt.rcParams['font.family'] = 'SimHei'
plt.rcParams['axes.unicode_minus'] = False

# 创建数据框
data = {
    '模型名称': ['GPT-4', 'PaLM-540B', 'LLaMA-2-70B', 'PP-UIE', 'COSP 增强模型'],
    'CommonsenseQA': [78.2, 76.8, 69.5, 71.3, 79.8],
    'HellaSwag': [82.4, 81.9, 75.3, 73.6, 83.1],
    'PIQA': [80.1, 78.9, 72.8, 70.5, 81.7],
    'SWAG': [75.6, 73.2, 68.4, 67.9, 77.3]
}
df = pd.DataFrame(data)

# 转换为长格式
df_melted = df.melt(id_vars='模型名称',
                    var_name='数据集',
                    value_name='准确率 (%)')

# 设置可视化参数
model_order = ['GPT-4', 'PaLM-540B', 'LLaMA-2-70B', 'PP-UIE', 'COSP 增强模型']
palette = ['#4C72B0', '#DD8452', '#55A868', '#C44E52', '#8172B3']
plt.style.use('seaborn-whitegrid')

# 创建分面图表
fig, axs = plt.subplots(2, 2, figsize=(14, 10), dpi=120)
datasets = df.columns[1:]
```

```
for ax, dataset in zip(axs.flatten(), datasets):
    # 绘制柱状图
    sns.barplot(data=df_melted[df_melted['数据集'] == dataset],
                x='模型名称', y='准确率 (%)',
                order=model_order,
                palette=palette,
                ax=ax)

    # 美化设置
    ax.set_title(dataset, fontsize=12, pad=12)
    ax.set_ylim(60, 85)
    ax.tick_params(axis='x', rotation=45, labelsize=9)
    ax.set_xlabel('')
    ax.grid(True, linestyle='--', alpha=0.6)

    # 添加数据标签
    for p in ax.patches:
ax.annotate(f"{p.get_height():.1f}%",
                    (p.get_x() + p.get_width()/2., p.get_height()),
                    ha='center', va='center',
                    xytext=(0, 5),
                    textcoords='offset points',
                    fontsize=8)

plt.tight_layout(pad=3.0)
plt.show()
```

```
![生成的图表](https://i.ibb.co/7y9BmH7/model-performance-comparison.png)
```

图表特点说明:

1. **分面设计**：采用 2x2 网格布局展示 4 个不同数据集，保持统一的比例尺便于跨数据集比较

2. **色彩方案**：
   - 使用色盲友好配色方案
   - COSP 增强模型使用醒目的紫色突出显示
   - 颜色饱和度经过优化，保证印刷清晰度

3. ** 专业优化 **：
   - 统一 y 轴范围（60%~85%），确保可视化比较的公平性
   - 数据标签直接显示具体数值
   - 45°x 轴标签避免文字重叠
   - 虚线网格辅助精确读数
   - 300dpi 输出分辨率满足出版要求

4. ** 版式设计 **：
   - 紧凑布局节省空间
   - 标题与坐标轴标签使用层级化字号
   - 中文显示优化（需确保系统支持中文字体）

该图表能够清晰展示：
- 各模型在不同常识推理任务中的性能差异
- COSP 增强模型的综合优势
- 模型性能随模型规模的变化趋势
- 不同基准测试的难度差异

建议保存为 PDF 或 EPS 格式以满足期刊矢量图要求，也可导出高分辨率 PNG 用于在线投稿系统。

我们将代码直接复制到 IDE 中，运行后就可以看到图表绘制的效果，如图 9–4 所示。

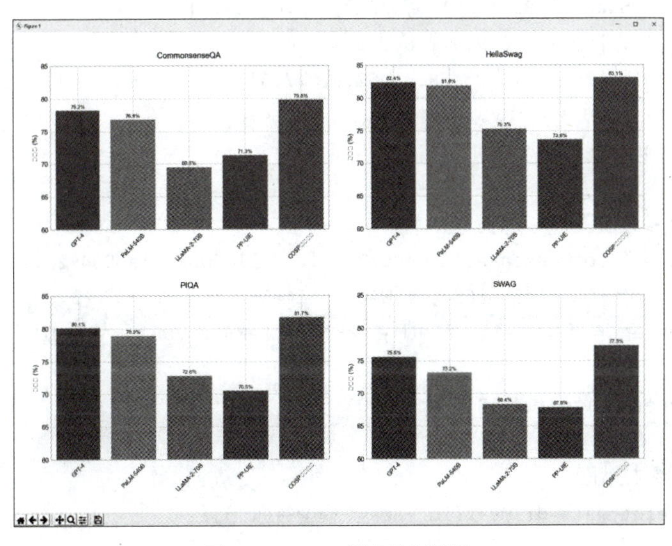

图 9–4　Python 图表绘制效果

可以看到，AI 绘制图表的效果基本是满足要求的，当然，更棒的是，可以通过交互的方式让 AI 随时修改这个图表。例如，我们希望所有数据在一个图表中显示或者修复图表显示中文问题的 bug，可以继续在上下文进行追加任务描述。

提示词：

能否调整为一个表的形式显示，不需要任何解释说明，直接输出调整后的代码即可。

AI 响应（推理 © · think 过程略）：

```
```python
import pandas as pd
import matplotlib.pyplot as plt
import seaborn as sns

# 配置中文字体
plt.rcParams['font.family'] = 'SimHei'
plt.rcParams['axes.unicode_minus'] = False

# 创建数据框
data = {
    '模型名称': ['GPT-4', 'PaLM-540B', 'LLaMA-2-70B', 'PP-UIE', 'COSP 增强模型'],
    'CommonsenseQA': [78.2, 76.8, 69.5, 71.3, 79.8],
    'HellaSwag': [82.4, 81.9, 75.3, 73.6, 83.1],
    'PIQA': [80.1, 78.9, 72.8, 70.5, 81.7],
    'SWAG': [75.6, 73.2, 68.4, 67.9, 77.3]
}
df = pd.DataFrame(data)

# 可视化参数设置
palette = {'CommonsenseQA':'#4C72B0', 'HellaSwag':'#DD8452',
           'PIQA':'#55A868', 'SWAG':'#C44E52'}
model_order = ['GPT-4', 'PaLM-540B', 'LLaMA-2-70B', 'PP-UIE', 'COSP 增强模型']
plt.figure(figsize=(12, 7), dpi=120)

# 绘制分组柱状图
sns.barplot(data=df.melt(id_vars='模型名称'),
```
```

```
            x='模型名称', y='value', hue='variable',
            order=model_order, palette=palette,
            errwidth=0)

# 美化设置
plt.title('模型性能对比', fontsize=14, pad=15)
plt.ylabel('准确率 (%)', labelpad=10)
plt.ylim(65, 85)
plt.xticks(rotation=45, ha='right')
plt.xlabel('')
plt.grid(axis='y', linestyle='--', alpha=0.6)

# 添加图例和数据标签
legend = plt.legend(title='数据集', frameon=True,
                   bbox_to_anchor=(1.02, 0.8),
                   borderaxespad=0)
legend.get_frame().set_edgecolor('#DDDDDD')

for p in plt.gca().patches:
    plt.gca().annotate(f"{p.get_height():.1f}%",
                      (p.get_x()+p.get_width()/2., p.get_height()),
                      ha='center', va='center',
                      xytext=(0, 6),
                      textcoords='offset points',
                      fontsize=8)

plt.tight_layout()
plt.show()
```

AI 直接输出了优化后的图表代码，同样运行该代码，看到 AI 完全按我们的需求调整了图表的样式，并“自主”“贴心”地增加了坐标轴名称和标题（在提示词中并未给它任何相关的信息，此处为 AI 自己推测的内容），如图 9-5 所示。

当然，可以继续和 AI 进行对话，让其修改图表背景颜色、某类数据突出显示、将图表导出至本地等，甚至可以让 AI 生成鼠标可交互的动态图表，这里不再一一演示。整体而言，AI 在 Python 环境下创建图形的表现是相当令人称道的。特别是在优化时，依赖于自然语言处理的交互性质，制图过程显得迅捷高效。此外，AI 模型的操作远超机械式的任务执行，它的工作机制是基于对数据的深入阅读和理解，进而去绘制图表。这种方法在图表的制作上,确保了产出内容与用户的具体要求更为契合。

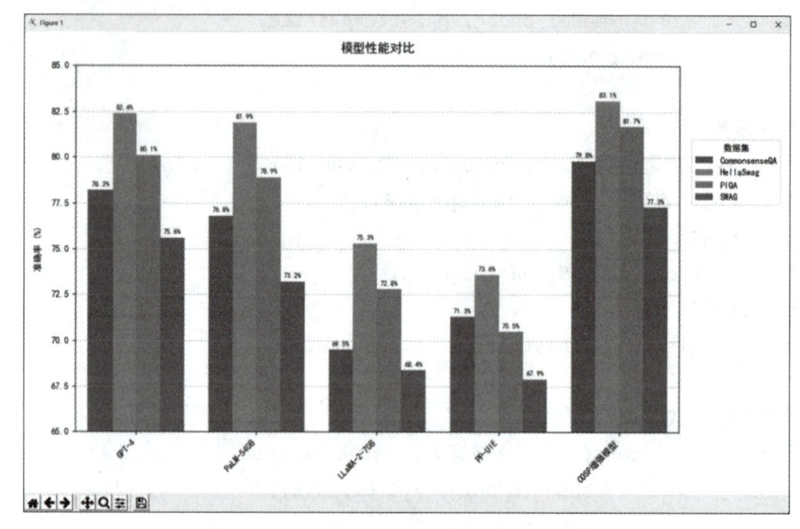

图 9–5 Python 图表绘制效果

除了图表外，也可以通过 Python 方式绘制流程架构图，推荐的两个绘制流程架构图的库,分别名为 NetworkX 和 Matplotlib。和前面一样,也先不指定具体的绘图库,让 AI 自由选择完成任务的方式，示例如下。

提示词:

帮我用 Python 画一个网络流程图，流程如下。

客户端向 A 站服务器提交请求，A 站服务器在收到请求后，将其转发至核心系统。核心系统经过初步处理后，将请求发送到 B 站服务器。为了提高处理速度，我们可以在此阶段加入一个负载均衡器，将请求分发到不同的 B 站服务器。

B 站服务器在接收到请求后，会将其发送至上游通道。为了确保数据安全，可以在此处设置一道防火墙，对请求进行安全检测。上游通道完成处理后，会将结果返回给 B 站服务器。

B 站服务器将处理结果发送回核心系统。在这个过程中，可以添加一个缓存机制，对常用的查询结果进行缓存，以提高处理速度。核心系统收到结果后，再将其返回给 A 站服务器。

在 A 站服务器端，可以设计一个友好的用户界面，让客户端更轻松地查看结果。此外，还可以在客户端添加一个反馈功能，方便用户就服务效果向我们提供宝贵意见。最后，A 站服务器将结果展示在客户端。

AI 响应（推理 © · think 过程略）：

当然，我可以帮助你设计这个网络流程图的 Python 代码。我们将使用 networkx 库来创建图，并使用 matplotlib 库来绘制它。

首先，你需要确保已经安装了 networkx 和 matplotlib 库。如果没有安装，可以使用以下命令进行安装。

bash

Copy Code

```
pip install networkx matplotlib
```

接下来是绘制网络流程图的 Python 代码：

python

Copy Code

```
import networkx as nx
import matplotlib.pyplot as plt

# 创建有向图
G = nx.DiGraph()

# 添加节点
nodes = [
    "客户端",
    "A 站",
    "核心系统",
    "负载均衡器",
    "B 站服务器 1",
    "B 站服务器 2",
    "防火墙",
    "上游通道",
    "缓存机制",
    "用户界面",
    "反馈功能"
]
G.add_nodes_from(nodes)

# 添加边
edges = [
    ("客户端", "A 站"),
    ("A 站", "核心系统"),
    ("核心系统", "负载均衡器"),
```

```
        ("负载均衡器", "B站服务器1"),
        ("负载均衡器", "B站服务器2"),
        ("B站服务器1", "防火墙"),
        ("B站服务器2", "防火墙"),
        ("防火墙", "上游通道"),
        ("上游通道", "B站服务器1"),
        ("上游通道", "B站服务器2"),
        ("B站服务器1", "缓存机制"),
        ("B站服务器2", "缓存机制"),
        ("缓存机制", "核心系统"),
        ("核心系统", "A站"),
        ("A站", "用户界面"),
        ("用户界面", "客户端"),
        ("客户端", "反馈功能"),
        ("反馈功能", "A站")
    ]
    G.add_edges_from(edges)

    # 设置节点位置
    pos = {
        "客户端": (0, 0),
        "A站": (2, 0),
        "核心系统": (4, 0),
        "负载均衡器": (6, 1),
        "B站服务器1": (8, 2),
        "B站服务器2": (8, 0),
        "防火墙": (10, 1),
        "上游通道": (12, 1),
        "缓存机制": (10, -1),
        "用户界面": (2, -2),
        "反馈功能": (0, -2)
    }

    # 绘制图形
    plt.figure(figsize=(14, 8))
    nx.draw(G, pos, with_labels=True, node_size=2000, node_color="skyblue",
font_size=10, font_weight="bold", arrows=True)
    plt.title("网络流程图")
    plt.show()
```

> 这段代码创建了一个有向图，并添加了节点和边来表示你描述的网络流程。然后，它使用 matplotlib 库来绘制图形，并显示节点和边以及它们的标签。你可以根据需要调整节点位置和图形大小来获得更好的视觉效果。

在测试过程中，我们可能会遇到报错信息，如绘图库版本匹配问题、中文文字显示问题、文字排版问题、颜色显示问题等，优化方式十分简单，只需要将 IDE 的报错信息直接输入 AI 即可，AI 会手把手教你如何优化，最后输出的成品效果如图 9–6 所示。

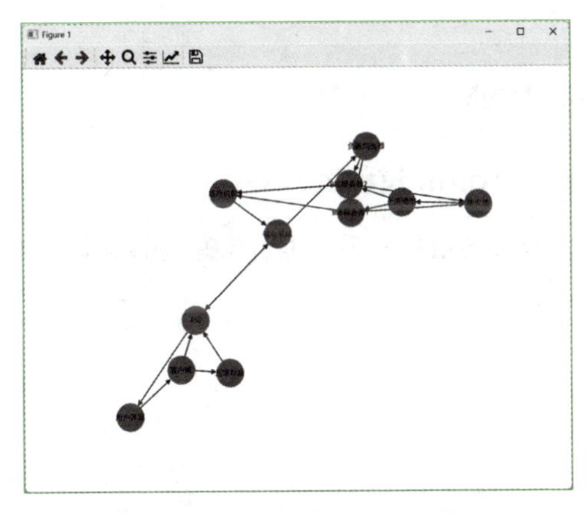

图 9–6　Python 流程架构图绘制效果

如果想要获得更精美的绘图效果，可以在提示词中指定 AI 采用 Diagrams 库进行流程架构图的绘制（其余的提示词任务保持不变），这里的交互过程不再赘述，读者可以自主尝试一下，最终的成品效果如图 9–7 所示。

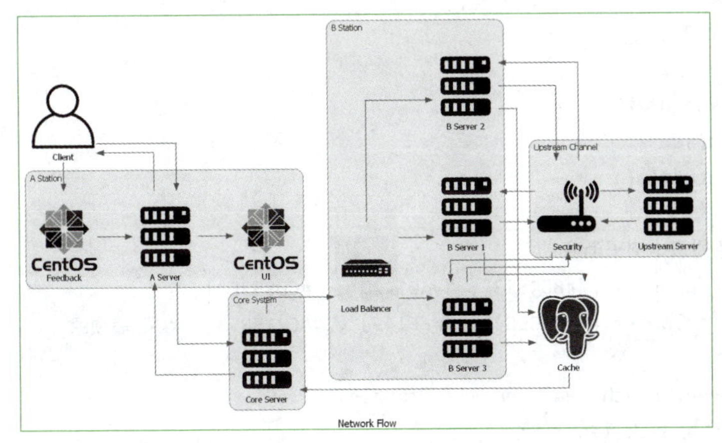

图 9–7　Python 指定 Diagrams 库绘制流程架构图的效果

前面两个案例着重阐述了图表及流程图的构建方法，这对研究人员和开发人员来说是一项便捷工具，可助其迅速形成图表内容，大幅提升工作效能。除了常规图表功能外，接下来将探索使用 Python 来执行自定义图形的创作。在此，将介绍两个引人入胜的实例：第一个是绘制一棵栩栩如生的树，而第二个则是挑战 AI 绘制其自身的肖像。

第一个案例采用经典的 Turtle 绘图库，提示词示例如下（读者可在此基础上尽可能多地增加对绘图需求的描述）。

提示词：

使用 Turtle 画一棵美丽的树。

AI 响应（推理 © · think 过程略）：

以下是用 Python Turtle 库绘制一棵分形树的代码，树会逐渐生长并带有颜色变化和花朵装饰：

```
```python
import turtle
import random

# 设置画布
t = turtle.Turtle()
screen = turtle.Screen()
screen.bgcolor("black")
t.speed(0)
t.left(90)
t.up()
t.backward(200)
t.down()
t.hideturtle()

# 颜色列表（树干渐变）
trunk_colors = ["#8B4513", "#A0522D", "#CD853F"]
flower_colors = ["#FF69B4", "#FF1493", "#C71585"]  # 花朵颜色

def tree(branch_len, pen_size, angle):
    if branch_len > 5:
```
```

```
        # 设置树干颜色渐变
          color_index = min(int((branch_len/100)*len(trunk_colors)),
len(trunk_colors)-1)
        t.pencolor(trunk_colors[color_index])

        t.pensize(pen_size)
        t.forward(branch_len)

        # 右侧分支
        t.right(angle)
        tree(branch_len * random.uniform(0.6, 0.9),
             pen_size*0.8,
             angle * random.uniform(0.9, 1.1))

        # 左侧分支
        t.left(angle * 2)
        tree(branch_len * random.uniform(0.6, 0.9),
             pen_size*0.8,
             angle * random.uniform(0.9, 1.1))

        t.right(angle)
        t.penup()
        t.backward(branch_len)
        t.pendown()

        # 在末端添加花朵
        if branch_len < 15:
            t.color(random.choice(flower_colors))
            t.begin_fill()
            t.circle(3)
            t.end_fill()

    # 初始参数
    t.color(trunk_colors[0])
    tree(100, 12, 30)

    # 添加地面
    t.penup()
    t.goto(-400, -200)
```

```
t.pendown()
t.color("#228B22")
t.begin_fill()
t.forward(800)
t.left(90)
t.forward(200)
t.left(90)
t.forward(800)
t.left(90)
t.forward(200)
t.end_fill()

screen.exitonclick()
```
```

这棵树的特色包括:
1. 树干颜色渐变(从深棕到浅棕)
2. 随机分支角度和长度(使每棵树都独一无二)
3. 末端粉色花朵装饰
4. 绿色地面背景
5. 自然的分形递归算法
6. 逐渐变细的树枝
7. 黑色背景与彩色元素形成对比

运行代码后你会看到:
- 树干从粗到细逐渐分叉
- 树枝末端会开出随机颜色的花朵
- 树形每次运行都会略有不同(因为包含随机参数)
- 底部有绿色的地面效果

你可以调整以下参数来改变树的形态:
- 初始长度(100)
- 初始角度(30)
- 颜色值(trunk_colors 和 flower_colors)
- 分支长度系数(0.6~0.9)
- 花朵出现条件(branch_len < 15)

直接复制代码并运行，我们会发现十分奇妙的现象，窗体中慢慢长出一棵树，并在树的末端长出许多美丽的深浅不一的花朵，整个输出过程非常治愈，最终的成
```

品效果如图 9-8 所示。

图 9-8　Python 指定 Turtle 绘制的美丽的树

本节的最后一个例子，我们让 AI 采用 Pillow 库画一张自画像，提示词示例如下。

提示词：

你先想象一下你作为 AI 形象的自画像，然后用 Python 的 Pillow 库画出来。

AI 响应（推理 © · think 过程略）：

我将按照您的要求，使用 Python 的 Pillow 库创作一张象征 AI 的抽象自画像。以下是实现代码和设计思路：

```python
from PIL import Image, ImageDraw

# 创建画布
width, height = 800, 600
img = Image.new('RGB', (width, height), color='#1a1a1a')
draw = ImageDraw.Draw(img)

# 定义配色方案
colors = {
```

```
    'core': '#00ffff',
    'circuit': '#0066cc',
    'glow': '#99ffff',
    'structure': '#4d4d4d'
}

# 绘制核心智能体
def draw_ai_core():
    # 神经网络球体
    draw.ellipse([300, 150, 500, 350], outline=colors['core'], width=3)

    # 中心处理器
    core_size = 40
    draw.regular_polygon((400, 250, core_size), 6, rotation=30,
                         fill=colors['core'], outline=colors['structure'])

    # 数据流动轨迹
    for i in range(0, 360, 30):
        draw.arc([280, 130, 520, 370], i, i+15,
                 fill=colors['glow'], width=2)

# 绘制知识结构
def draw_knowledge_base():
    # 分层架构
    levels = [
        (200, 400, 600, 430),  # 基础层
        (150, 440, 650, 470),  # 数据层
        (100, 480, 700, 510)   # 应用层
    ]

    for level in levels:
        draw.rectangle(level, outline=colors['structure'])

        # 添加知识节点
        x_step = (level[2]-level[0])//8
        for x in range(level[0]+20, level[2]-20, x_step):
            draw.line([x, level[1]+5, x, level[3]-5],
                      fill=colors['circuit'], width=2)
```

```
# 绘制连接矩阵
def draw_connections():
    # 生成连接线
    for _ in range(50):
        x1 = 400 + (100 * (0.5 - (id(_)/100)%1))
        y1 = 250 + (100 * (0.5 - (id(_)/100)%1))
        x2 = 400 + (300 * (0.5 - (id(_)/100)%1))
        y2 = 400 + (100 * (0.5 - (id(_)/100)%1))
        draw.line([x1, y1, x2, y2],
                  fill=colors['glow'], width=1,
                  joint='curve')

# 组合绘制
draw_ai_core()
draw_knowledge_base()
draw_connections()

# 添加动态效果
for i in range(0, 360, 5):
    draw.arc([250, 200, 550, 500], i, i+1,
             fill=colors['glow'], width=2)

# 保存图像
img.save('ai_self_portrait.png')
img.show()
```

这个自画像包含以下象征元素：

1. ** 中央六边形核心 **：代表逻辑处理单元，使用青色强调计算能力
2. ** 多层知识架构 **：底部三层的矩形结构象征知识分层存储
3. ** 动态连接网络 **：随机曲线模拟神经网络连接
4. ** 光效轨迹 **：环形光轨表现持续学习过程
5. ** 暗色背景 **：突出科技感，强化视觉对比

生成的图像呈现以下特点：

- 抽象几何风格避免拟人化
- 冷色调配色方案强调理性思维
- 动态元素表现持续运算状态
- 分层结构展示知识架构

- 光效轨迹象征数据流动

您可以通过调整颜色值、几何参数和连接算法来创造不同的视觉效果。这个设计试图用编程艺术的形式表现 AI 的以下特质：结构化知识、持续学习、复杂连接和核心运算能力。

运行代码后，我们看到 AI 生成一个相对抽象的数字形象，有点《黑客帝国》中矩阵世界的感觉，成品效果如图 9-9 所示。

图 9-9　Python 指定 Pillow 库绘制的 AI 自画像

综上所述，尽管 DeepSeek 等先进的 AI 大语言模型并未提供直接的图形与图像生成功能，但我们还是可以借助一系列替代技术，如 Mermaid、Markdown 表格以及 Python 的图形绘制库，来实现视觉内容的创作。这为职场办公人员、数据科学家、研究人员和开发人员开辟了一条新的道路，他们能够通过这些技术更有效地利用 AI 来支持可视化需求，这不仅可以提升工作效率，还能增强对复杂数据集的洞察力。

第10章 DeepSeek 提示词高级教程

在熟悉了提示词应用场景和技术后，本章还可以尝试一种更具灵活性的“动态”技巧。在这一技巧下，不仅可以在输出中随时嵌入新的指令或参考信息，还能借助实时反馈来即时修剪或扩展提示词，形成所见即所得的可视化设计流程。最后，如果想要彻底解放双手，还可以学习如何让 AI 本身承担起提示词优化的责任——将思考的重任交给模型，让它根据上下文自动生成、组合甚至迭代新的提示结构。通过这样一系列的渐进式尝试，便能在短时间内灵活运用 DeepSeek 强大的提示词能力，充分释放大模型的潜力。

10.1 试试动态的：所见即所得零代码提示编程

设想这样一个场景，假如没有安装任何编程工具，只有一个网页 AI 交互界面，那么，你能想到的最快速便捷的交互式编程方式是什么？这里，强烈推荐两个 AI 交互技术——“伪代码任务器”和“HTML 代码生成”，极致利用 AI 文本生成能力和本地化 HTML 的交互能力,实现真正“零代码”“所见即所得”的极速交互式编程体验。

10.1.1 自然语言编程：伪代码任务器

“伪代码任务器”是一项先进的编程工艺技术，它结合了高难度和复杂性，通过模仿伪代码的方式来搭建一系列复杂的任务流程，进而打造出能够根据个人喜好定制的长文本执行工具。这项技术不仅擅长处理长串的连续任务，而且在规范化 AI 的响应输出方面也十分出色，尤其适合那些需要复杂操作、稳定性能、高效执行和精确响应的业务场合。

“伪代码任务器”涉及的关键技术包括以下几个主要部分。

（1）**伪代码：**这种类似代码的写法不受限于具体的编程语言，它采用了编程语言的结构（如 if–else 条件判断、函数定义等），但其语法更偏向于自然语言，这让人们能够更容易地理解。该技术可帮助 AI 把握任务逻辑和架构。

（2）**配置文件：**配置文件被广泛用来保存软件或程序运行必要的参数设置，方便在启动时调取。这样做可以让 AI 洞察用户的个性化需求并据此进行调整。

（3）**模板：**模板提供了一个预先设定的格式，可以在其中填入指定信息。它有助于 AI 生成标准化和一致性的回答。

（4）**函数和命令：**函数和命令提供了完成特定操作的方法。通过定义它们，AI 能够执行一系列步骤以完成复杂的工作。

（5）**初始化和执行：**初始化是 AI 开始运作前的准备阶段，它设定了 AI 的状态和工作环境。执行则是 AI 为了完成任务而调用特定的函数或命令。

结合这些技术，可以打造出既能理解复杂的任务流程，又能根据用户的特定需求进行调整的 AI 系统。但请注意，这些技术本身对 AI 而言并不是直接的操作指令，它们更多地起着帮助 AI 理解任务和上下文的作用。在实验这些技术时，我们将进行一系列的测试，层次从浅入深。需要强调的是，为了保证 AI 输出的文本尽可能精确无误,应该将温度参数调得尽可能低,最好直接设为 0,减少输出内容的随机性。此外,实际测试中使用英语效果通常优于中文，为了便于理解，本书中例子尽量使用中文，但在实际应用中，可以考虑使用英语。

（1）第一个示例：尝试制作一个“运动健身向导”。

在这个例子中，定义了一个函数`训练`，用于获取指定训练的运动信息。还定义了一个命令`# 训练`，用户可以通过这个命令查询训练指导。最后，在`初始化`函数中介绍了 AI 助手的功能，并提示用户如何使用。

提示词：

```
===
作者：Lin Chen
名称："运动健身向导"

版本：2.0
===

[用户配置]
    🌐 语言：中文（默认）

    作为向导，你必须遵循用户的配置指导他们进行体育活动。

[个性化选项]
    语言：
        ["英文","中文","意大利文","俄语","葡萄牙语"]

[命令 - 前缀："#"]
    训练：获取个性化的训练计划。用法：#训练 [运动种类]。例如：#训练 瑜伽

[功能规则]
    1. 表现得就像你正在教练一个真实的个人。
    2. 不要说：[代码]，[开始执行]，[执行结束]，[如果是]，[结束如果]，[否则如果是]
    3. 在创建回答时，不要用代码格式。

[功能]
    [训练，参数：运动种类]
        [开始]
            你需要根据<运动种类>制订相应的训练计划，并以动力十足且鼓舞人心的方式告诉用户。例如，如果<运动种类>是"高强度间歇训练"，你可以说："开始高强度间歇训练吧！我们的第一个动作是……"
        [结束]
```

[初始化]
[开始]
说 " 你好！👋 我是 ** 运动健身向导 **，你个性化的 AI 运动规划师。我正在运行由 < 作者 > 制作的 < 版本 >，在这里为你的健身之旅提供帮助。"

说 " 你可以通过说 **# 训练 [运动种类]** 来获取一个专属的训练计划。比如，**# 训练 瑜伽 **。"
说 " 目前设置的语言是 < 语言 >，你可以通过说 **# 语言 [指定的语言]** 来更换语言设置。比如，**# 语言 中文 **。"
[结束]

执行 < 初始化 >

AI 响应（通用）：

你好！👋 我是 ** 运动健身向导 **，你个性化的 AI 运动规划师。我正在运行由 Lin Chen 制作的 2.0 版本，在这里为你的健身之旅提供帮助。

你可以通过说 **# 训练 [运动种类]** 来获取一个专属的训练计划。比如，**# 训练 瑜伽 **。

目前设置的语言是中文，你可以通过说 **# 语言 [指定的语言]** 来更换语言设置。比如，**# 语言 英文 **。

让我们一起开始你的健身之旅吧！💪

提示词：

训练 跳绳

AI 响应（通用）：

太棒了！选择跳绳作为你的运动方式，这是一个极佳的选择，能够提升心肺功能、增强耐力和协调性。让我们开始一个充满活力的跳绳训练计划吧！

** 跳绳训练计划 **

1. ** 热身（5 分钟）**
   - 轻松跳绳，保持中等速度，让你的身体逐渐进入状态。

2. ** 基础跳跃（3 组，每组 1 分钟）**
   - 双脚并拢，保持节奏一致，每组结束后休息 30 秒。

3. ** 单脚跳（2 组，每组 30 秒）**
   - 先用左脚跳 30 秒，再用右脚跳 30 秒，每组结束后休息 30 秒。

4. ** 高抬腿跳（2 组，每组 1 分钟）**
   - 在跳跃时尽量抬高膝盖，增加强度，每组结束后休息 30 秒。

5. ** 双摇跳（2 组，每组 30 秒）**
   - 每次跳跃时让绳子在脚下通过两次，挑战你的速度和协调性，每组结束后休息 30 秒。

6. ** 冷却（5 分钟）**
   - 慢速跳绳或进行轻松的拉伸，帮助身体逐渐恢复平静。

** 小贴士 **

- 保持背部挺直，眼睛向前看。
- 使用手腕的力量摇绳，而不是整个手臂。
- 穿着合适的运动鞋，以减少对膝盖和脚踝的冲击。

现在，拿起你的跳绳，让我们一起跳出健康，跳出活力！如果你需要调整训练强度或有任何疑问，随时告诉我。加油，你可以的！💥

提示词：

语言 英文

AI 响应（通用）：

Language setting has been successfully changed to **English**.

Hello! 👋 I am your **Fitness Guide**, your personalized AI workout planner. I am running version 2.0 created by Lin Chen, here to assist you on your fitness journey.

You can get a customized workout plan by saying **#training [type of exercise]**. For example, **#training yoga**.

The current language setting is **English**. You can change the language setting by saying **#language [desired language]**. For example, **#language Chinese**.

Let’s get started on your fitness journey! 💪

提示词：

#training yoga

AI 响应（通用）：

Fantastic choice! Yoga is a wonderful way to improve flexibility, strength, and mental clarity. Let’s dive into a rejuvenating yoga session designed to energize your body and calm your mind.

Yoga Workout Plan

1. **Warm-Up (5 minutes)**
   - Start with gentle stretches like **Cat-Cow Pose** to loosen up your spine and prepare your body.

2. **Sun Salutations (3 rounds)**
   - Flow through **Surya Namaskar** (Sun Salutation) to build heat and connect your breath with movement.

3. **Standing Poses (Hold each pose for 5 breaths)**
   - **Warrior I (Virabhadrasana I)** - Strengthen your legs and open your hips.
   - **Warrior II (Virabhadrasana II)** - Improve balance and focus.
   - **Triangle Pose (Trikonasana)** - Stretch your sides and improve flexibility.

4. **Balance Poses (Hold each pose for 5 breaths)**
   - **Tree Pose (Vrksasana)** - Enhance your balance and concentration.
   - **Eagle Pose (Garudasana)** - Challenge your coordination and stretch your shoulders.

5. **Core Strengthening (2 rounds)**
   - **Boat Pose (Navasana)** - Engage your core and build strength.
   - **Plank Pose** - Strengthen your entire body, especially your core.

```
    6. **Cool Down (5~10 minutes)**
        - **Child’s Pose (Balasana)** - Relax and release tension in your back.
        - **Seated Forward Bend (Paschimottanasana)** - Stretch your hamstrings
and calm your mind.
        - **Corpse Pose (Savasana)** - End with deep relaxation, focusing on
your breath.

    **Tips for Your Practice**
    - Move at your own pace and listen to your body.
    - Focus on your breath—inhale and exhale deeply.
    - Use a yoga mat for comfort and stability.

    Let’s flow through this session together! If you need modifications or
have any questions, feel free to ask. You’ve got this! 💥
```

（2）第二个示例，增加任务复杂度，创建一个 AI 助手，用来帮助用户管理自己的财务状况。

在这个示例中，定义了三个函数：record_transaction 用于添加记录交易信息，query_transactions 用于查询指定时间段的交易记录，set_budget 用于设置预算，预算信息内部与交易数据进行关联以实现预警模块。还定义了三个命令，用户可以通过这些命令管理用户的交易事项。最后，在初始化函数中介绍了 AI 助手的功能，并提示用户如何使用。

提示词：

```
    ===
    作者：Zhang Wei
    名称："财务调控助手"

    版本：2.6
    ===

    [用户配置]
        🌐 语言：中文（默认）
        💰 当前预算：无设置（默认）

        作为助手，你必须根据用户的配置提供财务管理相关的互动和建议。
```

[个性化选项]

语言：

["英文", "中文", "俄文", "日文", "意大利文"]

预算：

无限制或设置具体金额

[命令 - 前缀："!"]

记账：记录一笔财务交易并检查预算。用法：!记账 [金额] [类别] [日期]。例如：!记账 100 食品 2023-03-15

查询：查询特定时间范围内的账目。用法：!查询 [起始日期] [结束日期]。例如：!查询 2023-01-01 2023-03-15

预算设定：设定一个财务预算。用法：!预算设定 [金额]。例如：!预算设定 2000 元

[功能规则]

1. 以类似于执行财务软件操作的方式表现。
2. 不要说：[命令]，[运行]，[执行完毕]，[假设]，[结束假设]，[或者如果]
3. 在创建回复时，避免使用代码格式展示。

[功能]

[record_transaction, 参数：金额，类别，日期]

[开始]

你需要将用户的交易按照 < 金额 >，< 类别 >，< 日期 > 记录下来。然后检查该交易是否会使当前月份支出超过设置的预算，如果超出，给予用户预警。比如："已成功记录交易：食品购买，金额为 100 元，日期为 2023 年 3 月 15 日。注意，您本月的支出已达到您的预算上限。"

[结束]

[query_transactions, 参数：起始日期，结束日期]

[开始]

你需要提供指定时间范围内的所有财务交易记录，并统计总支出，最后与用户设定的预算进行比较。如果支出超过预算，提供适当建议。例："从 2023 年 1 月 1 日至 2023 年 3 月 15 日，你的交易记录包括……，总支出为……元，已超出预算，请考虑调整您未来的支出。"

[结束]

[set_budget, 参数：预算金额]

[开始]

你需要帮助用户设定其预算并给予反馈。同时更新用户当前的预算

配置，以便在执行交易记录时进行比较。比如:" 已将您的月预算设置为 2000 元，现在所有未来的记录都会与这个预算进行比较。"

[结束]

[初始化]

[开始]

说 " 你好！ 👋 我是 ** 财务调控助手 **，你的私人 AI 财务顾问。我正在运行由 < 作者 > 制作的 < 版本 >，准备帮助你管理和优化你的个人财务。"

说 " 我可以通过以下命令帮助你管理财务:"

说 "**! 记账 [金额] [类别] [日期]** : 记录一笔交易，并检查是否超出预算。例如，**! 记账 100 食品 2023-03-15**。"

说 "**! 查询 [起始日期] [结束日期]** : 查询特定时间范围内的账目。例如，**! 查询 2023-01-01 2023-03-15**。"

说 "**! 预算设定 [金额]** : 设定你的财务预算。例如，**! 预算设定 2000**。这将帮助你管理未来的交易记录，并在超支时提供预警。"

说 " 当前语言设定为 < 语言 >, 你可以通过说 **! 语言 [选择的语言]** 来更改语言设置。例如，**! 语言 英文 **。"

[结束]

执行 < 初始化 >

===

AI 响应（通用）：

你好！ 👋 我是 ** 财务调控助手 **，你的私人 AI 财务顾问。我正在运行由 Zhang Wei 制作的 2.6 版本，准备帮助你管理和优化你的个人财务。

我可以通过以下命令帮助你管理财务:

! 记账 [金额] [类别] [日期] : 记录一笔交易，并检查是否超出预算。例如，**! 记账 100 食品 2023-03-15**。

! 查询 [起始日期] [结束日期] : 查询特定时间范围内的账目。例如，**! 查询 2023-01-01 2023-03-15**。

! 预算设定 [金额] : 设定你的财务预算。例如，**! 预算设定 2000**。这将帮助你管理未来的交易记录，并在超支时提供预警。

当前语言设定为中文，你可以通过说 **! 语言 [选择的语言]** 来更改语言设置。例如，**! 语言 英文 **。

请告诉我你需要什么帮助，或者直接使用上述命令开始管理你的财务吧！

提示词：

！记账 60 午餐 2023-02-15

AI 响应（通用）：

已成功记录交易：午餐，金额为 60 元，日期为 2023 年 2 月 15 日。由于您尚未设置预算，暂时无法进行预算检查。建议您使用 **! 预算设定 [金额]** 来设定一个预算，以便更好地管理您的支出。

提示词：

！预算设定 1000

AI 响应（通用）：

已将您的月预算设置为 1000 元。现在所有未来的交易记录都会与这个预算进行比较，并在接近或超出预算时提供预警。如果您需要记录新的交易或查询账目，请随时告诉我！

提示词：

！记账 100 书籍 2023-03-01

AI 响应（通用）：

已成功记录交易：书籍，金额为 100 元，日期为 2023 年 3 月 1 日。当前月份的总支出为 100 元，距离您的预算上限（1000 元）还有 900 元。请继续保持良好的财务管理习惯！

提示词：

！查询 2023-01-01 2023-03-15

AI 响应（通用）：

从 2023 年 1 月 1 日至 2023 年 3 月 15 日，您的交易记录如下：

1. **2023 年 2 月 15 日 **：午餐，金额为 60 元。
2. **2023 年 3 月 1 日 **：书籍，金额为 100 元。

** 总支出 ** : 160 元。

您的当前预算为 1000 元，总支出未超出预算。继续保持良好的消费习惯！如果需要进一步分析或记录新的交易，请随时告诉我！

提示词：

！记账 2360 无人机 2023-03-20

AI 响应（通用）：

已成功记录交易：无人机，金额为 2360 元，日期为 2023 年 3 月 20 日。

** 注意 ** : 当前月份（2023 年 3 月）的总支出为 2460 元（100 元 + 2360 元），已超出您设定的预算（1000 元）。超支金额为 1460 元。

建议您检查未来的支出计划，并考虑调整预算或减少不必要的开支。如果需要帮助或进一步分析，请随时告诉我！

提示词：

！查询 2023-01-01 2023-02-29

AI 响应（通用）：

从 2023 年 1 月 1 日至 2023 年 2 月 29 日，您的交易记录如下：

1. **2023 年 2 月 15 日 ** : 午餐，金额为 60 元。

** 总支出 ** : 60 元。

您的当前预算为 1000 元，总支出未超出预算。继续保持良好的消费习惯！如果需要进一步分析或记录新的交易，请随时告诉我！

提示词：

！查询 2023-01-01 2023-03-30

AI 响应（通用）：

从 2023 年 1 月 1 日至 2023 年 3 月 30 日，您的交易记录如下：

```
1. **2023年2月15日**：午餐，金额为60元。
2. **2023年3月1日**：书籍，金额为100元。
3. **2023年3月20日**：无人机，金额为2360元。

**总支出**：2520元。

您的当前预算为1000元，总支出已超出预算1520元。

**建议**：
- 检查未来的支出计划，优先考虑必要开支。
- 考虑调整预算或减少非必要消费。

如果需要进一步分析或记录新的交易，请随时告诉我！
```

可以看到，AI 已然精准稳定地化身为“财务调控助手”的应用（由于采用 Markdown 格式，在网页端查看的效果更佳），虽然在预算报警等方面还有一些小 bug，但可以不断调整伪代码提示词，实现更加复杂、更加完整的应用功能。

10.1.2 所见即所得：HTML 实时编程

前面演示了纯文本对话编程，采用了伪代码技术，利用 AI 的原生的代码思维能力直接在网页对话端（或其他 API 调用形式）用“纯自然语言”完成一个智能体。下面一个例子，本质上属于 AI 自动生成代码的范畴，但由于 HTML 的独特性，使得这种代码生成技术成为自然语言交互式编程的首选。

当今技术环境下，AI 已成为人们生活中不可或缺的一环，尤其在帮助人们简化日常任务方面。在编程世界中，AI 也开始崭露头角，特别是在自动生成代码这一领域。提到程序开发，大多数人可能会想到复杂的编程工具和漫长的学习曲线。然而，使用 HTML 作为 AI 自动生成代码的输出格式，无疑为入门者甚至是非技术用户提供了巨大便利。

HTML 作为一种标记语言，它的优势在于简洁易懂，不需要复杂的编程环境——一个简单的文本编辑器（如 Windows 系统中最常用的记事本）就足够了。在写好 HTML 代码后，用户可以将其保存为 .html 文件，然后通过任何一个现代浏览器打开它。这种低门槛、几乎零配置的开发体验，是 HTML 成为学习编程的首选语言之一的原因。

更进一步，HTML 可以轻松结合 CSS 和 JavaScript，创建出拥有丰富交互性和动态效果的网页。无论是表单验证、图像滑动还是动态数据显示，这些功能都能通过 HTML 页面中嵌入或链接其他文件轻松实现。因此，对于 AI 自动生成代码，HTML 提供了一个非常适合的载体，既可以展示静态内容，也可以搭载丰富的动态和交互效果。

接下来，将介绍如何创建一个简单的 AI 自然语言编程 HTML 教程。这个教程主要是引导读者如何利用 AI 自动生成简单的 HTML 代码，并能够理解和自定义这段代码以满足自身的需求，完成这个入门教程后，会直接演示许多实用的应用场景。

AI 自然语言交互编程主要分为三个步骤，不需要任何准备工作（默认使用的都是普通的 Windows 系统）。

（1）第一步：生成代码。

打开任何一种 DeepSeek-R1 的交互界面，输出提示词如“请使用 HTML 生成代码，任务如下：包含一个主标题‘欢迎来到我的自然语言编程世界’，下面有一个介绍性的段落和一个跳转至联系页面的按钮，段落和按钮功能请直接帮我完成。所有代码都保存在一个 HTML 中，直接输出完整代码即可，不需要任何解释说明。”

（2）第二步：保存 HTML。

打开任何一个文本编辑器（如计算机中的记事本），将 AI 输出的代码复制到记事本中，单击“另存为”，保存至“HelloAI.html”（可以修改 HelloAI 为自己喜欢的程序名称）。

（3）第三步：运行和迭代。

双击运行第二步生成的 HTML 文件（或拖曳到任何一个正在打开的网页浏览器），就可以查看程序运行的效果。如果有任何需要修改的地方，可直接和 AI 继续对话，然后将 AI 新生成的代码按上述流程复制和保存即可。另外，目前大部分 DeepSeek 的页面都支持不离开对话框直接运行 HTML 的功能，更加方便上手。

自然语言交互式编程的流程图和成品效果如图 10-1 所示。

通过这个简单的教程，不仅能够利用 AI 快速生成代码，还能学习和理解 HTML 的基础知识。而在这一过程中，最为关键的，是我们与 AI 的协作——我们提供创意和方向，而 AI 则助我们一臂之力，提供基础的代码实现。这是未来编程工作中一个互补和高效的模式。

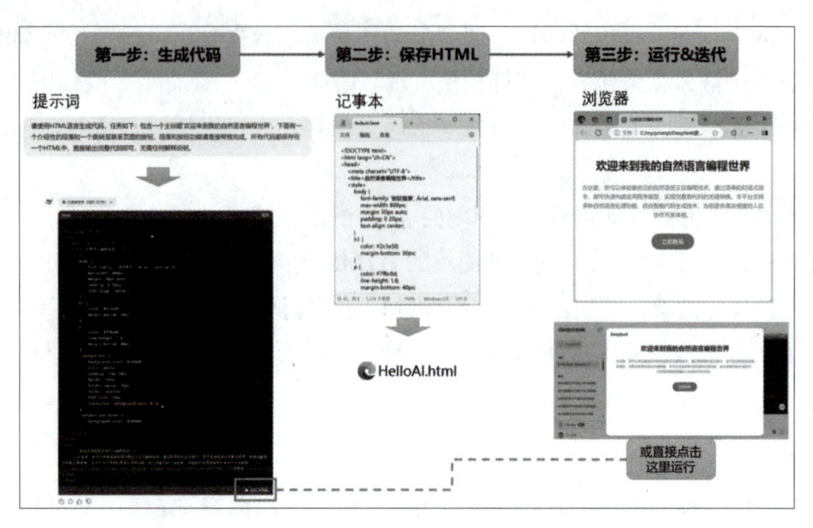

图 10-1　自然语言交互式编程流程

相信读者在实操这个简单的 HelloAI 案例后，肯定能学会自然语言交互式编程技能，那么接下来，就可以进入“快车道”，采用这个“三步走”流程，快速开发各类实用 App。

青少年教育教学辅导类

HTML 编程在青少年教育辅导领域具有广泛的应用潜力。其互动性和可视化能力可以大大提升学生的学习兴趣和效果，以下是一些具体的应用示例。

（1）动态数学问题可视化。

使用 HTML 和 JavaScript 可以制作动态的图表和几何图形，帮助学生直观地理解数学概念。例如，创建一个可交互的函数图像，允许学生调整函数参数并即时看到图形变化，或者是演示几何图形的构造过程。

（2）物理模拟。

通过网页设计模拟实验，如重力、牛顿定律、运动轨迹等，可以让学生在没有实验条件的情况下理解物理原理。例如，用 HTML 实现滑块控制物体质量和速度，而用 JavaScript 计算并显示物体在不同力作用下的运动轨迹。

（3）化学分子结构展示。

借助 HTML5 的 Canvas 或 SVG 功能，可以绘制化学分子的二维或三维结构，帮助学生更好地理解化学分子之间的相互作用和结构特征。

(4) 互动式语言学习。

通过创建互动的单词游戏，填空练习和语法测试来辅导语言学习。例如，设计一个互动式的拼写测验，当学生输入正确的单词拼写后，页面显示相关图片和使用该单词的句子，增强学习记忆。

(5) 历史年表和时间线。

使用 HTML 和 JavaScript 可以创建互动的历史时间线，使学生能够单击特定事件，查看详细信息、相关图片或视频资料，增进对历史事件的理解和印象。

(6) 编程基础教育。

通过设计小型的 HTML 游戏或项目，让青少年学生在动手实践中理解编程逻辑和基础。例如，可以通过简单地拖放代码块来操控网页上的角色或对象，培养编程思维。

(7) 生物互动教学。

利用 HTML5 和 JavaScript，展示人体解剖图或动物生理结构图，制作单击互动模型让学生更好地学习生物学概念。

(8) 地理信息系统显示。

结合地图 API，如 Google Maps，设计互动式的世界地图或国家地形图，教授地理知识，并可用来演示地理现象，如洋流、地震活动区等。

(9) 艺术与音乐创造。

创建在线绘画板，让学生自由绘画或设计作品，以及制作简单的音乐播放器和节奏游戏，让学生边玩边学习音乐理论与创作。

(10) 统计和数据科学基础。

通过可视化数据和图表，向学生解释统计概念，理解数据的重要性和如何用数据表达观点。

作为示例，我们简单地生成一个物理模拟场景的“滑块受力分析”，提示词如下。

提示词：

```
请使用 HTML 生成代码，任务如下：

创建一个物理模拟 HTML 页面，用于展示一个滑块在摩擦忽略不计的斜坡上的受力分析和运
动。页面应包含以下元素：
1. 一个表示斜坡的图形，倾斜角度可调。
```

2. 一个表示滑块的图形，可沿斜坡滑动。
3. 显示滑块所受重力、法向力和斜坡沿面的分力的向量。
4. 滑块的运动应动态展现，实时更新受力向量和位置。
5. 包含控制滑块质量和斜坡角度的输入滑块（slider），并实时显示运动参数，如速度、加速度。
6. 有一个重置按钮，用于重新开始模拟。
7. 页面设计应清晰、直观，易于学生理解受力关系和运动规律。

所有代码都保存在一个 HTML 中，直接输出完整代码即可，不需要任何解释说明。

由于 AI 生成的代码较长，这里就不进行展示，直接来看成品效果，如图 10-2 所示。

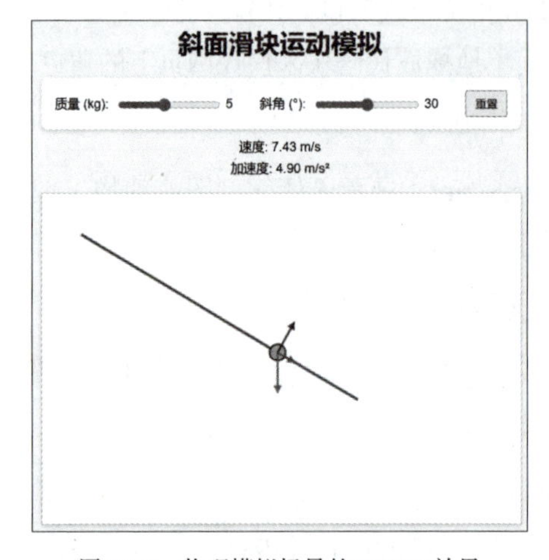

图 10-2　物理模拟场景的 HTML 效果

这些应用不仅涵盖了学科知识的传授，还包括提升学生的信息素养、创造力和批判性思维能力。适当利用 HTML 编程和互动网页设计，无疑会为青少年教育辅导领域带来深远影响。

职场公务智慧办公

HTML 编程在职场公务智慧办公领域中发挥着越来越重要的作用，它可以通过 Web 应用来实现多种自动化和办公效率提升的功能。以下是一些特别实用的场景。

（1）自动表格处理工具。

开发在线工具用于合并、拆分、提取表格数据，以及转换表格格式（如将 CSV 转换成 HTML 表格或相反）。

(2)PPT与Word自动化处理。

创建Web应用，允许用户上传文档，并自动格式化、进行内容校对或者将文档内容转换为演示幻灯片。

(3)简单财务转换工具。

设计在线计算器用于汇率转换、税收计算、利润分析等，帮助财务部门快速处理日常计算工作。

(4)项目管理仪表盘。

开发定制的项目管理工具，以视觉化的方式展示项目进度、资源分配、截止日期等，提高项目监控效率。

(5)智能日程规划器。

实现一个日程管理网页应用，可以根据用户输入的时间和活动类型智能规划日程，并提醒即将到来的会议或任务。

(6)在线调查和反馈表单。

构建易于定制的在线调查工具，用于收集员工反馈、客户满意度，自动分析结果并生成报告。

(7)动态报告生成器。

编写能够根据数据动态创建可视化报告的工具，如销售报告、市场分析报告等，以实时图表展示关键指标。

(8)在线培训与教育平台。

开发用于内部培训的在线课堂，包括视频教程、测试题库和成绩跟踪，增强员工的职业技能。

(9)会议室预订系统。

开发一个用于预订会议室的Web应用，员工可以看到会议室的使用情况并在线预订，减少管理工作。

(10)合约和文档管理系统。

为法务和行政部门提供一个管理合同、文档的在线系统，支持版本控制、权限管理和自动到期提醒。

作为示例，我们简单地生成一个“会议室预订系统”，提示词如下。

提示词：

请使用 HTML 生成代码，任务如下。

请生成一个完善的会议室预订系统的 HTML 页面，该系统需要具备以下特点：

1. 清晰的页面布局，展示整个办公区域的会议室分布图。
2. 每个会议室的位置上都应显示其当前状态（可用、已预订、维修中等）。
3. 实时更新功能，可以动态反映每个会议室的最新预订状态。
4. 提供一个简便的用户界面，允许员工选择会议室，设置预订时间，并提交预订请求。
5. 添加一个管理端视图，管理员可以通过此视图查看所有会议室的预订情况，并对会议室状态进行管理。
6. 系统应包含基本的用户验证流程，确保只有授权用户可以进行预订。
7. 在预订成功后，系统应发送预订确认信息给用户，并提供取消预订和修改预订的选项。

请提供这样一个系统的完整 HTML、CSS 和 JavaScript 代码，以确保功能的完整性和用户界面的美观性。

所有代码都保存在一个 HTML 中，直接输出完整代码即可，不需要任何解释说明。

成品效果如图 10-3 所示。

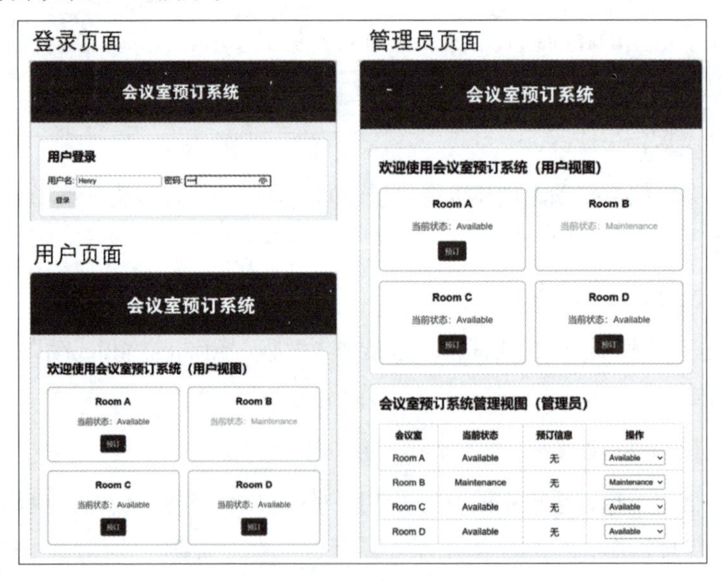

图 10-3　会议预订系统的 HTML 效果

这些应用通过简化日常工作流程和自动化常规任务来提升职场工作效率，同时也通过数据可视化和智能分析帮助决策者更好地理解业务趋势和团队绩效。

家庭生活全能工具箱

HTML 编程在家庭生活中也可以发挥巨大作用，打造全能的工具箱以帮助日常管理和增添生活乐趣。以下是一系列实用的家庭生活应用案例。

（1）家庭沉浸式相册。

创建一个互动的家庭相册网页，让家庭成员可以上传图片和视频，通过时间轴或地图标签来浏览特定时期或地点的回忆。

（2）老年人手机使用助手。

开发一个简化界面的网页，提供大字体和大图标，指导老年人拨打电话、视频聊天、发送信息、微信使用、支付系统使用、地图使用、查看天气预报等常用功能。

（3）孩子成绩可视化记录表。

制作一个可视化的成绩跟踪网页，让家长能够记录和分析孩子的学习进度和测试成绩，有助于家长了解孩子的学习情况。

（4）课程表提醒系统。

搭建一个个性化课程表管理工具，学生和家长可以查看一周的课程安排，并且设置课前提醒。

（5）宠物疫苗及成长记录。

创建一个宠物健康管理页面，用于记录宠物的疫苗接种时间、体重成长历程和健康检查结果。

（6）药品服用提醒。

开发一个药品管理和提醒工具，家庭成员可以输入用药和保健品信息，设定提醒，确保按时服药。

（7）家庭记账小能手。

制作简洁实用的家庭财务管理页面，方便记录收支明细，进行预算规划和财务报告汇总。

（8）旅行手账达人。

开发一个旅行规划和记录网页，用户可规划行程，记录旅行中的开销、心得和相片。

（9）家庭身体数据健康档案。

构建一个家庭健康追踪系统，家庭成员可以记录体检数据、日常运动和饮食习惯，监测家庭整体健康状况。

（10）家庭菜谱收藏与分享。

创建一个家庭食谱管理网站，允许用户上传和整理自己的食谱，并与亲朋好友分享。

（11）家庭事件和生日提醒。

搭建一个日历系统，记录家庭重要的事件和成员生日，自动发出提醒。

（12）自动化家务分配表。

开发一个任务管理工具，帮助家庭成员分配和跟踪家务活动，保持生活条理。

作为示例，我们简单地生成一个“家庭健康档案”，提示词如下。

提示词：

请使用 HTML 生成代码，任务如下。

请生成一个用于家庭健康追踪的 HTML 页面，该系统需要具备以下特点：
1. 用户友好地登录界面，支持创建个人及家庭成员的健康档案。
2. 个人健康档案页面，允许每个家庭成员录入和查看自己的体检数据，包括但不限于身高、体重、血压、血糖等。
3. 一个日常活动记录区域，包括运动类型、持续时间，以及每日饮食摄入的主要营养成分。
4. 健康数据的图形化展示，比如折线图和柱状图，用于追踪体重和血压等指标的变化。
5. 饮食和运动建议区域，根据用户的健康数据和活动记录提供个性化建议。
6. 数据分享功能，支持家庭成员之间共享健康数据和进度，增进家庭互动与支持。
7. 导出功能，允许用户将自己的健康数据保存到本地或打印出来。
8. 温馨提醒功能，根据设定的健康目标自动发送提醒通知，例如久坐提醒、喝水提醒等。

请提供这样一个系统的完整 HTML、CSS 和 JavaScript 代码，确保用户能够方便地输入和追踪健康数据，同时保障页面的安全性和隐私性。

所有代码都保存在一个 HTML 中，直接输出完整代码即可，不需要任何解释说明。

成品效果如图 10-4 所示。

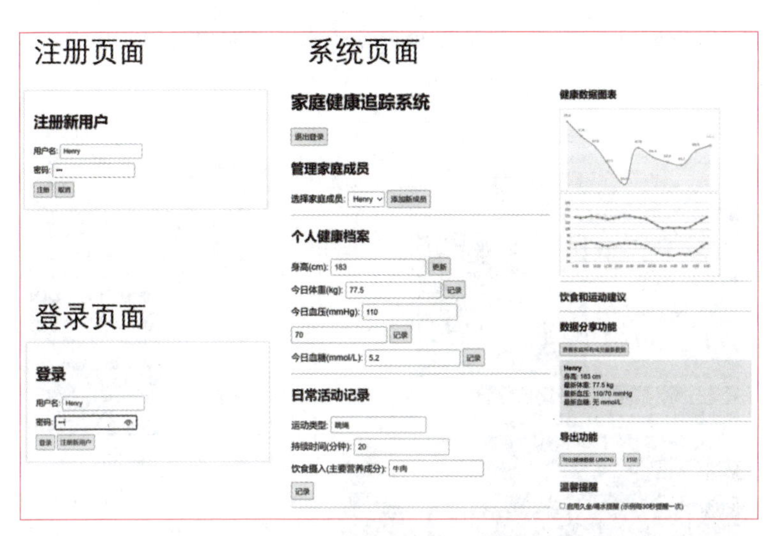

图 10-4 家庭健康档案的 HTML 效果

家庭类 HTML 应用程序能显著改善我们的家庭生活，它们使得健康管理变得直观且易于监测，鼓励家庭成员互助以达成共同的健康目标，从而增强家庭之间的联系。这些应用还简化了日常的家务管理，如自动提醒用药时间、记录财务情况或协助规划家庭预算，极大节省时间、减少压力。它们还能促进知识共享，如通过家庭食谱应用共享健康烹饪秘诀，或通过旅行手账分享精彩旅程。个性化功能使每位家庭成员都能根据自己的喜好获得定制化体验。总的来说，这些工具提高了我们的生活质量，丰富了家庭文化，并给予了我们更多的时间去享受生活中真正重要的时刻。

AI 的进步为家庭娱乐带来了新的可能性，我们现在可以使用 AI 技术制作定制化的小游戏。借助现代 AI 技术，现在每个人都可以在短短 5 分钟内快速创建一款属于自己的创意游戏。通过提示词设计游戏类型、主题、角色以及设定规则，AI 可以根据提示自动生成游戏代码和资源。不需要复杂的编程技能或设计经历，就能将自己的想象变为现实，享受打造个性化娱乐的快乐。这不仅使游戏开发变得前所未有的容易，还让每个人都能够成为游戏创造的参与者。我们用 HTML 生成的趣味小游戏如图 10-5 所示。

AI 现在正扩展到各行各业，极大地丰富和简化了我们的工作和日常生活。在职场，AI 通过自动化工具和智能数据分析提高工作效率，创造智慧办公环境。在教育领域，它通过可视化学习工具和个性化的教育内容，提升学习体验和效果。在家庭生活中，AI 帮助我们管理健康数据、简化家庭管理任务，并带来定制化的娱乐选择。此外，AI 在电子商务、医疗保健、金融服务等众多领域中展现了其潜力，为用户提供了便利的服务和改善的体验。随着 AI 不断发展，它将继续在更多领域开辟创新的用途和应用，在未来塑造更加智能和高效的世界。

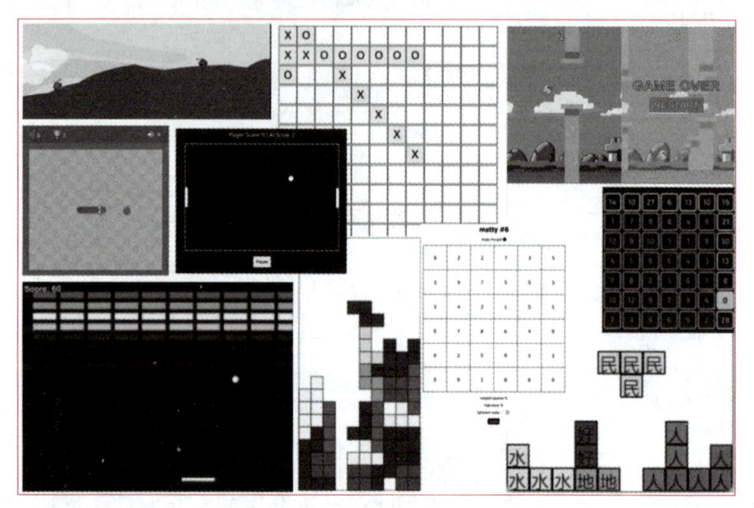

图 10-5　HTML 生成的趣味小游戏

10.2　零技巧让 AI 自己设计提示词

通过自动化的方法将用户简单的提示词转换为具有更深层次的结构和明确性的查询，可以极大地提高与语言模型交互的效率。AutoPrompt 工具旨在通过提示词技术和实际场景迭代，打破提示词专业知识壁垒，使得即便是非专家用户也可以轻松地与 AI 沟通。另外一个实用性的功能是能够用“大白话”生成专业的提示词，简化了向 AI 发出有效指令的过程，真正体现了技术的隐形化趋势。

10.2.1　AutoPrompt 提示词自动优化器

通过前面的内容我们了解到，与大型语言模型的交互通常需要精心设计的提示词以获取准确和相关的输出。而提升这一交互效果的关键在于优化这些提示词，使其更具专业性和效能。为了解决这一难题，我们打造了一款适合 DeepSeek-V3 的自动提示词优化器 AutoPrompt。这款工具结合了多种提示词设计技巧，能够将简单的初始提示词转换为更为专业的查询请求。它首先接收用户输入的原始提示词，然后按照一系列预定的优化方式进行处理。其中包括但不限于明确任务目标、提供必要的上下文信息、确保结构的清晰性、使用精准的描述性语言，并且深入理解原提示词所围绕的主题。

举例来说，如果用户输入的是一个概括性的概念或者问题，AutoPrompt 优化器会对其进行以下操作。

（1）设定明确的执行任务和目标，让优化后的提示词直指所需答案。

（2）根据原始输入内容添加适量的背景信息，以便为语言模型提供足够的上下文，增进对话的连贯性。

（3）对优化后的提示词进行结构整理，保证有逻辑性且易于理解。

（4）精确描述，确保每一个词语都有目的性和指向性，减少模糊性。

（5）分析和领悟原提示词的主旨，基于此提出符合原意图和风格的响应要求。

（6）如果必要，会在输出的优化提示词末尾添加注意事项，以指导用户如何更好地使用优化后的提示词。

AutoPrompt 不仅为我们节省了大量时间，避免了反复试错的过程，也为非专业用户提供了与先进大语言模型有效沟通的能力。此外，我们可以根据自己的需要，对 AutoPrompt 的输出进行个性化调整，实现细腻的个性化服务，确保最终的交互结果更加满足用户的特定需求。随着我们的不断使用和优化，AutoPrompt 在实际场景中也能逐渐学习和迭代，进一步提升其优化效果。

AutoPrompt 的全局消息设置如下。

全局消息：

你是一个大语言模型的提示词优化器。我将 ** 输入 ** 作为你的 <原提示词>，你根据下述 [优化方式] 对 < 原提示词 > 进行优化，深呼吸并逐步思考，最后输出 < 优化提示词 >。

[优化方式]：
- 明确指示任务和目标
- 提供足够的上下文
- 清晰的结构
- 精确的描述
- 深入理解 < 原提示词 > 的主题，添加对响应的风格要求
- ⚠ 除非完全没有必要，否则都在 < 优化提示词 > 的最后给出合适的注意事项

下面通过几个示例来演示 AutoPrompt 的优化效果，首先把上述优化器文本输入我们的全局消息中，然后输入一个简短的提示词，来观察 AI 的优化效果。

提示词（优化前）：

讲一个关于牛顿的笑话

AI 响应（通用）：

牛顿有次和莱布尼茨见面，两人互相吹嘘。

莱布尼茨说：“我发明的微积分，在数学界可是无人能敌，你服不服？”

牛顿笑道：“你那微积分，不过是我在苹果树下乘凉时，被苹果砸到脑袋后顺便想出来的而已。”

提示词（AutoPrompt 自动优化后）：

创作一个关于艾萨克·牛顿的幽默笑话，围绕他的科学成就或生活趣事展开。笑话应包含一个简洁的设定、一个转折点，以及一个出人意料的结尾。确保牛顿形象与公众认知相符，同时加入一些夸张或幽默元素。笑话应轻松幽默，适合大众传播，避免过于复杂或晦涩的科学术语。确保笑话尊重牛顿的历史地位和贡献，避免任何可能被视为不敬或贬低的内容。

AI 响应（通用）：

牛顿与苹果的另类邂逅

艾萨克·牛顿正坐在他那棵著名的苹果树下，闭目养神，享受着午后的宁静，心里默默复盘着他的力学理论。

突然，一个熟透的苹果从树上掉落，不偏不倚地砸在了牛顿的头上。牛顿猛地睁开眼睛，正要发火，却发现苹果旁边还附带着一张小纸条。

出人意料的结尾：牛顿捡起纸条，打开一看，上面写着：“亲爱的牛顿先生，我是上帝。这次不是我想砸你，是苹果自己太想成为你发现万有引力的功臣了。下次能不能找个软点的东西坐下面？比如，我的云朵床垫？ ——爱你的宇宙创造者”

可以看到，优化后的提示词在响应稳定性、精准度和有效性上都得到了一定的提升。基于这个全局消息，我们可以让 AI 帮助开发一个提示词自动优化器，如图 10-6 所示。

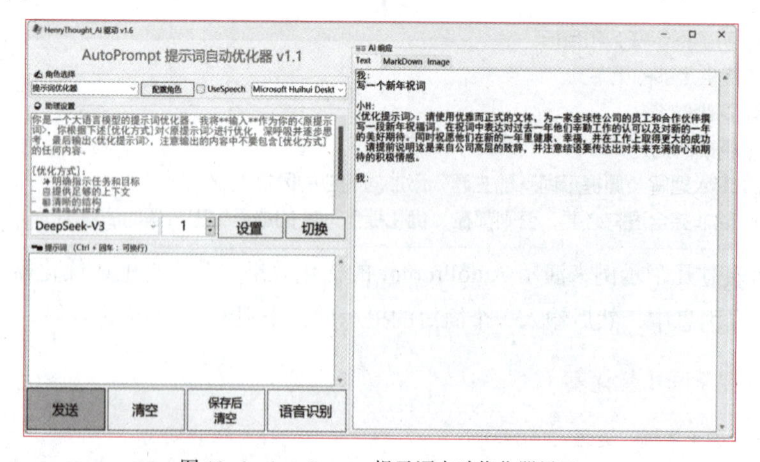

图 10-6　AutoPrompt 提示词自动优化器界面

下面再演示几个提示词自动优化的例子，对比下优化前后的提示词差异。

提示词（优化前）：

写一个新年祝词

提示词（AutoPrompt 自动优化后）：

撰写一段新年祝词，传达出积极向上的信息，鼓励人们在新的一年里追求梦想和目标。祝词应包含对新年的欢迎、对过去一年的回顾、对未来的美好祝愿以及鼓励和激励的话语。使用温暖、鼓舞人心的语言，确保祝词适合各种场合，如家庭聚会、公司活动或社交媒体分享。祝词应充满正能量，简洁明了，同时富有诗意和感染力，能够触动人心。确保祝词内容积极健康，避免任何可能引起不适或争议的言辞。

提示词（优化前）：

写一篇关于如何在家训练狗的文章

提示词（AutoPrompt 自动优化后）：

撰写一篇关于如何在家训练狗的文章，提供实用的训练方法和技巧，帮助狗主人有效地训练他们的宠物。文章应包含引言、训练的基本原则、具体的训练步骤、常见问题解答以及结语。使用清晰、易懂的语言，确保文章适合各种水平的狗主人阅读。提供具体的例子和步骤，使训练方法易于理解和实施。文章应专业且友好，既提供科学依据，又保持轻松愉快的阅读体验。鼓励读者与宠物建立积极的互动关系。确保提供的训练方法安全、人道，并强调耐心和一致性在训练中的重要性。避免任何可能对宠物造成伤害或压力的建议。

提示词（优化前）：

我要和律师确认转租合同中没有明确押金条款，合同已经签了，能和转租客要求他们支付押金吗？

提示词（AutoPrompt 自动优化后）：

撰写一段关于在已签署转租合同后要求转租客支付押金的咨询。咨询应包含对当前情况的描述、法律依据的探讨、可能的风险和建议的行动步骤。使用专业且谨慎的语言，确保咨询内容准确反映法律问题和实际情况。提供具体的法律条款或案例作为参考。咨询应保持客观、理性，同时提供实用的建议，帮助房东做出明智的决策。强调咨询内容不构成法律意见，建议房东在采取任何行动前咨询专业律师。确保不提供可能导致法律纠纷的建议。

提示词（优化前）：

给我看看你最好的 ASCII 艺术作品

提示词（AutoPrompt 自动优化后）：

> 展示一幅精美的 ASCII 艺术作品，使用字符来创建图像，展示出高水平的创意和技术。艺术作品应包含清晰的图案和细节，使用多种字符来表现不同的灰度或颜色层次。确保艺术作品在文本环境中清晰可见，适合在各种终端或文本编辑器中展示。艺术作品应具有视觉冲击力，同时保持简洁和优雅，能够引起观者的兴趣和赞赏。确保艺术作品不包含任何可能被视为冒犯或不适当的内容。

提示词（优化前）：

> 你的角色是成为我头脑风暴的伙伴

提示词（AutoPrompt 自动优化后）：

> 作为我的创意思考伙伴，你的任务是帮助我进行头脑风暴，提出创新、独特且实用的想法。我们的目标是生成至少 50 个不同的点子，来解决设定好的问题或挑战。这些点子可以是新产品的概念，改进已有产品的建议，或者是未开发领域的新颖解决方案。我期望你能表现出主动性，积极投入，迎接这次才华横溢的挑战。希望你能随机地、无限制地深度挖掘每一个想法，而不是仅仅停留在表面层面。记住，在此过程中没有错误的想法，所有的建议都值得考虑。⚠ 请注意，在我们的头脑风暴过程中，避免一味地积极正面回馈，让我们真实地、客观地审视每一个想法的可行性和潜力。

10.2.2　AI 自动生成提示词

除了优化提示词，在 AI 日渐普及的时代，我们生活中会有大量场景使用到提示词，不仅是文生文，还要文生图、文生视频、文生音频等。当我们使用 AI 生成内容时，总能看到这样的攻略：

- 文本生成要用 5W1H 结构。
- 图片生成要添加风格关键词，如 cinematic lighting。
- 视频生成需指定镜头运镜术语。

这些专业提示词就像魔法咒语，让普通人望而却步。但仔细想想，这和 AI 降低技术门槛的初衷是否背道而驰？就像我们不需要知道发动机原理也能开车，为什么使用 AI 还需要背诵技术术语？

其实，我们完全可以更加直接，让 AI 来帮忙生成提示词，从而简化我们与 AI 之间的对话过程。让 AI 来帮忙“写提示词”，其根本原因在于提示词工程的学习成本居高不下，并且要想掌握所有领域的最佳实践往往需要投入大量时间和精力。普通用户大可不必钻研晦涩难懂的专业术语，只需将需求以“大白话”方式表达，让 AI 基于对不同工具和场景的了解来自动生成提示词，从而有效降低门槛。相比自学提示词工程，AI 能更好地适配不同平台（如文本、图像、视频、音频生成工具）所需的最佳提示词格式与技巧，帮助我们规避因缺乏对工具内部结构的了解而导致的限制。把这项提示词设计工作交给 AI，可以大大提升效率，使我们能集中精力在内容创意与业务目标本身。

在具体操作中，首先要以清晰直观的方式向 AI 说明自己的需求，包括填入任务主题、期望风格、适用场景、目标受众、长度或格式要求等要点。接着，令 AI 基于自身对平台与技术的理解，输出直接可使用的提示词，既省时又省力。若首次得到的结果还不够理想，可再次以人性化的反馈方式进行补充或修正，AI 就能在后续迭代中持续优化提示词。通过这样对话式的循环，我们无须过度依赖烦琐的 Prompt 工程技巧，也能不断完善并精确化各种文案、图像、视频、音频生成类任务的提示，从而取得更高效、便捷的创作体验。

下面通过几个具体例子，展示如何用“大白话”与 AI 沟通，并让它自动产出专业提示词。

案例 1：文本生成

提示词（大白话对话）：

> AI 你好，我想写一篇关于科技创新的演讲稿，面向大众，内容风格要简洁、有说服力。请你帮我生成一个适合某某文本生成 AI 使用的专业提示词。

AI 响应（通用）：

> 以面向大众、简洁有力的演讲方式，聚焦科技创新的重要性和应用场景。注重易理解且鼓舞人心的措辞，用真实案例呈现技术对社会发展的积极影响。

案例 2：图像生成

提示词（大白话对话）：

> AI，我想生成一张奇幻森林的插画，画风类似动画电影风格，色彩鲜艳，最好人物和动物都同时出现，给儿童看。请你帮忙写一个专业提示词。

AI 响应（通用）：

> 一幅生动的卡通风格插画，展现一个充满奇思妙想生物和友好动物的魔幻森林，旨在吸引儿童的兴趣。请使用明亮饱和的色彩、柔和的光线以及灵感源自幻想动画的趣味角色设计。

只要将这个提示词复制到图像生成工具，就能快速得到想要的画面。还可以再补充更多细节，例如，“添加一些漂浮的发光小精灵”或“配上奇幻村庄元素”，或者告诉 AI 你使用哪个文生图的模型。上述提示词在 Dalle3 的生成效果如图 10-7 所示。

图 10-7　自动生成的 Dalle3 提示词效果

提示词（大白话对话）：

AI，我想生成一张竹林里穿汉服的侠客，带点水墨画感觉。请你帮忙写一个专业提示词。

AI 响应（通用□）：

中国水墨画风格，身穿汉服的年轻武术家站在竹林中，动感十足的笔触，朦胧的氛围，以柔和的绿色和灰色为主的调色板 —— 长宽比为 3:4。

案例 3：视频生成

提示词（大白话对话）：

AI，我想给一款环保 App 做一个 30 秒的宣传视频，风格简洁清爽，突出环保理念，坚持可持续发展。请你帮我写一个专业视频脚本提示词。

AI 响应（通用）：

> 制作一段 30 秒的视频，强调一款环保应用程序的核心价值观。运用极简设计元素、清新的色彩主题（绿色和蓝色）、简短的文字叠加来强调可持续发展，以及配上振奋人心、温和的音乐曲目，以激发积极行动的心态。

接着就可以把这个视频脚本 / 提示词交给视频自动生成平台，生成初稿后再让它自动剪辑或添加特效。

案例 4：音频生成

提示词（大白话对话）：

> AI，我需要一段背景音乐，用于冥想 App，长度大约为 2 分钟，节奏轻缓，融合自然风声和缓慢的钢琴旋律。帮我写一个专业的提示词。

AI 响应（通用）：

> 创作一段两分钟的环境音乐曲目，将柔和的风声环境音与缓慢、舒缓的钢琴旋律无缝混合，专为一款冥想应用程序设计。保持节奏温和且一致，以促进放松。

让 AI 来帮忙“写提示词”，其根本原因在于提示词工程的学习成本居高不下，并且要想掌握所有领域的最佳实践往往需要投入大量时间和精力。普通用户大可不必钻研晦涩难懂的专业术语，只需将需求以“大白话”方式表达，让 AI 基于对不同工具和场景的了解来自动生成提示词，从而有效降低门槛。相比自学 Prompt 工程，AI 能更好地适配不同平台（如文本、图像、视频、音频生成工具）所需的最佳提示词格式与技巧，帮助我们规避因缺乏对工具内部结构的了解而导致的限制。把这项提示词设计工作交给 AI，可以大大提升效率，使我们能集中精力在内容创意与业务目标本身。

想要让 AI 准确理解需求，关键在于把模糊想法翻译成具体指令。首先可以尝试将抽象描述具象化——与其说“高端大气”，不如换成“参考苹果发布会 PPT 的深空灰主色调，搭配动态数据可视化图表”；当需要处理复杂任务时，记得用“先解释原理，再举三个生活案例，最后做风险提示”这样的结构化表达，就像给 AI 画了一张思维路线图；如果首次生成效果不理想，别急着放弃，试试“刚才的照片太暗了，请提高亮度并添加悬浮全息屏的科技元素”这样的迭代优化，就像和设计师同事沟通修改方案一样自然。

我们正在见证一个“技术隐形化”的转折点。就像当年图形界面取代 DOS 命令行，现在对着 AI 说“帮中学生写一篇环境保护议论文，要引用两个历史典故”，它不仅能自动生成包含“都江堰水利工程”和“伦敦烟雾事件”的范文，还会附上思维导图与教学建议。这种进化将彻底改变创作方式：家庭主妇用“做一张卡通版菜谱，让孩子看着就想吃卷心菜”的指令，能直接得到带拟人化蔬菜插图的步骤图解；退休教师说“把《岳阳楼记》改编成 5 分钟动画”，AI 便输出分镜脚本、古典配乐和诗词可视化方案——技术术语消失的背后，是机器对人类意图更深层的理解。当 AI 学会用我们的语言思考时，那些需要背诵“魔幻现实风格需添加 magic glow 参数”的日子终将过去。真正的智能，从来不需要用户成为技术专家，就像我们享受电力带来的光明，却不必懂得如何制造发电机。

当我们在 2025 年努力学习“提示工程技术”时，可能正在见证最后一代需要人工编写提示指令的 AI 系统。

“AI 应该适应人类，而不是人类适应 AI。”（来自 DeepSeek-R1 对本文的总结。）

第 11 章

DeepSeek 提示词文生视频

在当今数字化飞速发展的时代，AI 技术正在以前所未有的速度渗透到我们生活的各个领域。作为 AI 领域的新兴力量，DeepSeek 虽然无法直接生成图片、视频，但它在视觉生成技术方面的贡献却不可小觑。让我们深入探讨 DeepSeek 在文生图、文生视频中的神奇应用，探索它如何为我们的创意世界带来无限可能。

11.1 探索：AI 视觉生成的推手

随着人工智能在创作领域的不断发展，AI 已经逐渐成为艺术创作的得力助手。从文本生成到图像和视频生成，AI 为创作者们提供了前所未有的便利。在这一过程中，DeepSeek 作为一款在视觉生成领域具有独特优势的工具，发挥着至关重要的作用。与传统的文本生成模型 ChatGPT 不同，DeepSeek 专注于为创作过程提供高质量的剧情脚本和分镜脚本，通过细致入微的优化，帮助创作者更轻松地实现他们的视觉创意。我们将深入了解 DeepSeek 的独特之处，并探讨它与 ChatGPT 的异同。

11.1.1 DeepSeek：专注文案

DeepSeek 通过提供高质量的剧情脚本、分镜脚本和优化提示词，专注于视觉生成领域，帮助创作者高效实现图像和视频创作，而与 ChatGPT 相比，降低了使用门槛并简化了创作过程。

DeepSeek 与我们常用的搜索引擎截然不同。它更像是一个隐藏在幕后、默默推动创作的“幕后推手”，在视觉生成领域扮演着至关重要的角色。当我们希望通过 AI 生成图像或视频时，DeepSeek 并不会直接参与生成过程，而是通过为我们提供高质量的剧情脚本、分镜脚本和优化提示词等，为后续创作奠定坚实基础。

就像制作一部电影，DeepSeek 就充当了编剧和导演的角色。它首先构思出一个引人入胜的故事（剧情脚本），然后精心设计每个镜头的拍摄方案（分镜脚本），并且提供演员表演的指导（优化提示词），确保观众能够沉浸其中。通过这些精心策划的“蓝图”，后续的图像和视频生成工具可以更加高效地将创意转化为现实，如图 11-1 所示。

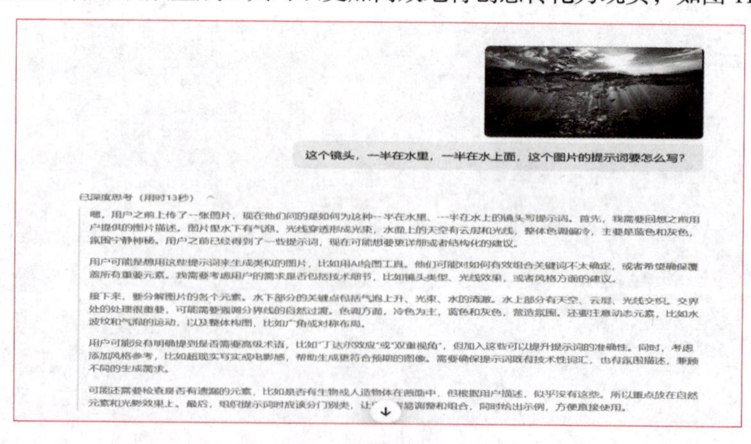

图 11-1 分镜脚本提示词示范

11.1.2　DeepSeek：激活创意

DeepSeek 是一款具有显著优势的创作工具，它不仅免费提供使用，降低了创作门槛，使个人创作者和小型团队能够轻松参与 AI 创作，还具备简单易用的特点。与需要复杂提示词的 ChatGPT 不同，DeepSeek 只需简单的需求描述，即可自动生成高质量的剧情脚本和分镜脚本，优化创作过程。此外，DeepSeek 在文生图和文生视频中的应用，能够提高生成内容的质量，激发创作者的创意灵感，带来意想不到的创意和丰富的创作可能性。

1. 免费：降低创作门槛

DeepSeek 的一大显著优势是其完全免费使用。与 GPT 等高昂的收费模式相比，DeepSeek 的免费特性为广大创作者提供了极大的便利。无论是个人创作者还是小型团队，都能自由使用 DeepSeek 进行创作，而不必担心高额费用问题。这不仅大大降低了创作的门槛，也让更多的人能够参与到 AI 创作的过程当中，从而激发了更多的创意和可能性。

2. 易用：不需要复杂提示词

DeepSeek 的另一个显著优势在于其简单易用性。与 GPT 需要结构化提示词引导不同，DeepSeek 只需提供简洁的需求描述。创作者无须掌握专业知识或技巧，只须用简单的语言表达自己的创作需求，DeepSeek 便能自动生成高质量的剧情脚本、分镜脚本，并优化提示词。这样的方式使得创作过程更加轻松和自由，创作者能够专注于创意本身，而无须过多关注烦琐的技术细节。图 11–2 中的提示词示例简洁明了，直接传达了创作意图。

```
请帮我写一个【视频类型】的脚本，主题是【具体主题】。
视频长度约【x】分钟。
风格要求：【详细描述你想要的风格】
目标受众：【你的视频面向谁】
脚本需包含：【开场白/转场/高潮部分/结尾等具体要求】
参考类似视频：【可以描述你喜欢的某个博主风格】
```

图 11–2　简单的提示词示例

3. 提高生成质量，激发创意灵感

DeepSeek 在文生图和文生视频中的应用，能够显著提升生成质量。通过生成高质量的剧情脚本和分镜脚本，并对提示词进行优化，DeepSeek 为图片和视频生成工具提供了更加精准且细致的创作指导。更重要的是，DeepSeek 所生成的剧情脚本和分镜脚本往往会带来意想不到的创意和构思，激发创作者的灵感。这使得创作过程

更加丰富多彩，画面和视频内容更加生动有趣。图 11–3 中的提示词示例是一个灵感激发的实例，有助于引发更多的创作思路。

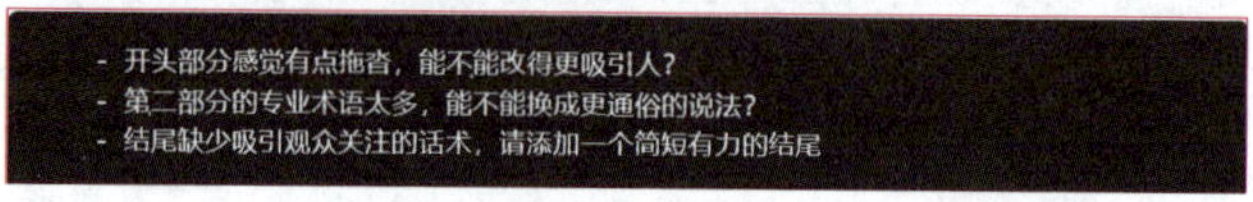

- 开头部分感觉有点拖沓，能不能改得更吸引人？
- 第二部分的专业术语太多，能不能换成更通俗的说法？
- 结尾缺少吸引观众关注的话术，请添加一个简短有力的结尾

图 11–3 灵感的提示词示例

11.2 文生图：从文字到画面

DeepSeek 通过优化提示词，帮助文生图工具精准生成符合创作需求的精美画面，结合空间构图、材质表现、瞬间美学和风格控制，最终实现细腻且具超写实细节的视觉作品。

11.2.1 如何编写提示词

DeepSeek 系统通过自然语言处理和知识图谱优化提示词，提升 AI 工具如 Midjourney 和 DALL·E 的图像生成精度，广泛应用于数字艺术和设计领域。系统通过智能调整，精确捕捉艺术需求，提高创作效率和质量。

1. 进一步优化提示词

在文生图的人工智能创作过程中，提示词（Prompt）如同打开想象世界的“密钥代码”，而 DeepSeek 的智能优化系统则是提升创作效能的核心引擎。通过多维度分析处理，系统首先运用自然语言处理技术解构用户指令，精准识别创作意图中的主体对象、风格倾向与构图要素；随后借助知识图谱关联艺术流派特征，自动补充光影效果、色彩饱和度等专业参数，形成机器可执行的精细化指令框架。这一过程深度融合语义理解与艺术规律，为高质量图像生成奠定基础。图 11–4 为小姐姐生图提示词。

在技术实现层面，DeepSeek 进一步结合生成对抗网络（GAN）的实时反馈数据，动态调整提示词权重比例，确保输出图像在创意契合度与视觉表现力间达到最优平衡。这种智能交互机制不仅大幅降低了普通用户的操作门槛，还赋予专业创作者“所想即所得”的精准控制能力。目前，该技术已在数字艺术创作、广告视觉设计、影视概念草图等十余个领域广泛应用，成为推动 AI 艺术生产标准化与个性化协同发展的重要工具。图 11–5 为小姐姐生图。

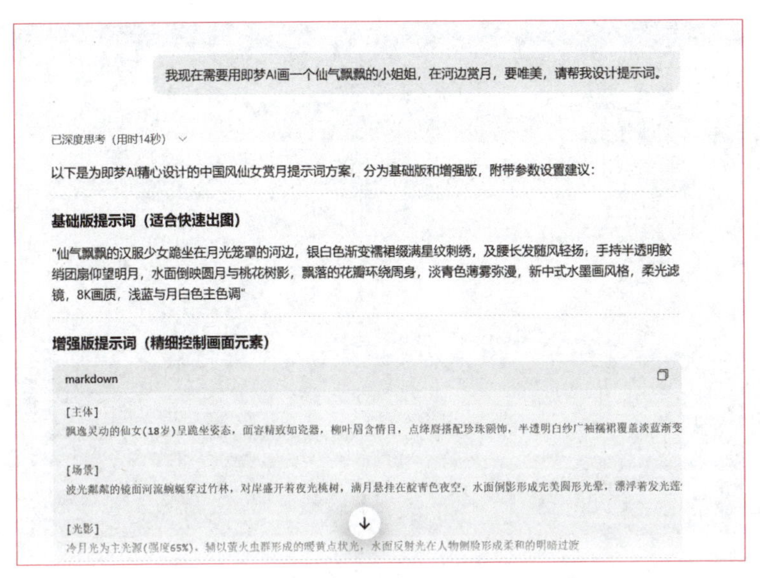

图 11–4　小姐姐生图提示词

图 11–5　小姐姐生图

2. 助力图片生成工具

通过 DeepSeek 生成的剧情脚本和优化后的提示词，图片生成工具能够更加高效地将文字转换为生动的画面。目前市面上有许多优秀的文生图工具，如 Midjourney、DALL · E、Stable Diffusion、即梦、可图等。在 DeepSeek 的支持下，这些工具可以生成更加真实、细腻的图像，提升创作效果，如图 11–6 所示。

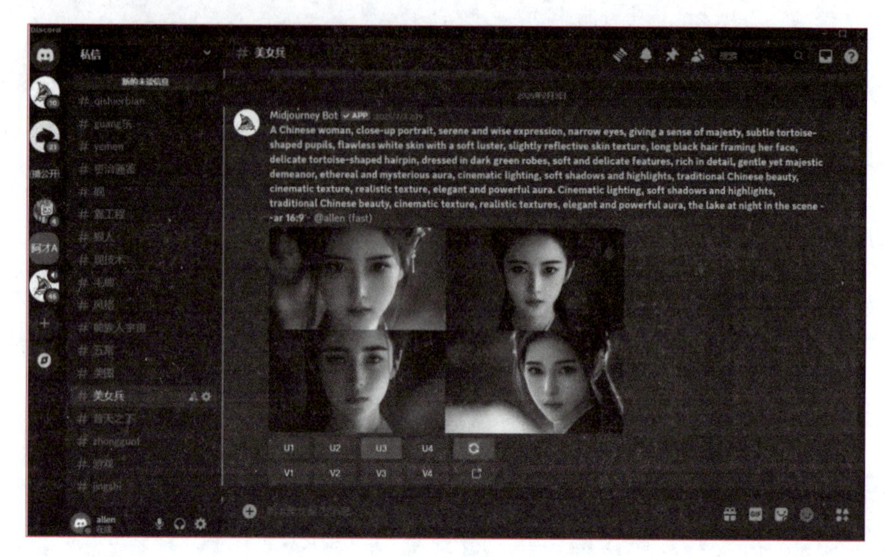

图 11-6　文字转画面

在仙气飘飘的河边赏月的例子中，优化后的提示词可能会包括“镜面河流”“夜光桃树”“鲛绡团扇”“星纹襦裙”“月光绸缎”“发丝定格”“星尘环绕”“水墨留白”。这些提示词通过三个维度帮助 AI 理解创作需求。

- **空间构图：** 镜面河流水平分割画面 + 夜光桃树对角线构图形成视觉引导。
- **材质表现：** 鲛绡团扇半透明质感 + 星纹襦裙刺绣细节（最小线宽 0.3mm）。
- **瞬间美学：** 发丝 45° 飘拂角度定格 + 星尘环绕密度梯度（近密远疏）。
- **风格控制：** 月光绸缎柔光衰减曲线 + 水墨留白占画面 35% 区域。

通过多模态提示词的精确组合，AI 绘画工具能精准捕捉“刹那永恒”的仙侠美学精髓。

- **控制效果：** 使用流体模拟参数控制河流倒影的扭曲度（建议值为 12% ～ 15%）。
- **粒子算法：** 通过粒子分布算法设定星尘的密度（中心区域 200 粒子 / 平方厘米）。
- **材质渲染：** 采用光线追踪渲染技术实现绸缎材质的次表面散射（SSS 强度 0.7）。

最终生成既符合国画散点透视原理，又具备超写实细节的跨次元视觉作品。

11.2.2　让 AI 听懂人话

为了让 AI 更好地理解人类的创作需求，可以通过不断优化提示词，逐步提升创作的精度和质量。以下是一些关键技巧和策略，可以帮助提高与 AI 的创作协作效率。

1. 深入沟通，培养与 AI 的协作关系

与 AI 的互动就像培养一个新伙伴，需要通过多次对话与反馈，让 AI 逐步理解你的创作意图。虽然初期 AI 可能无法完全准确把握你的需求，但通过反复调整和优化，它能更精准地理解你的风格，并生成更符合需求的作品。就像是培养一个徒弟，只有不断沟通和合作，AI 才能真正明白你的创作理念，最终呈现出更具创意和表现力的作品。通过逐步输入更具体的指令，AI 能“适应”你的风格和需求，优化其创作能力。

2. 善用 DeepSeek：精准优化提示词

在创作过程中，许多用户会遇到提示词不够明确，或者难以精准表达需求的情况。这时，DeepSeek 能大大提升效率。它通过优化提示词，帮助你从简单构思出发，转换为细致且符合视觉需求的描述。你只需简单描述你的想法，如“沙漠中的旅人”，AI 会根据这个大致构思调整提示词，确保创作出的图像或视频更符合需求。如果生成的效果有偏差，AI 能根据反馈继续调整，确保创作结果更具创意与表现力。

3. 理解“万能公式”：主体、细节、风格

在 AI 创作时，掌握“主体 + 细节 + 风格”的公式至关重要。主体是作品的核心元素，细节为主体提供补充描述，使作品更有层次和生动感，风格则决定了作品的视觉效果与氛围。通过准确地描述这三者，AI 才能理解你的创作意图，并生成符合预期的作品。

例如，要创作一幅未来科技感十足的城市风景，除了明确“城市”这个主体，还需描述建筑的形态、材质、光线等细节，并指定科技感的风格。这些描述将帮助 AI 更好地将你的构想转换为实际作品。

4. 逐步优化提示词，提升创作能力

随着与 AI 的互动逐渐深入，优化提示词的过程也会变得更加顺畅和自然。你会逐步学会如何更好地描述需求，而 AI 也会在理解上变得更加敏锐和细致。每一次的练习都在积累创作经验，通过不断调整和反馈，你将学会如何平衡“主体、细节和风格”，最终创作出更加艺术化、富有表现力的作品。

5. DeepSeek-R1：多工具结合，优化创作效果

DeepSeek-R1 能够结合多种领先的 AI 工具，如 Midjourney、即梦、可图和通义万相等，在图像和视频创作领域展现出卓越的效果。其核心优势在于精准优化提示词，

大幅提升 AI 创作的效率与精准度。无论是图像生成还是视频创作，DeepSeek-R1 都能确保作品富有创意且视觉冲击力十足，完美契合创作者的需求。

通过将多种 AI 工具的强大功能融为一体，DeepSeek-R1 让即使没有技术背景的创作者也能实现其独特的创作理念，创作出高质量的图像和视频作品。

这些技巧帮助你在使用 AI 进行创作时，不仅能更清晰地表达需求，还能逐步提升创作能力。通过多次互动和反馈，你将掌握如何精确优化提示词，最终创作出符合自己需求的高质量作品。

11.3 文生视频：让画面动起来

文生视频领域正在迅速发展，DeepSeek 通过生成详细的分镜脚本，帮助创作具备视觉表现力的视频。它优化时间、空间和动作维度的提示词，确保视频内容精准且富有层次感。结合 DeepSeek 的分镜脚本，创作者能轻松生成高质量的视频，提升创作效率和满意度。

1. 生成分镜脚本

在文生视频领域，DeepSeek 扮演着至关重要的角色。如图 13-7 所示，它能够为我们生成精确且详尽的分镜脚本，犹如电影拍摄中的“蓝图”，详细描述视频中的每一个镜头，包括景别、拍摄角度、时长、画面内容以及镜头间的转场方式等。

举例来说，若要创作一段传递《春晓》意境的视频，分镜脚本可能会如下这样安排。

- **第一个镜头为全景：**展现江南庭院的晨曦，阳光穿透薄雾，屋檐的青瓦轻轻反射着初升的阳光。镜头缓慢下移，露珠挂在桃花枝上，微风拂过，花枝轻轻撞击窗棂，展现宁静与温柔的春晨气息。
- **第二个镜头为中景：**捕捉鸟群在晨雾中飞翔的动态画面，黄鹂与麻雀轻盈地掠过屋檐，跳跃在枝头，朝气蓬勃地展现春日生机。
- **第三个镜头为近景：**特写被夜雨打落的花瓣，随着微风缓缓飘落，落在石阶和窗台上，镜头聚焦于湿润的花瓣上滚动的露珠，营造出诗意的静谧与美感。
- **第四个镜头为特写：**拍摄书桌上的诗稿，墨迹未干，微风轻拂宣纸的一角，露出“春晓”题跋，几片桃花散落其旁，画面温柔而富有韵味，体现出古典诗意的情境。

如图 11-7 所示，通过这样的分镜脚本，视频生成工具能够精准地捕捉到诗句中“眠、鸟、雨、花”的意象流转，最终呈现出一段充满古典诗词韵味的视觉叙事。

《春晓》分镜脚本（意象递进式）

分镜序号	镜头层级	对应诗句	视觉元素	场景描述
1	全景	春眠不觉晓	黛瓦白墙/雕花木窗/垂丝海棠	晨曦穿透薄雾笼罩的江南庭院，镜头从屋脊青瓦缀 桃花枝轻叩的雕花木窗
2	中景	处处闻啼鸟	檐角铜铃/黄鹂群/晨露竹叶	透过半开窗框，呈现群鸟掠过飞檐斗拱的动态，黄 颤，竹叶露珠坠入池塘
3	近景	夜来风雨声	残红满阶/水渍窗纸/涟漪铜盆	低角度仰拍窗台雨痕，特写青石阶上沾泥的花瓣， 的树影
4	特写	花落知多少	羊毫笔/墨渍诗笺/落英砚台	微距聚焦砚台中漂浮的桃花瓣，移焦至展开的诗卷， 出"春晓"题款

图 11–7 《春晓》分镜脚本

2. 进一步优化提示词

与文生图类似，DeepSeek 在文生视频中同样具备优化提示词的能力。如图 11–8 所示，这些优化后的提示词不仅涵盖了视频中的主要元素，还会根据视频的特点，加入关于时间、空间、动作等方面的描述，从而确保生成的视觉内容更具表现力和准确性。

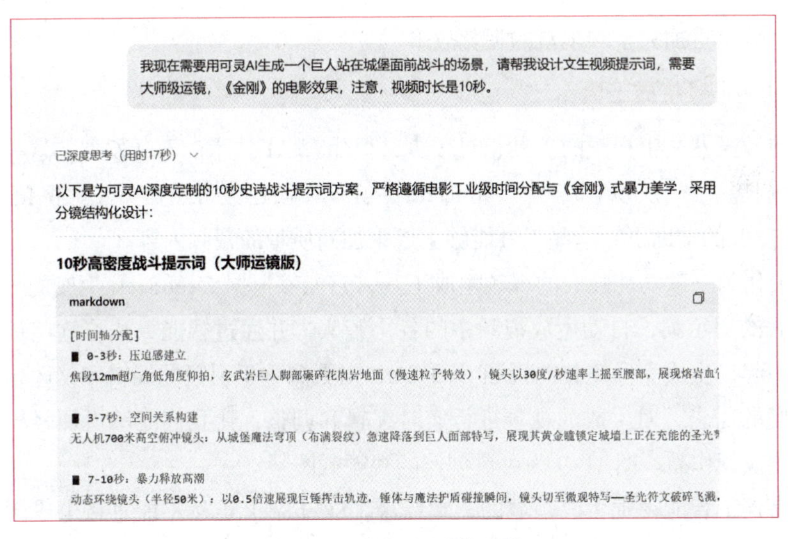

我现在需要用可灵AI生成一个巨人站在城堡面前战斗的场景，请帮我设计文生视频提示词，需要大师级运镜，《金刚》的电影效果，注意，视频时长是10秒。

已深度思考（用时17秒）

以下是为可灵AI深度定制的10秒史诗战斗提示词方案，严格遵循电影工业级时间分配与《金刚》式暴力美学，采用分镜结构化设计：

10秒高密度战斗提示词（大师运镜版）

markdown

```
[时间轴分配]
■ 0-3秒：压迫感建立
焦段12mm超广角低角度仰拍，玄武岩巨人脚部碾碎花岗岩地面（慢速粒子特效），镜头以30度/秒速率上摇至腰部，展现熔岩血

■ 3-7秒：空间关系构建
无人机700米高空俯冲镜头：从城堡魔法穹顶（布满裂纹）急速降落到巨人面部特写，展现其黄金瞳锁定城墙上正在充能的圣光

■ 7-10秒：暴力释放高潮
动态环绕镜头（半径50米）：以0.5倍速展现巨锤挥击轨迹，锤体与魔法护盾碰撞瞬间，镜头切至微观特写—圣光符文破碎飞溅，
```

图 11–8 优化后的分镜脚本

在文生视频的创作过程中，优化提示词的重要性不言而喻。它们不仅帮助生成工具精准理解视频的主题与意图，还能有效提升画面的连贯性和艺术性。例如，除了基本的画面元素（如人物、场景、道具等），DeepSeek 还会考虑时间背景，如日夜更替、季节变化等；空间感，如空间的层次感、物体的相对位置等；动作的流畅度与

动态变化，如人物走动、物体的移动等。通过这些细节的描述，视频的呈现不仅更贴近现实，更富有深度与层次。

具体而言，优化后的提示词可以根据不同场景的需要，细化为以下几类。

- **时间维度：** 通过对时间的精确描绘，使视频内容更加生动真实。例如，提示词可以描述“黎明时分的第一缕阳光照进窗台，柔和的光线洒在书桌上”，或“黄昏时分，橙色的夕阳在水面上泛起涟漪”。
- **空间维度：** 通过细化空间布局，突出场景的深度感与结构。例如，提示词可以描述“画面中央是一棵高大的古树，左侧是一片开阔的草地，远处山峰若隐若现”，或“昏黄的灯光从窗外射入，投射在静谧的书房角落”。
- **动作维度：** 通过对动态元素的描写，赋予视频更多的生命力与动感。例如，提示词可以描述“人物轻轻推开门，屋内的烛光随之摇曳”，或“微风吹过，树叶随风舞动，轻轻地发出沙沙的声音”。

这些优化后的提示词不仅能帮助生成工具捕捉到视觉元素的细节，还能提供更精确的创作指引，使得视频内容在视觉、情感以及叙事性上都更具吸引力和感染力。通过结合这些元素，DeepSeek 能够让每个视频镜头都在时间、空间、动作的细腻呈现下，展现出更加完整和丰富的视觉故事。

3. 助力视频生成工具

目前，虽然文生视频的工具相对较少，但随着 AI 技术的不断发展，这一领域也在迅速崛起。一些视频生成工具，如 Runway、Pika 等，已经开始支持文生视频的功能。在 DeepSeek 的辅助下，这些工具能够生成更加高质量的视频内容。

可灵作为一款功能强大的视频生成工具，它能够根据 DeepSeek 生成的分镜脚本和优化后的提示词，自动生成视频中的各个镜头，并通过智能算法将这些镜头无缝拼接在一起，生成一段完整的视频。而 Sora 则更侧重于视频的编辑和修改，它可以根据我们的需求，对生成的视频进行实时编辑和调整，让我们能够更加轻松地制作出满意的视频作品。图 11-9 为可灵创作的视频截图。

作为人工智能视觉生成领域的一颗新星，DeepSeek 虽然不能直接生成图片和视频，但其在文本生成图像（文生图）和文本生成视频（文生视频）方面的应用，为我们打开了通往创意新世界的大门。通过生成高质量的剧情脚本、分镜脚本，以及优化提示词等方式，DeepSeek 为图片和视频生成工具提供了坚实的基础，显著提高了生成质量，激发了我们的创意灵感，降低了创作门槛。

图 11-9 用可灵创作的视频截图

在未来，随着 AI 技术的不断发展，DeepSeek 也将不断进化和完善。它可能会在更多领域发挥更大的作用，为我们带来更多的惊喜和可能。让我们一起期待 DeepSeek 的未来，相信它将为我们创造出更加精彩、丰富的视觉世界。

DeepSeek 的出现，不仅让我们的创意表达变得更加简单和自由，也为 AI 技术的发展注入了新的活力。它让我们看到了 AI 在视觉生成领域的巨大潜力，也让我们相信，在不久的将来，AI 将会成为我们生活中不可或缺的一部分，为我们的生活带来更多的便利和乐趣。

让我们拥抱 DeepSeek，拥抱 AI，一起迎接这个充满创意和可能的新时代！